ライブラリ
寺子屋式物理学講義 2

寺子屋式
電磁気学講義

基本数式の読み方を伝授

北 孝文◎著

数理工学社

サイエンス社・数理工学社のホームページのご案内
https://www.saiensu.co.jp
ご意見・ご要望は　suuri@saiensu.co.jp　まで.

はじめに

本書の目的は，大学 1～2 年次の初学者に，電磁気学の基礎を余すところなく解説し，その習熟を助けることにある．物理学は，自然界の法則を「数式」という言葉で記述し，数式を駆使して自然界に働きかける学問である．その根幹の一つをなす電磁気学は,「マクスウェル方程式」というわずか 4 本の方程式で構成されている．そしてそこでは,「電場」と「磁場」がどのように湧き出し，渦を作るのかが語られている．しかし,「数式」という言葉は，我々が使う日常言語とはかけ離れており，初学者がそこから具体的なイメージや意味をつかみ取ることは，難しいと思われるかも知れない．

本書では，このマクスウェル方程式をまず提示し，それを漢文あるいは漢詩に見立てて日本語に翻訳することで，方程式に直観的なイメージを与えることから始める．江戸時代の寺子屋で，子供が論語や漢詩を学んだ手順に倣って，まずマクスウェル方程式を音読して記憶するのである．たった 4 本の方程式であるから，具体的なイメージが湧くように翻訳すれば，これは容易であろう．次に,「湧き出し」と「渦」の数学的定義など，方程式理解のための数学的背景を詳しく説明する．前提とするのは，高校数学の知識である．そしてその後，マクスウェル方程式から「クーロンの法則」や「ビオ–サバールの法則」，および「ファラデーの電磁誘導」などを導き,「電磁波」の導出へと進んでいく．また，例題と演習問題も豊富に用意し，読者が自習できるように工夫した．

この読者層に対する電磁気学の教科書は多数あり，その構成は二つに大別できる．第一は，クーロンの法則から出発し，歴史的な電磁気学の発展に沿ってマクスウェル方程式に至る，という経路を辿る．大半の教科書は，この第一の方法で書かれている．しかし，歴史的発展の道のりを辿るのは，電磁気学の本質を簡明に理解することの妨げになるのでは，と危惧される．第二は，マクスウェル方程式をまず書き下し，そこからクーロンの法則やビオ–サバールの法則などを導出していく方法である．しかし，出発点のマクスウェル方程式が積分形で与えられていたりして，方程式が持つ物理的イメージがつかみにくいように思われる．本書では，第二の構成法を採用しながら，マクスウェル方程式のより明快な提示と，わかりやすく簡潔な電磁気学の解説を試みる．

そのためのもう一つの工夫が，まず前半部において，電場 $\boldsymbol{E}$ と磁束密度 $\boldsymbol{B}$

のみを用いる真空中の電磁気学を考察し，電磁波に至るまでの基礎的事項を完結的に記述したことにある．初学者にとって電磁気学が難解な理由の一つに，$\boldsymbol{E}$ と $\boldsymbol{B}$ の他に，電束密度 $\boldsymbol{D}$ と磁場 $\boldsymbol{H}$ が余分に現れることがあるのでは，と推察する．しかし，付け加えられた二つのベクトルは，物理的な実体のない補助場であり，かつ，物質中の電磁気学を扱うまでは，それらの概念そのものが不要である．本書では，物質中の電磁気学は後半部に回し，必要となる新たなベクトル場 $\boldsymbol{D}$ と $\boldsymbol{H}$ も，それらの定義を明確にして導入した．

大学 1〜2 年次の学生は，第 1 章から第 7 章あたりまでをしっかりと理解できれば十分であると考える．一度読んだ後に時間をおいて読み返す，という作業を繰り返すと，理解がどんどん深まっていくはずである．第 2 章では，電磁気学の理解に必要な数学的基礎を与えた．特に，線積分や面積分など，初学者が躓きがちな所を，数学的定義を明確にして解説し，例題と演習問題も豊富に与えた．また，より進んだ内容を扱った章・節・項には，上つき添字 ⬣ をつけて明示し，基礎学習の過程において省略できるようにした．第 8 章以降は，大学 3〜4 年次の読者層まで視野に入れ，電磁ポテンシャルやローレンツ不変性なども扱うやや高度な内容となっている．しかし，前半部をよく理解していれば，大学 1〜2 年次の学生でも十分読み進めていけるであろう．ローレンツ不変性を持つ方程式が物理学史上に現れたのは，マクスウェル方程式が初めてであり，時空を同等に扱うその考え方・手法は，現代物理学に必要不可欠の要素となっている．マクスウェル方程式がローレンツ不変性を持つことを順を追って示し，相対性原理や光速度不変の原理がなぜ導入されるべきであったかを明らかにする．

本書は，北海道大学で行った 1 年生に対する電磁気学の講義と演習の資料を発展させて作成した．講義時には，受講者である学生諸氏から様々な質問を受け，それらが講義ノートと例題・演習問題の改善に大変役立った．また，数理工学社の田島伸彦氏，鈴木綾子氏，仁平貴大氏には，執筆に関する有益なご助言を頂いた．ここに衷心より厚く感謝する．本書が読者のお役に立てれば，筆者のこの上ない喜びである．

2024 年 3 月

筆者　北　孝文

目　次

第1章　電磁気学の主要概念　1

1.1　場と電磁気学 …… 1
1.2　電荷と電流 …… 6
1.3　マクスウェル方程式と重ね合わせの原理 …… 10
1.4　ローレンツ力 …… 15
　　演 習 問 題 …… 17

第2章　電磁気学を学ぶための数学　18

2.1　偏微分と全微分 …… 18
2.2　線積分と面積分 …… 22
2.3　ガウスの定理と湧き出し密度 …… 27
2.4　ストークスの定理と渦密度ベクトル …… 31
2.5　ポテンシャル …… 38
2.6　ディラックのデルタ関数 …… 41
2.7　電荷の保存則 …… 43
　　演 習 問 題 …… 44

第3章　静　電　場　46

3.1　球対称な電荷分布が作る静電場 …… 46
3.2　静電場の一般的表式 …… 49
3.3　クーロンの法則 …… 52
3.4　静電ポテンシャル …… 54
3.5　金属の帯電と電場 …… 58
3.6　フーリエ変換による静電ポテンシャルの導出 …… 64
　　演 習 問 題 …… 67

第4章 静 磁 場 68

4.1 直線電流が作る静磁場 …… 68
4.2 静磁場の一般的表式 …… 71
4.3 円形電流が作る磁場 …… 74
演 習 問 題 …… 81

第5章 電磁誘導・変位電流・ローレンツ力 82

5.1 電 磁 誘 導 …… 82
5.2 変 位 電 流 …… 87
5.3 ローレンツ力 …… 91
演 習 問 題 …… 97

第6章 電 磁 波 99

6.1 電磁波が従う方程式 …… 99
6.2 単色平面波の伝搬 …… 101
6.3 ポインティングベクトル …… 105
6.4 電磁場の運動量密度 …… 107
6.5 マクスウェルの応力テンソル …… 108
演 習 問 題 …… 110

第7章 電流と回路 111

7.1 回路の主な素子 …… 111
7.2 オームの法則とジュール熱 …… 114
7.3 キルヒホフの法則 …… 117
7.4 RLC 回路 …… 119
7.5 超伝導電流 …… 123
演 習 問 題 …… 127

第 8 章　物質中の電磁気学　128

8.1　物質の分極 …… 128
8.2　現象論的マクスウェル方程式 …… 134
8.3　誘　電　体 …… 137
8.4　磁　性　体 …… 140
演 習 問 題 …… 142

第 9 章　物質中の電磁波　143

9.1　誘電体中の電磁波と反射・屈折 …… 143
9.2　光の分散と虹 …… 150
9.3　金属中の電磁波 …… 155
演 習 問 題 …… 161

第 10 章　電磁ポテンシャルと双極子放射　162

10.1　マクスウェル方程式の電磁ポテンシャルによる表現 …… 162
10.2　ゲージ不変性とゲージ固定 …… 165
10.3　遅延・先進ポテンシャル …… 168
10.4　双極子放射 …… 173
演 習 問 題 …… 177

第 11 章　ローレンツ不変性　178

11.1　ローレンツ不変性 …… 178
11.2　ローレンツブースト—等速運動する座標系への変換 …… 186
演 習 問 題 …… 190

第 12 章　電磁場の変分原理　191

12.1　ラグランジュ形式 …… 191
12.2　ハミルトン形式 …… 197
12.3　電磁場と荷電粒子系の全エネルギー …… 201
演 習 問 題 …… 203

演習問題解答 204
参考文献 225
索　　引 226

第1章 電磁気学の主要概念

電磁気学の主要概念を説明した後，マクスウェル方程式 (1.5) を提示し，それを音読してイメージを膨らませながら記憶する方法を与える．また，電磁場下で電荷が受けるローレンツ力 (1.9) について概説する．

1.1 場と電磁気学

電磁気学は，電場（電界）や磁場（磁界）といった，**場**と呼ばれる多変数関数を用いて記述される．まず，場とは何か，それが電磁気学とどのように関連するのかについて概説する．

❶ 多変数関数と場

物理学では，一般に，多変数関数を用いて自然界の現象を記述する．中学や高校の数学では，専ら一変数関数 $y = f(x)$ を扱い，その微分や積分について学んだ．物理学に現れたそのような関数としては，時間 t の関数としての位置 $x(t)$ や速度 $v(t) = x'(t)$，また，地面からの高さ z の関数としての位置エネルギー $U(z) = mgz$ などがある．ここで m は質点の質量，$g = 9.8\,\mathrm{m/s^2}$ は重力加速度である．

その独立変数が複数個あるのが**多変数関数**であり，典型例としては，図 1.1 のように，2 次元平面上の位置 (x, y) に高さ $z = f(x, y)$ が対応づけられている地図がある．今，この地図で表された山が滑らかであるとし，その斜面上の点 (x, y) に，質量 m のボールを静かに置いたとしよう．ボールの持つ位置エネルギーは，mgz に $z = f(x, y)$ を代入して，$mgf(x, y)$ のように，ボールの位置を指定する座標 (x, y) の関数として表せる．さらに，ボールは，位置エネルギー $mgf(x, y)$ が小さくなる方向に力を受け，山の斜面を転がり落ちるであろう．例えば，図の点 A でボールが受ける力は，そこでの矢印のように，等高線に垂直で斜面を下りる向きで，その大きさは，等高線の間隔に反比例し，$(F_x(x_\mathrm{A}, y_\mathrm{A}), F_y(x_\mathrm{A}, y_\mathrm{A}))$ のようにベクトルで表せる．このボールが受ける力

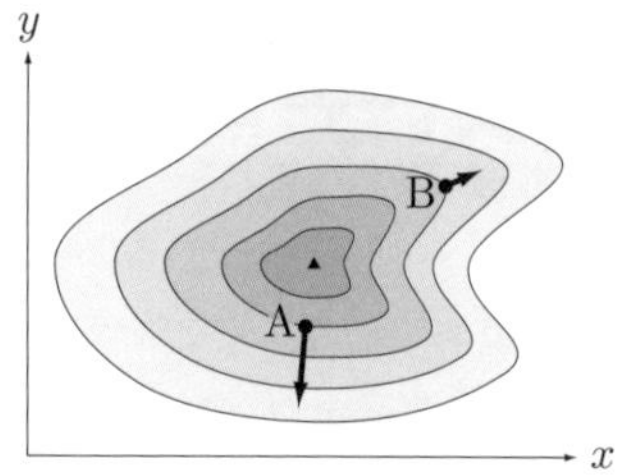

図 1.1　$z = f(x, y)$ の等高線

も，ボールの置かれた位置 $(x_\mathrm{A}, y_\mathrm{A})$ の関数であり，場所ごとに大きさと方向が異なる．例えば，もし図の点 B にボールが置かれたなら，ボールは点 B での矢印のように，やはり等高線に垂直で斜面を下りる向きで点 A とは異なる方向の力を受け，その大きさも，等高線の間隔がより広くなっていることを反映して，点 A での大きさよりも小さくなる．

上の例での位置エネルギーや力のように，座標点ごとに一つの値やベクトルが与えられている多変数関数や多変数ベクトル関数を，物理学では**場**（field）と呼ぶ．つまり，独立変数が座標点である多変数関数が場である．

❷スカラー場とベクトル場

さらに，値とベクトルの違いを区別し強調する際には，それぞれ，**スカラー場**と**ベクトル場**という言葉を用いる．スカラー場の例としては，3 次元空間内の各点 $\boldsymbol{r} = (x, y, z)$ で値が与えられている空気の密度 $n(\boldsymbol{r})$ や気圧 $P(\boldsymbol{r})$ が挙げられる．一方，ベクトル場の身近な例としては，川の水の流れや地球上の大気の流れ，海水の循環などを表現する流れの場，すなわち，**速度場** $\boldsymbol{v}(\boldsymbol{r}) = (v_x(\boldsymbol{r}), v_y(\boldsymbol{r}), v_z(\boldsymbol{r}))$ がある．ベクトルは $\vec{r}$ のようにも表示されるが，本書では空間内のベクトルを $\boldsymbol{r}$ のようにボールド体で表示し，数値である**スカラー**と区別する．

図 1.2 は 2 次元平面での速度場の四つの例である．(a) は一方向に進む流れで，上下端で速さの減衰が見られる．まっすぐな川の流れでは，このような速度場が形成される．一方，(b) では**湧き出し**が，(c) では**渦**があるのが確認できる．湧き出しとは，泉のように，流れが湧き出す点を表す．また，渦とは，大まかにいって，台風の渦や竜巻の渦などのように，渦巻く流れを表す．(a), (b),

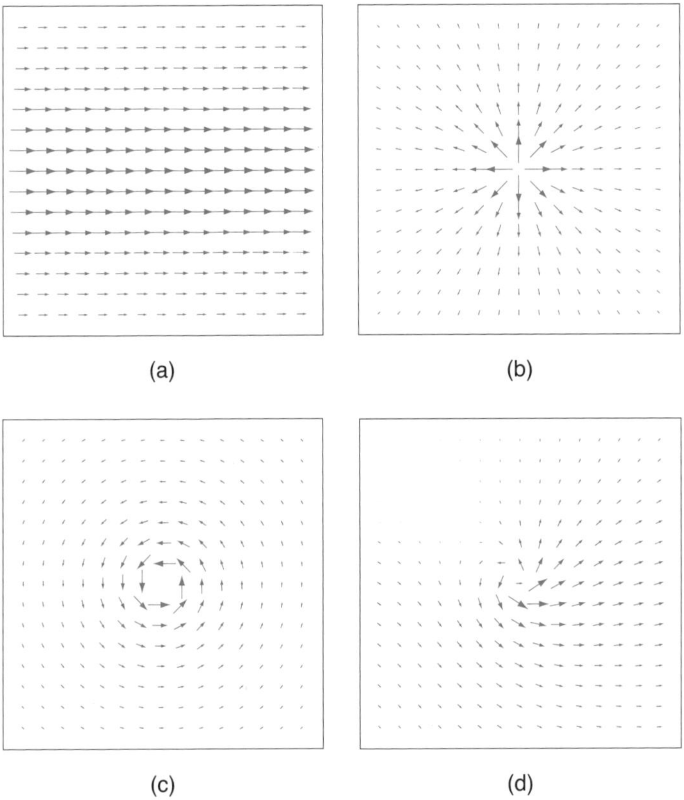

図 1.2　四つのベクトル場

(c) の三つの速度場を各点で足し合わせると，(d) が出来上がる．この (d) では，渦は目で確認できるものの，湧き出しの存在はやや不明瞭になっている．このように，見た目での湧き出しや渦の確認は，曖昧さをともなう．そこで，数学的に明確な湧き出しと渦の定義を，次章で与えることにする．その理由は，流れの場を用いて定義された湧き出しと渦が，1.3 節で述べる，電磁気学の基礎方程式であるマクスウェル方程式において，中心的な役割を担っているからである．

大気の圧力 P や速度 $\boldsymbol{v}$ は，場所 $\boldsymbol{r}$ に依存するだけでなく，時間 t の関数として，一般に時々刻々と変化する．そのような時間変化のある場合には，P や $\boldsymbol{v}$ の独立変数に t も加えて，$P(\boldsymbol{r},t)$ および $\boldsymbol{v}(\boldsymbol{r},t)$ と表すことにする．

❸電磁気学と場

電磁気学は，電場や磁場などの**場**によって記述される．流体力学のオイラー方程式が定式化されたのは1757年であり，流れの場 $\boldsymbol{v}(\boldsymbol{r}, t)$ を典型例とする場の概念は，18世紀後半には，既に流体力学でよく知られたものとなっていた．それを電磁気学に持ち込んだのは，叩き上げの実験家でオイラー方程式など理解できなかったファラデー（1791〜1867）である．

棒磁石の周りに鉄粉を撒くと，鉄粉が紋様を描くのを，中学校の実験で観察された方も多いであろう．この紋様は，おおよそ，図1.3の矢印を入れた曲線に沿って作られる．ファラデー自身も同じ実験を行い，その紋様出現の背後に，目には見えない力の場，すなわち，彼が**力線**（lines of force）と呼ぶ場の存在があることを嗅ぎ取った[1]．彼によると，鉄粉の紋様は，この力線（現代の言葉での**磁力線**）に沿ってできるのである．ファラデーは，電磁誘導を発見（1831年）した直後から，この考えを電気現象にまで拡張して適用し，注意深く慎重に，余分の反発を受けないように論文中で発表していった．しかし，当時の科学界は，力は距離を隔てた物体間に直接働くというニュートン力学の世界観に囚われており，ファラデーの主張は異端として大きな反発を受け，数学を駆使する科学者からは嘲笑の対象ともなり，20年以上の間無視され続けた．目に見えない場などというものは，実体がなく，存在しないというのである．

そのような中で，若きマクスウェル（1831〜1879）が，同郷の先達であるトムソン（後のケルビン卿，1824〜1907）によりファラデーの論文へと導かれ，ファラデーの着想に数式表現を与える論文「On Faraday's lines of force」を発表し（1855年），電磁気学の研究へと没入していく．そして，最終的に電磁

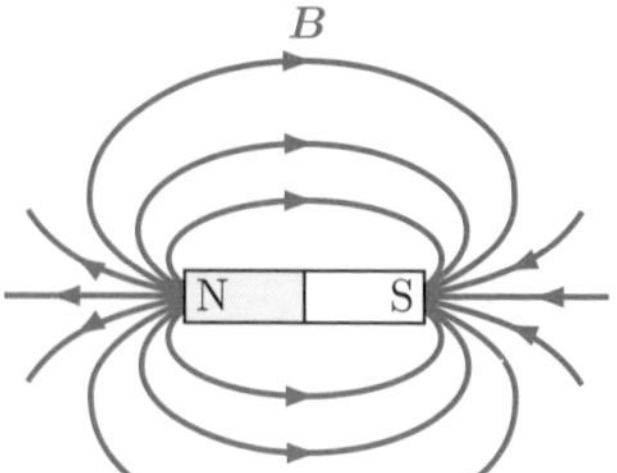

図1.3　棒磁石周りの磁束密度

場についてのマクスウェル方程式を作り上げ（1861 年），光が電磁場の振動であることを明らかにする（1862 年）に及んで，場は物理学全般に及ぶ主要概念へと躍り出た．後にアインシュタインは，場の概念を持ち込んでニュートン力学を一大変革し，物質があると空間が歪むという一般相対性理論を作り上げることになる（1915 年）．

図 1.3 の棒磁石の周りにできるのは，磁束密度と呼ばれるベクトル場 $\boldsymbol{B}(\boldsymbol{r})$ であり，それが鉄粉の方向を揃える．電磁気学のもう一方の主役は，電場と呼ばれるベクトル場 $\boldsymbol{E}(\boldsymbol{r})$ で，電荷を持つ粒子に力を及ぼす．そして，光は，この電磁場の振動に他ならない．その電磁場の時空変化を隈無く記述するのが，1.3 節の (1.5) 式で提示するマクスウェル方程式である．そこでは，図 1.2 で示した流体力学の概念である「湧き出し」と「渦」が，主役を担う．すなわち，マクスウェル方程式は，電場と磁場の湧き出しと渦が，どのように作り出されるかを，数式という言葉で明快に物語っているのである．それを提示する前に，いくつかの準備を行う．

コラム　ファラデーとデービー

貧しい生まれのファラデーを王立研究所の助手として採用し，科学者としての未来を与えたのは，天才的な化学者であったデービー（1778～1829）である．1800 年に発明されたボルタ電池を用いて電気分解をいち早く行い，ナトリウムなど 6 つの新たな元素を発見している．鼻歌を歌いながら実験し，白衣の下には夜のパーティーに出席するための礼服を着ていたこともあると伝えられる．デービーの講演は大人気で，若い女性を含む大勢の聴衆が王立研究所へと詰めかけた．社交界の花形であった．また，炭鉱の爆発を減らすため，デービー灯の発明も行っている．しかし，その後半生は，負の側面も目につくようになる．旅行と釣りなどの趣味に時間を費やし，ファラデーの出した結果を自分の着想であるかのように主張し，ファラデーの自立を阻むようなことも行った．晩年は，同じく社交界の花形であった妻とも別居し，スイスで病により亡くなった[1]．

1.2　電荷と電流

電磁気学の場である電場や磁場は，電荷と電流によって作り出される．ここでは，電磁場の源である電荷と電流が，自然界にどのように存在するのかについて概説し，電荷密度と電流密度の概念を提示する．

❶ 原子と電荷

我々の世界を形作る様々な物質は，原子の集合体である．その原子はまた，原子核とその周りを運動する**電子**（electron）からできている．電子軌道の半径は $10^{-10}\,\mathrm{m}$ 程度である．一方，原子核の半径は $10^{-15}\,\mathrm{m}$ 程度で，電子軌道の半径に比べて極めて小さい．さらに原子核は，**陽子**（proton）と**中性子**（neutron）からできている．電子の質量は

$$m_{\mathrm{e}} = 9.11 \times 10^{-31}\,\mathrm{kg}$$

で，陽子や中性子の質量

$$m_{\mathrm{p}} \approx m_{\mathrm{n}} = 1.67 \times 10^{-27}\,\mathrm{kg}$$

の約 $\frac{1}{1800}$ しかない．電気的には，中性子が中性であるのに対し，陽子と電子は，大きさが同じ値

電気素量　指　南

$$e = 1.602176634 \times 10^{-19}\,\mathrm{C} \tag{1.1}$$

で符号が反対の**電荷**を持っており，陽子の電荷が正と定義されている．数値は**国際単位系**（Système International d'unités，略して SI）による定義値であり，また，C は電荷の単位で**クーロン**と読む．安定な原子における電子と陽子の数は同じで，電気的に中性である．

以上の原子の構造は，殻模型で理解できる．図 1.4 は陽子 3 個と電子 3 個を持つ Li 原子の模式図である．電子の運動する軌道は量子化されており，おおよそ，半径の小さい軌道から電子が詰まっていく．一番内側の軌道から順に，**K 殻**（$n = 1$ の殻），**L 殻**（$n = 2$ の殻），**M 殻**（$n = 3$ の殻）と名付けられ，そ

れぞれ $2, 8, 18$ 個，一般に $2n^2$ 個の電子を収容可能である．メンデレーエフの周期表は，この原子の殻模型で理解できる．

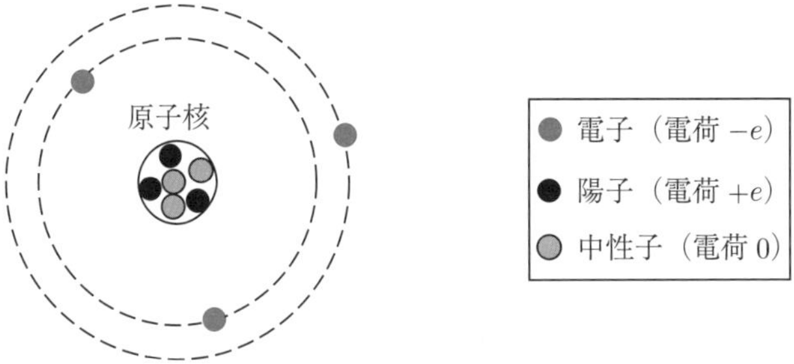

図 1.4　Li 原子の構造模式図

❷ 物質と帯電

固体は周期的に配列した原子から構成されている．その電気的性質により**金属**と**絶縁体**に大別でき，それらの中間の性質を示す物質群として**半導体**がある．金属では，孤立原子状態で最外殻にあった電子が，原子の束縛から解き放たれて固体内を自由に移動できるようになる．これを**自由電子**（free electron）という．金属は，自由電子の存在により特徴づけられ，電荷の流れである**電流**が取り出せる．一方，絶縁体では，最外殻電子が同じ原子に束縛され続けるので，電流を取り出すことができない．

二つの絶縁体をこすると，一方から他方に電子が移り，電気的中性が破れることがある．エボナイト棒を乾いた布でこすったり，プラスチックの下敷きを衣服でこすったりした場合がそうである．このように，物質の電気的中性条件が破れることを**帯電**という．帯電は，我々に身近な物理現象である．乾燥した冬に金属のドアノブを触ると，バチッという不快な音をともなった**放電**が起こることがある．これは，帯電した我々の身体から，たまった電荷が指先を通して金属のドアノブに急激に流れることで起こる．体の帯電は乾燥している冬に起こりやすい．一方，湿った夏には，体から空気中への放電が自然に起こり，ドアノブなどへの急激な放電は生じない．

❸ 電荷密度と電流密度

帯電を数学的に記述するために，電荷密度の概念を導入する．この電荷密度は，単位体積当りの陽子数 $n_{\mathrm{p}}(\boldsymbol{r})$ と電子数 $n_{\mathrm{e}}(\boldsymbol{r})$ のそれぞれに，陽子の電荷 e と電子の電荷 $-e$ を掛けて足し合わせた式

電荷密度 指 南

$$\rho(\boldsymbol{r}) = en_{\mathrm{p}}(\boldsymbol{r}) - en_{\mathrm{e}}(\boldsymbol{r}) \tag{1.2}$$

で定義される．この表式より，帯電が，電子と陽子の密度の不均衡から生じることがわかる．電荷密度はスカラー場の一つで，その単位は $\mathrm{C/m^3}$ である．

一方，電荷の流れの一般式は，(1.2) 式右辺の第一項と第二項に，それぞれ陽子の速度 $\boldsymbol{v}_{\mathrm{p}}(\boldsymbol{r})$ と電子の速度 $\boldsymbol{v}_{\mathrm{e}}(\boldsymbol{r})$ を掛けて足し合わせた式

電流密度 指 南

$$\boldsymbol{j}(\boldsymbol{r}) = e\boldsymbol{v}_{\mathrm{p}}(\boldsymbol{r})n_{\mathrm{p}}(\boldsymbol{r}) - e\boldsymbol{v}_{\mathrm{e}}(\boldsymbol{r})n_{\mathrm{e}}(\boldsymbol{r}) \tag{1.3}$$

となる．この $\boldsymbol{j}(\boldsymbol{r})$ を電流密度という．しかし，固体中では原子核は静止していて陽子は動かない．また電子に関しても，固体中を自由に動き回ることができるのは，金属の**自由電子**（free electron）など，その一部のみである．一方で，それら一部の自由電子が作る電流は，電気回路に流すことができ，実用面で非常に重要な役割を果たす．自由電子による電流は，しばしば**自由電流**と呼ばれている．その密度 $\boldsymbol{j}_{\mathrm{f}}(\boldsymbol{r})$ は，自由電子の密度 $n_{\mathrm{f}}(\boldsymbol{r})$ に速度 $\boldsymbol{v}_{\mathrm{f}}(\boldsymbol{r})$ を掛けた表式

$$\boldsymbol{j}_{\mathrm{f}}(\boldsymbol{r}) = -e\boldsymbol{v}_{\mathrm{f}}(\boldsymbol{r})n_{\mathrm{f}}(\boldsymbol{r}) \tag{1.4}$$

で与えられる．

電流密度はベクトル場の一つで，その単位は，電荷密度の単位 $\mathrm{C/m^3}$ と速度の単位 $\mathrm{m/s}$ の積，すなわち，$\mathrm{C/(m^2 \cdot s)}$ である．新たな単位 $\mathrm{A \equiv C/s}$ を導入すると，電流密度の単位は $\mathrm{A/m^2}$ とも表せる．単位 A は電流の単位で，「**アンペア**」と読まれる．その由来は，電流と磁気現象の解明に大きく貢献したアンペール（1775～1836）である．

例題 1.1

銅は，一辺が 3.61×10^{-10} m の面心立方格子からなる結晶構造を持つ．また，自由電子は最外殻電子 1 個から構成されている．銅における自由電子の密度 n_f と電荷密度 ρ_f を，有効数字 3 桁で評価せよ．

【解答】 面心立方格子の単位胞の原子数は，六つの面心からの $6 \times \frac{1}{2}$ 個と八つの頂点からの $8 \times \frac{1}{8}$ 個，すなわち，計 4 個である．それらのそれぞれが電荷

$$-e = -1.60 \times 10^{-19}\ \mathrm{C}$$

の自由電子を供給するので，自由電子密度 n_f は次のように評価できる．

$$n_\mathrm{f} = \frac{4}{(3.61 \times 10^{-10})^3} = \frac{4}{3.61^3} \times 10^{30} = 8.50 \times 10^{28}\ \mathrm{m}^{-3}.$$

また，電荷密度 ρ_f は

$$\rho_\mathrm{f} = -en_\mathrm{f} = \frac{-(1.60 \times 10^{-19}) \times 4}{(3.61 \times 10^{-10})^3} = -1.36 \times 10^{10}\ \mathrm{C/m^3}$$

と評価できる．

コラム アンペール

アンペール（1775～1836）はフランスの科学者で，電磁気学におけるアンペールの法則で有名である．エルステッドによる電流の磁気作用の発見（1820）を親友のアラゴーから聞き，いち早くその実験的研究を行った．そして，磁気現象に対して，ニュートンによる万有引力の法則と類似した遠隔作用の表現を与えた．マクスウェルは，1873 年の電磁気学に関する著書「Treatise on Electricity and Magnetism」の中で，アンペールを「電気力学のニュートン」と呼んでいる．物質の磁気現象が，物質内を流れる微小な円形電流（分子電流）の集まりによるものであること，また，地磁気が地球内部を流れる電流によるものであることを主張した．デービーに伴ってパリを訪れたファラデーとも親交を深め，その後も科学上や私的な事柄についての手紙のやり取りを行った．無邪気で優しい性格であったと伝えられている [1]．

1.3　マクスウェル方程式と重ね合わせの原理

❶ マクスウェル方程式

電荷や電流が場を作り出す身近な例としては，地磁気がある．**地磁気**，すなわち地球の磁場は，磁針に作用し，方位を知るのに用いられてきた．南極近傍から出て北極の方に向かうが，その過程で方向と大きさが変化し，赤道付近で北向き水平となって大きさは最も弱くなる．このように，地磁気はベクトル場の一つで，地球内部に流れる電流がその主原因であるとされている．一方，電荷は電場というもう一つのベクトル場を誘起する．

マクスウェル方程式は，ベクトル場である**電場** $\boldsymbol{E} = \boldsymbol{E}(\boldsymbol{r}, t)$ と**磁束密度** $\boldsymbol{B} = \boldsymbol{B}(\boldsymbol{r}, t)$ についての方程式である．磁束密度は，日常語である**磁場**を，物理的により明確に定義するために導入された概念と考えて頂きたい．マクスウェル方程式は，電場と磁場の湧き出しと渦がどのように生じるかを，数学という自然界を記述する言葉で表現しており，次の四本の方程式からなる．

奥義：マクスウェル方程式

$$\overset{\text{電場の湧き出し}}{\underline{\operatorname{div} \boldsymbol{E}}} = \overset{\text{電荷}}{\underline{\frac{1}{\varepsilon_0}\rho}}, \tag{1.5a}$$

$$\overset{\text{磁場の湧き出し}}{\underline{\operatorname{div} \boldsymbol{B}}} = \overset{\text{ない}}{\underline{0}}, \tag{1.5b}$$

$$\overset{\text{電場の渦}}{\underline{\operatorname{rot} \boldsymbol{E}}} = \overset{\text{磁場の時間変化}}{\underline{-\frac{\partial \boldsymbol{B}}{\partial t}}}, \tag{1.5c}$$

$$\overset{\text{磁場の渦}}{\underline{\operatorname{rot} \boldsymbol{B}}} = \overset{\text{電流と時間変化する電場}}{\underline{\mu_0 \boldsymbol{j} + \frac{1}{c^2}\frac{\partial \boldsymbol{E}}{\partial t}}}. \tag{1.5d}$$

ここで $\rho = \rho(\boldsymbol{r}, t)$ は電荷密度，$\boldsymbol{j} = \boldsymbol{j}(\boldsymbol{r}, t)$ は電流密度，また，ε_0，μ_0，$c = (\varepsilon_0\mu_0)^{-\frac{1}{2}}$ は定数で，その数値は以下で与える．

これらの方程式で,「div」は「湧き出し」,「rot」は「渦」と読むことができる．

そして，異言語である漢文を日本語にして読む場合と同様に，異言語であるこれらの数式を，div と rot の後にレ点を入れて $\mathrm{div}\,\boldsymbol{E} \rightarrow \mathrm{div}_{\text{レ}}\,\boldsymbol{E}$，$\mathrm{rot}\,\boldsymbol{E} \rightarrow \mathrm{rot}_{\text{レ}}\,\boldsymbol{E}$ とし，日本語に翻訳できる．具体的に，(1.5a) 式は**ガウスの法則**で，「電場の湧き出しは電荷」が作ると読める．(1.5b) 式は磁場に関するガウスの法則で，「磁場の湧き出しはない」と読める．ただし，読みの単純化のため，「磁束密度」を「磁場」で置き換えた．(1.5c) 式は**ファラデーの電磁誘導の法則**で，「電場の渦は磁場の時間変化」により生じると読める．(1.5d) 式は**アンペール–マクスウェルの法則**で，「磁場の渦は電流と時間変化する電場」により生じると読める．div や rot は微分演算子で，次章で数学的に明確に定義する．

四つの数式に関するこれらの読みは，対応する電磁現象の具体的なイメージと結びついている．図 1.5(a) は，孤立正電荷が (1.5a) 式に従って作る電場を描いたもので，電荷から電場が湧き出しているのが見て取れる．電荷は，流体力学における泉の役割を果たすのである．一方，図 1.5(b) は，直線電流が (1.5d) 式に従って作る磁束密度を描いたもので，電流 I が流れる導線の周りに，渦磁場が形成されているのがわかる．電流は，流体力学における渦芯，すなわち台風の目や竜巻の芯のような役割を果たし，その周りに形成される磁束密度は，台風や竜巻周りの空気の流れと相似形である．

電磁現象は (1.5) 式で全て理解できる．そこでまず，前述のように (1.5) 式を音読して具体的なイメージと共に暗記し，自在に書き下せるようにしよう．四行の漢詩を覚えるのと同じ手続きを踏むのである．たった四行であるから，そんなに難しくはないであろう．

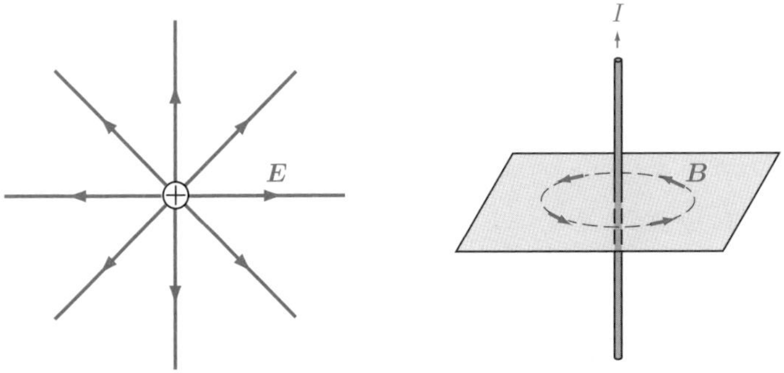

(a)　電荷と電場　　　(b)　電流と磁場

図 1.5　孤立正電荷による電場と直線電流による磁場

定数 c は

光速 **指　南**

$$c = 2.99792458 \times 10^8\,\mathrm{m/s} \tag{1.6}$$

で，マクスウェル方程式 (1.5) における唯一の本質的定数である．数値は**国際単位系**による定義値で，実用上は $3.00 \times 10^8\,\mathrm{m/s}$ で十分なことも多い．一方，ε_0 は**真空の誘電率**（**電気定数**），μ_0 は**真空の透磁率**（**磁気定数**）と呼ばれ，光速 c と $\varepsilon_0\mu_0 = c^{-2}$ の関係がある．μ_0 は磁束密度の単位を決める定数で，ほぼ，きっちりとした数値

$$\mu_0 \approx 4\pi \times 10^{-7}\,\mathrm{m \cdot kg/C^2} \tag{1.7a}$$

が与えられ，誤差は 5×10^{-9} のオーダーである．従って，電場の単位に関係するもう一方の ε_0 は，

$$\varepsilon_0 = \frac{1}{c^2\mu_0} = \frac{10^{-16+7}}{(2.998)^2 \times 4\pi} = 8.854 \times 10^{-12}\,\mathrm{s^2 \cdot C^2/(m^3 \cdot kg)} \tag{1.7b}$$

という半端な値を持つことになる．また，(1.7) 式とマクスウェル方程式 (1.5) からは，電場と磁束密度の単位が，それぞれ，$\mathrm{m \cdot kg/(s^2 \cdot C)}$ および $\mathrm{kg/(s \cdot C)}$ となることがわかるが，その導出については以下の 1.4 節で詳述する．

マクスウェル方程式は，数学的に証明できるものではなく，その基礎は，自然界における電磁現象の観測と実験にある．すなわち，電磁現象を観測または実験すると，いつも (1.5) 式を解いた結果と一致し，また，(1.5) 式からの理論的予言が，実験的に再現できるのである．全ての電磁現象がたった四本の方程式 (1.5) で記述できるというのは，神秘的かつ驚異的で，多くの物理学者に強い感銘を与えてきた．「なぜ電磁現象が (1.5) 式に従うのか」という問いには，「神（= 宇宙の創造主）がそのように自然界を作られたから」とでも答えるほかない．合理的な物理学への探究心と敬虔な宗教的信仰心が，同一人物の中で並立・共存しうる所以である．

本書では，まず第 2 章で数学的準備を行った後に，このマクスウェル方程式 (1.5) が記述する電磁現象を，第 3 章以降で図 1.6 のように扱っていく．

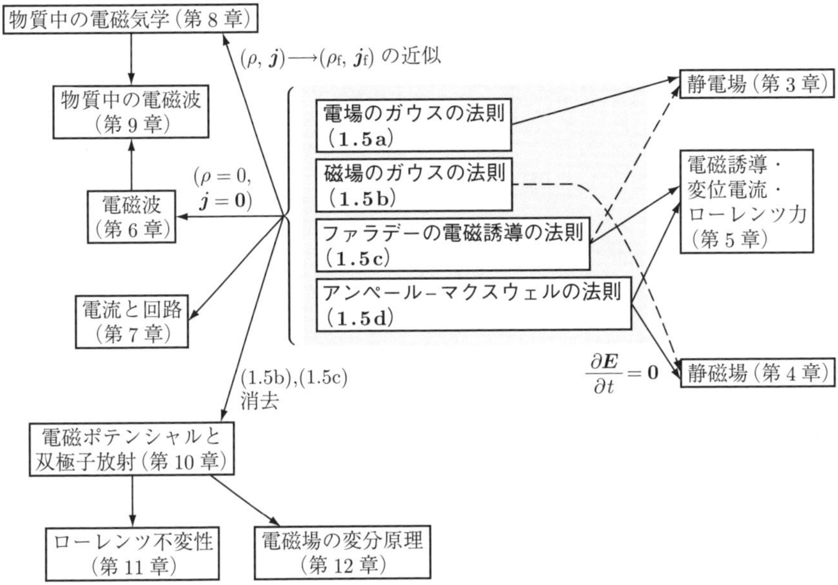

図 1.6　マクスウェル方程式 (1.5) と本書の構成

❷ 重ね合わせの原理

マクスウェル方程式 (1.5) には次の重要な性質がある.

重ね合わせの原理　**指　南**

二つの電荷・電流密度が同時に存在する場合 $(\rho_1 + \rho_2, \boldsymbol{j}_1 + \boldsymbol{j}_2)$ にできる電磁場は，それぞれの電荷・電流分布 $(\rho_i, \boldsymbol{j}_i)$ $(i = 1, 2)$ が単独で作る電磁場 $(\boldsymbol{E}_i, \boldsymbol{B}_i)$ を足し合わせたもの，すなわち，$(\boldsymbol{E}_1 + \boldsymbol{E}_2, \boldsymbol{B}_1 + \boldsymbol{B}_2)$ に等しい.

この重ね合わせの原理は，マクスウェル方程式が $(\boldsymbol{E}, \boldsymbol{B}, \rho, \boldsymbol{j})$ の一次式であること，すなわち線形方程式であることに由来する重要な性質である．従って，多数の電荷・電流がある場合の電磁場の計算も，個々の電荷・電流に対する計算をまず行って，得られた解を単に足し合わせるだけで良いことになる．このように，重ね合わせの原理が成立することで，電磁場の計算の大幅な簡略化が可能になる．応用上もこの線形性は非常に重要な意味を持つ．例えば，電磁場の振動である光を様々な波長について重ね合わせ，その重ね合わせの重みに情報を乗せて，光速での情報伝達を行えるのである．

重ね合わせの原理が成り立つことは，(1.5) 式に基づいて，数学的に容易に証明できる．具体的に，(1.5) 式に添字 $i = 1, 2$ をつけたものを一対用意する．

$$\operatorname{div} \boldsymbol{E}_i = \frac{1}{\varepsilon_0}\rho_i, \quad \operatorname{div} \boldsymbol{B}_i = 0, \quad \operatorname{rot} \boldsymbol{E}_i = -\frac{\partial \boldsymbol{B}_i}{\partial t}, \quad \operatorname{rot} \boldsymbol{B}_i = \mu_0 \boldsymbol{j}_i + \frac{1}{c^2}\frac{\partial \boldsymbol{E}_i}{\partial t}.$$

次に，$i = 1, 2$ の方程式を辺々足し合わせ，変形する．第一式に関してこの操作を実行すると，次のようになる．

$$\operatorname{div} \boldsymbol{E}_1 + \operatorname{div} \boldsymbol{E}_2 = \frac{1}{\varepsilon_0}\rho_1 + \frac{1}{\varepsilon_0}\rho_2 \quad \longleftrightarrow \quad \operatorname{div}(\boldsymbol{E}_1 + \boldsymbol{E}_2) = \frac{1}{\varepsilon_0}(\rho_1 + \rho_2).$$

ここで，div に関して分配則 $\operatorname{div} \boldsymbol{E}_1 + \operatorname{div} \boldsymbol{E}_2 = \operatorname{div}(\boldsymbol{E}_1 + \boldsymbol{E}_2)$ が成り立つことを用いた．分配則の成立については，次章で明らかにする．他の式に関しても，rot と $\frac{\partial}{\partial t}$ について分配則が成り立つので，同様な変形が可能である．以上より，マクスウェル方程式について，重ね合わせの原理が成り立つことが明らかとなった．従って，物理的に妥当と思われる主張「$(\rho, \boldsymbol{j}) = (0, \boldsymbol{0})$ では電磁場が存在しない」を受け入れると，マクスウェル方程式の解である電磁場について，重ね合わせの原理が成立することを結論づけられる．

❸ 電磁場のエネルギー

マクスウェル方程式 (1.5) で記述される電磁場は，エネルギーを持っている．これは，流体力学における有限の速度場 $\boldsymbol{v}(\boldsymbol{r}, t)$ に，運動エネルギーが付随しているのと同じである．有限の電磁場は，図 1.3 で描いた磁束密度の場合のように，空間に歪みを生じさせる．そしてその歪みは，空間に蓄えられているエネルギーを増大させる．より具体的に，電磁場が存在すると，空間の各点に，

$$\rho_{\mathrm{E}}(\boldsymbol{r}, t) \equiv \frac{\varepsilon_0}{2}\boldsymbol{E}(\boldsymbol{r}, t) \cdot \boldsymbol{E}(\boldsymbol{r}, t) + \frac{1}{2\mu_0}\boldsymbol{B}(\boldsymbol{r}, t) \cdot \boldsymbol{B}(\boldsymbol{r}, t) \tag{1.8}$$

で表されるエネルギー密度が生じる．静電磁場の幾何学的配置は，(1.5) 式の時間微分項を落とした方程式で決まるのであるが，それは (1.8) 式を全空間で足し上げたエネルギーが，最小になる状態である．電磁場のエネルギーに関するより詳しい議論は 12.3 節で与える．

1.4　ローレンツ力

マクスウェル方程式 (1.5) によると，電荷・電流は電磁場の源であり，湧き出し電場と渦磁場を作り出す．一方，そのようにして作り出された電磁場は，逆に，電荷・電流に力を及ぼすことが実験的に明らかになっている．このように，ローレンツ力と呼ばれるその力は，電磁場と電荷・電流との相互作用について，マクスウェル方程式と表裏一体の事柄を記述している．

具体的に，電磁場下における荷電粒子には，その粒子の持つ電荷 q に比例する

ローレンツ力　指南

$$\boldsymbol{F}_{\mathrm{L}} = q\boldsymbol{E} + q\boldsymbol{v} \times \boldsymbol{B} \tag{1.9}$$

が働く．ここで，$\boldsymbol{v}$ は荷電粒子の速度を表し，また，$\boldsymbol{v} \times \boldsymbol{B}$ はベクトル積と呼ばれ，

ベクトル積　指南

$$\boldsymbol{v} \times \boldsymbol{B} = (v_y B_z - v_z B_y, v_z B_x - v_x B_z, v_x B_y - v_y B_x) \tag{1.10}$$

で定義されている．(1.9) 式は，ローレンツ（1853〜1928）によって，1895 年に提唱された．

(1.9) 式の右辺第一項によると，荷電粒子は電場方向の力を受けて加速・減速される．一方，ベクトル積で表された右辺第二項は，$\boldsymbol{v}$ と $\boldsymbol{B}$ が直交する場合には，**フレミングの左手の法則**の数式表現となっており，荷電粒子が磁場方向・運動方向の両方に垂直な方向に力を受け，軌道が曲げられる効果を表している．

右辺第二項をより深く理解するには，ベクトル積の持つ幾何学的意味を知る必要がある．そのためには，$\boldsymbol{v}$ の方向が x 軸に一致し，$\boldsymbol{B}$ が xy 平面内にあるように座標系を選ぶと良い．実際，この特別な座標系では，$\boldsymbol{v}$, $\boldsymbol{B}$, $\boldsymbol{v} \times \boldsymbol{B}$ が，(1.10) 式も用いて，

$$\boldsymbol{v} = (v, 0, 0), \quad \boldsymbol{B} = (B\cos\theta, B\sin\theta, 0), \quad \boldsymbol{v} \times \boldsymbol{B} = (0, 0, vB\sin\theta) \tag{1.11}$$

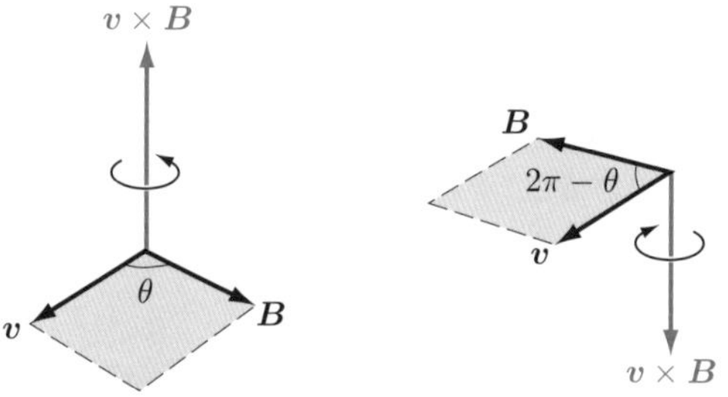

(a)　$\theta < \pi$　　(b)　$\theta > \pi$

図 1.7　ベクトル積

と表せる．ここで θ は $\boldsymbol{v}$ と $\boldsymbol{B}$ のなす角である．これより，(i) $\boldsymbol{v} \times \boldsymbol{B}$ が $\boldsymbol{v}$ と $\boldsymbol{B}$ に垂直で，(ii) その大きさは $\boldsymbol{v}$ と $\boldsymbol{B}$ が作る平行四辺形の面積 $vB|\sin\theta|$ に等しい，ということがわかる（図 1.7 参照）．特に，$\boldsymbol{v}$ と $\boldsymbol{B}$ が平行となる $\theta = 0, \pi$ の場合には，$\boldsymbol{v} \times \boldsymbol{B} = \boldsymbol{0}$ となることに注意されたい．

例題 1.2

ベクトル積について，次の等式が成り立つことを示せ．(1) と (3) は x 成分について確かめよ．

(1)　$$\boldsymbol{a} \times \boldsymbol{b} = -\boldsymbol{b} \times \boldsymbol{a} \tag{1.12a}$$

(2)　$$\boldsymbol{a} \cdot (\boldsymbol{b} \times \boldsymbol{c}) = \boldsymbol{c} \cdot (\boldsymbol{a} \times \boldsymbol{b}) \tag{1.12b}$$

(3)　$$\boldsymbol{a} \times (\boldsymbol{b} \times \boldsymbol{c}) = \boldsymbol{b}\,(\boldsymbol{a} \cdot \boldsymbol{c}) - (\boldsymbol{a} \cdot \boldsymbol{b})\,\boldsymbol{c} \tag{1.12c}$$

【解答】 (1)　$(\boldsymbol{a} \times \boldsymbol{b})_x = a_y b_z - a_z b_y = -(b_y a_z - b_z a_y) = -(\boldsymbol{b} \times \boldsymbol{a})_x$.

(2)
$$\begin{aligned}\boldsymbol{a} \cdot (\boldsymbol{b} \times \boldsymbol{c}) &= a_x(b_y c_z - b_z c_y) + a_y(b_z c_x - b_x c_z) + a_z(b_x c_y - b_y c_x) \\ &= c_x(a_y b_z - a_z b_y) + c_y(a_z b_x - a_x b_z) + c_z(a_x b_y - a_y b_x) \\ &= \boldsymbol{c} \cdot (\boldsymbol{a} \times \boldsymbol{b}).\end{aligned}$$

(3)
$$\begin{aligned}\{\boldsymbol{a} \times (\boldsymbol{b} \times \boldsymbol{c})\}_x &= a_y(\boldsymbol{b} \times \boldsymbol{c})_z - a_z(\boldsymbol{b} \times \boldsymbol{c})_y \\ &= a_y(b_x c_y - b_y c_x) - a_z(b_z c_x - b_x c_z) \\ &= b_x(a_y c_y + a_z c_z) - (a_y b_y + a_z b_z)c_x \\ &= b_x(a_x c_x + a_y c_y + a_z c_z) - (a_x b_x + a_y b_y + a_z b_z)c_x \\ &= \{\boldsymbol{b}\,(\boldsymbol{a} \cdot \boldsymbol{c}) - (\boldsymbol{a} \cdot \boldsymbol{b})\,\boldsymbol{c}\}_x. \quad ■\end{aligned}$$

ローレンツ力 (1.9) における電磁場の組合せ $\boldsymbol{E}+\boldsymbol{v}\times\boldsymbol{B}$ は，ローレンツ不変性からの必然的帰結であることが第 11 章で明らかになる．また，電磁場と電荷・電流の相互作用からマクスウェル方程式とローレンツ力が対で出てくることに関しては，第 12 章を読めば明快に理解できるであろう．

最後に電磁場の単位についてまとめておく．(1.9) 式で力の単位がニュートン $\mathrm{N}=\mathrm{m}\cdot\mathrm{kg}/\mathrm{s}^2$ であることに注意すると，電場 $\boldsymbol{E}$ と磁束密度 $\boldsymbol{B}$ の単位が書き下せる．具体的に，電場 $\boldsymbol{E}$ の単位は，力の単位 N を電荷 q の単位 C で割った

$$\mathrm{N}/\mathrm{C}=\mathrm{m}\cdot\mathrm{kg}/(\mathrm{s}^2\cdot\mathrm{C})=\mathrm{V}/\mathrm{m} \tag{1.13a}$$

である．最後の表式は電場の単位のもう一つの表し方で，V は**ボルト**と発音する．「ボルト」は電池の発明者であるイタリア人科学者ボルタ（1745〜1827）に由来する．単位 $\mathrm{m}^2\cdot\mathrm{kg}/\mathrm{s}^2$ がエネルギーの単位 J（ジュール）なので，$\mathrm{V}=\mathrm{J}/\mathrm{C}$ とも表せる．一方，磁束密度 $\boldsymbol{B}$ の単位は，電場の単位をさらに速度 $\boldsymbol{v}$ の単位で割った

$$\mathrm{N}\cdot\mathrm{s}/(\mathrm{m}\cdot\mathrm{C})=\mathrm{kg}/(\mathrm{s}\cdot\mathrm{C})=\mathrm{T}=\mathrm{Wb}/\mathrm{m}^2 \tag{1.13b}$$

であることがわかる．最後の二つの式は磁束密度の単位の別の表し方で，T は**テスラ**，Wb は**ウェーバー**と読む．

演 習 問 題

1.1 アルミニウムは，一辺が 4.05×10^{-10} m の面心立方格子からなる結晶構造を持つ．また自由電子は，最外殻電子（M 殻の電子）3 個から構成される．アルミニウムにおける自由電子の密度 n_{f} と電荷密度 ρ_{f} を，有効数字 3 桁で評価せよ．

1.2 マクスウェル方程式を書き下せ．記号の意味も説明すること．

1.3 二つのベクトル $\boldsymbol{a}$ と $\boldsymbol{b}$ が次のように与えられたとき，それらのベクトル積 $\boldsymbol{a}\times\boldsymbol{b}$ を求めよ．

(1) $\boldsymbol{a}=(2,1,0),\ \boldsymbol{b}=(1,2,0)$.

(2) $\boldsymbol{a}=(3,1,2),\ \boldsymbol{b}=(6,-5,4)$.

第2章 電磁気学を学ぶための数学

本章では，高校数学の知識を前提として，偏微分・線積分・面積分など，電磁気学を学ぶための数学を展開する．特に，湧き出し密度と渦密度ベクトルの数学的定義式は，(2.23) 式と (2.27) 式で与えられる．一度に全てを理解しようとすると挫折するかもしれない．分からないときは，必要となった公式と要点をつまみ食いしながら進み，何度も読み返して少しずつ理解を深めていって頂きたい．

2.1 偏微分と全微分

電磁気学では，独立変数を複数個持つスカラー関数とベクトル関数を扱う．独立変数の数は，最大で，位置ベクトル $\boldsymbol{r} = (x, y, z)$ の成分 3 個と時間 t の計 4 個となる．そのような**多変数関数**に関する微分の基礎を学ぶ．まず独立変数が (x, y) の二つの場合について考察する．より多くの独立変数がある場合への拡張は，2.1 節❸で行う．

❶ 偏微分

独立変数を二つ持つ関数 $f(x, y)$ の典型例としては，図 2.1 のように，位置 (x, y) における高度が挙げられる．f の x 方向の**偏微分**を，

$$\frac{\partial f(x,y)}{\partial x} \equiv \lim_{\Delta x \to 0} \frac{f(x+\Delta x, y) - f(x,y)}{\Delta x} \tag{2.1}$$

で定義する．ここで $\equiv$ は定義式を表す．すなわち，y を定数と見なして通常の x 微分を行うのである．図 2.1 の地図の例では，(2.1) 式は，位置 (x, y) における $+x$ 方向の勾配を表す．高階の偏微分も同様に定義でき，例えば次のように表される．

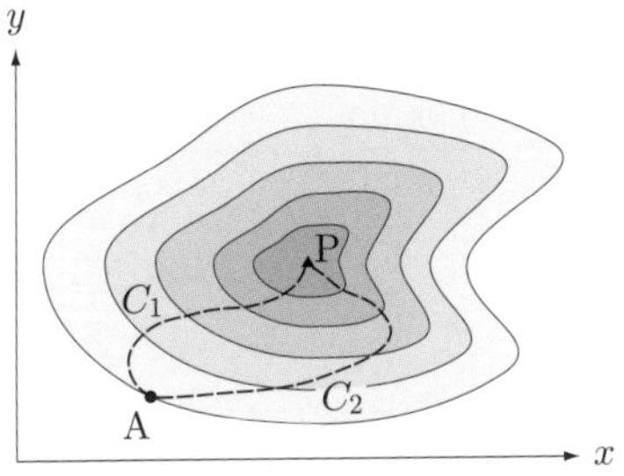

図 2.1 山の等高線と登山道

$$
\begin{aligned}
\frac{\partial}{\partial x}\frac{\partial f(x,y)}{\partial x} &\equiv \frac{\partial^2 f(x,y)}{\partial x^2}, \\
\frac{\partial}{\partial y}\frac{\partial f(x,y)}{\partial x} &\equiv \frac{\partial^2 f(x,y)}{\partial y \partial x}.
\end{aligned}
\tag{2.2}
$$

例題 2.1

関数 $f(x,y) = xy^2$ について次の偏微分を計算せよ．

(1) $\dfrac{\partial f(x,y)}{\partial x}$, $\dfrac{\partial f(x,y)}{\partial y}$.

(2) $\dfrac{\partial^2 f(x,y)}{\partial x^2}$, $\dfrac{\partial^2 f(x,y)}{\partial y^2}$, $\dfrac{\partial^2 f(x,y)}{\partial y \partial x}$, $\dfrac{\partial^2 f(x,y)}{\partial x \partial y}$.

【解答】

(1) $$\frac{\partial f(x,y)}{\partial x} = \frac{\partial (xy^2)}{\partial x} = y^2,$$

$$\frac{\partial f(x,y)}{\partial y} = \frac{\partial (xy^2)}{\partial y} = 2xy.$$

(2) $$\frac{\partial^2 f(x,y)}{\partial x^2} = \frac{\partial}{\partial x}\frac{\partial f(x,y)}{\partial x} = \frac{\partial (y^2)}{\partial x} = 0,$$

$$\frac{\partial^2 f(x,y)}{\partial y^2} = \frac{\partial}{\partial y}\frac{\partial f(x,y)}{\partial y} = \frac{\partial (2xy)}{\partial y} = 2x,$$

$$\frac{\partial^2 f(x,y)}{\partial y \partial x} = \frac{\partial}{\partial y}\frac{\partial f(x,y)}{\partial x} = \frac{\partial (y^2)}{\partial y} = 2y,$$

$$\frac{\partial^2 f(x,y)}{\partial x \partial y} = \frac{\partial}{\partial x}\frac{\partial f(x,y)}{\partial y} = \frac{\partial (2xy)}{\partial x} = 2y. \quad \blacksquare$$

このように，一般に

$$\frac{\partial^2 f(x,y)}{\partial y \partial x} = \frac{\partial^2 f(x,y)}{\partial x \partial y}$$

が成立する．すなわち，x と y についての二階微分は，その順序によらない．この主張は，$f(x,y)$ が発散する点，あるいは，その周りで多価となる点など，いわゆる**特異点**を除いて，一般的に成り立つ．

❷ 全微分

x 方向の勾配と y 方向の勾配をまとめて，ベクトルで

$$\boldsymbol{\nabla} f(x,y) \equiv \left(\frac{\partial f(x,y)}{\partial x}, \frac{\partial f(x,y)}{\partial y} \right) \tag{2.3}$$

と表すと便利である．ただし，$\boldsymbol{\nabla}$ は

$$\boldsymbol{\nabla} \equiv \left(\frac{\partial}{\partial x}, \frac{\partial}{\partial y} \right) \tag{2.4}$$

で定義されたベクトル演算子**ナブラ**である．(2.3) 式は簡略化して $\boldsymbol{\nabla} f$ とも書かれ，幾何学的には，高度 $f(x,y)$ を持つ山の位置 (x,y) における**勾配**を表す．この観点から，$\boldsymbol{\nabla} f$ は，「勾配」を意味する英単語「gradient」の最初の四文字を用いて，$\mathrm{grad}\, f$ のようにも表現される．

勾配 $\boldsymbol{\nabla} f$ を用いると，$\boldsymbol{r} \equiv (x,y)$ から $\boldsymbol{r} + d\boldsymbol{r} \equiv (x+dx, y+dy)$ へと無限小移動した際の高さ f の変化 df が，無限小移動のベクトル

$$d\boldsymbol{r} \equiv (dx, dy) \tag{2.5}$$

と勾配 (2.3) を用いて，

$$df = \boldsymbol{\nabla} f \cdot d\boldsymbol{r} = \frac{\partial f}{\partial x} dx + \frac{\partial f}{\partial y} dy \tag{2.6}$$

と表せる．すなわち，無限小移動に際しての高さの変化 df は，勾配 $\boldsymbol{\nabla} f$ と移動ベクトル $d\boldsymbol{r}$ との内積（スカラー積）に等しい．この df を**全微分**という．特に，等高線に沿った微小移動 $d\boldsymbol{r}_{/\!/}$ では，高度が変化しない（$df = 0$）ので，

$$\boldsymbol{\nabla} f \cdot d\boldsymbol{r}_{/\!/} = 0 \tag{2.7}$$

が成立する．これより，「勾配ベクトルは等高線に垂直」であることがわかる．この主張は，勾配ベクトルが $\mathbf{0}$ となる例外的な点，すなわち山頂や谷底を除き，一般的に成り立つ．

ちなみに，記号 dx は，「$+x$ 方向への無限小の変位」を表す．すなわち，(2.1) 式のように，x から $x+\Delta x$ への有限の移動を考え，その変位 Δx が限りなく 0 に近づいた極限が dx である．従って，dx を数とみなして，自由に四則演算を実行できる．例えば，一変数関数 $y = g(x)$ の微分は，次のように書き換えられる．

$$g'(x) = \frac{dg(x)}{dx} \qquad \longleftrightarrow \qquad dg = g'(x)\,dx. \tag{2.8}$$

ただし，二番目の式では，dg の引数 x を省略した．この第二の等式は，「x が $x+dx$ へと変化したときの関数 g の増分 dg は，傾き $g'(x)$ に変位 dx を掛けたものに等しい」と，直観的・幾何学的に理解できる．なお，$dg = g'(x)\,dx$ は，あくまで dx が無限小の場合にのみ成立することに注意されたい．(2.6) 式も，(dx, dy) が有限の変位 $(\Delta x, \Delta y)$ に置き換わった場合には成り立たないが，その $(\Delta x, \Delta y)$ を無限小とすることで等号が成立するようになるのである．

❸高次元への拡張

以上の考察は，独立変数が三つの場合やそれより多い場合へと，容易に拡張することができる．例えば，独立変数が三つの関数 $f(x, y, z)$ の場合には，全微分の式 (2.6) の $\boldsymbol{\nabla}$ 演算子と $d\boldsymbol{r}$ が，それぞれ

$$\boldsymbol{\nabla} \equiv \left(\frac{\partial}{\partial x}, \frac{\partial}{\partial y}, \frac{\partial}{\partial z}\right) \tag{2.9a}$$

$$d\boldsymbol{r} \equiv (dx, dy, dz) \tag{2.9b}$$

へと変更されるのみである．

時間 t に関する微分も，数学的には高次元の $\boldsymbol{\nabla}$ 演算子に含めることができる．しかし，物理学での時間 t は，空間座標 $\boldsymbol{r}$ とは明確に異なる役割を担う．従って，物理学における $\boldsymbol{\nabla}$ 演算子には空間成分のみを含むこととし，時間の偏微分演算子には $\frac{\partial}{\partial t}$ を用いて区別するのが慣例となっている．

2.2 線積分と面積分

❶ 線積分

図 2.1 において，登山道 C_1 に沿って山麓 A から山頂 P まで登ることを考える．その際，登山道に沿った距離を足し上げると歩いた距離が，高さを足し上げると登った高さが求められる．このように，ある曲線に沿ってある量を足し上げていく操作を**線積分**という．

曲線は，数学的には 1 次元の物体で，一つのパラメータで表現できる．図 2.2 のような有限曲線 C を考えると，その曲線上の位置ベクトルは，適切に選んだパラメータ t を用いて，

$$\boldsymbol{r}(t) = (x(t), y(t), z(t)) \quad (t_0 \leq t \leq t_1) \tag{2.10}$$

と表せる．例えば xy 平面上の原点を中心とする単位円は，$\boldsymbol{r}(\varphi) = (\cos\varphi, \sin\varphi, 0)$（$0 \leq \varphi \leq 2\pi$）とパラメータ表示できる．従って，線積分も一つの変数で表現可能で，高校数学の知識で積分を実行できる．

例として，曲線 C の長さに対する線積分の表式を書き下そう．C 上の点 $\boldsymbol{r} = (x, y, z)$ から $\boldsymbol{r} + d\boldsymbol{r} = (x + dx, y + dy, z + dz)$ へと無限小移動した際の移動距離は，変位 $d\boldsymbol{r}$ の絶対値

$$|d\boldsymbol{r}| = ds \equiv \sqrt{(dx)^2 + (dy)^2 + (dz)^2} \tag{2.11}$$

で与えられる．これを**線素**という．曲線 C の長さは，この線素を C に沿って次のように線積分することで求まる．

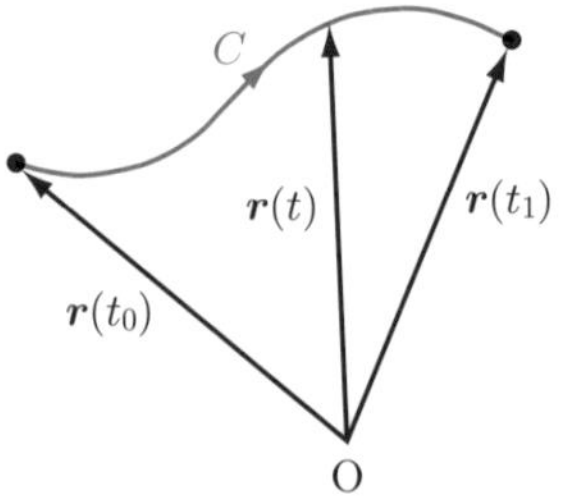

図 2.2 曲線のパラメータ表示

$$\int_C ds = \int_{t_0}^{t_1} \sqrt{\left(\frac{dx}{dt}\right)^2 + \left(\frac{dy}{dt}\right)^2 + \left(\frac{dz}{dt}\right)^2}\, dt. \tag{2.12}$$

第一の積分式は，線積分の簡潔な表式で，C に沿って線素 ds を足し上げることを表している．第二のパラメータ t を用いた積分式は，実際の計算に便利な表式である．

例題 2.2

半径 r の円について，その円周の長さを求めよ．

【解答】 円を xy 平面上に置き，その中心を原点に選ぶと，円周上の位置ベクトルは，$\boldsymbol{r} = (r\cos\varphi, r\sin\varphi, 0)$ とパラメータ表示できる（$0 \leq \varphi \leq 2\pi$）．その線素は

$$ds = \sqrt{\left(\frac{dx}{d\varphi}\right)^2 + \left(\frac{dy}{d\varphi}\right)^2}\, d\varphi = \sqrt{(-r\sin\varphi)^2 + (r\cos\varphi)^2}\, d\varphi = r\, d\varphi$$

のように $d\varphi$ を用いて表せる．これを φ について積分することで，円周の長さが，

$$\int_C ds = \int_0^{2\pi} r\, d\varphi = 2\pi r$$

と求まる．■

より一般的な線積分には，(2.12) 式の被積分関数を 1 からスカラー関数 $f(\boldsymbol{r})$ へと変更したものや，ds をベクトル場 $\boldsymbol{v}(\boldsymbol{r})$ と無限小変位 $d\boldsymbol{r}$ との内積で置き換えたもの，すなわち，

線積分　**指　南**

$$\int_C f\, ds, \qquad \int_C \boldsymbol{v} \cdot d\boldsymbol{r} \tag{2.13}$$

などがある．例えば，第二式で $\boldsymbol{v}$ を高度 $f(x,y)$ の勾配 $\boldsymbol{\nabla} f(x,y)$ で置き換えると，曲線 C に沿って登った高さが得られ，$\boldsymbol{v}$ を力学での力 $\boldsymbol{F}$ で置き換えると，曲線 C に沿ってした仕事が求まる．

❷ 面積分

3 次元空間における曲面あるいは平面は，三つの変数 (x, y, z) の間に一つの関係式

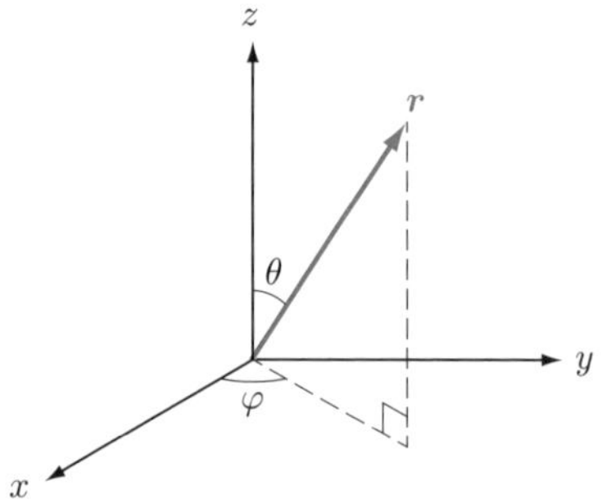

図 2.3 球座標表示

$$f(x, y, z) = 0 \tag{2.14}$$

を持ち込むことで数学的に記述できる．例えば，xy 平面は $z = 0$ で，原点を中心とする半径 r の球面は方程式 $x^2 + y^2 + z^2 - r^2 = 0$ で表せる．曲面上で定義された量についての足し算を**面積分**という．

面積分の表式を書き下そう．曲面は，数学的には 2 次元の物体で，二つのパラメータで記述できる．例えば，$z = 0$ 平面上の任意の点は (x, y) で指定できる．また，原点を中心とする半径 r の球面 $x^2 + y^2 + z^2 - r^2 = 0$ 上の点は，図 2.3 の二つの角 (θ, φ) を用いた**球座標**

$$\boldsymbol{r} = (r\sin\theta\cos\varphi, r\sin\theta\sin\varphi, r\cos\theta) \quad \begin{cases} 0 \le \theta \le \pi \\ 0 \le \varphi < 2\pi \end{cases} \tag{2.15}$$

で表せる．実際に，この表示で $x^2 + y^2 + z^2$ を計算すると，

$$\begin{aligned} x^2 + y^2 + z^2 &= (r\sin\theta\cos\varphi)^2 + (r\sin\theta\sin\varphi)^2 + (r\cos\theta)^2 \\ &= r^2\{\sin^2\theta(\cos^2\varphi + \sin^2\varphi) + \cos^2\theta\} \\ &= r^2 \end{aligned}$$

となり，確かに $x^2 + y^2 + z^2 - r^2 = 0$ が成り立っている．

以上の二例，すなわち，$z = 0$ 平面上の点を指定する (x, y) や球面上の点を表すための (θ, φ) のように，任意の曲面上の点の位置ベクトルは，適切に選んだある二つのパラメータ (u, v) を用いて，一般的に $\boldsymbol{r}(u, v)$ と表せる．そのパラメータを $(u, v) \to (u + du, v + dv)$ のように無限小変化させると，曲面上で

の無限小変位が生じる．対応する位置ベクトルの変化 $d\boldsymbol{r}$ は，スカラー関数の全微分の式 (2.6) をベクトル関数に一般化した式

$$d\boldsymbol{r} = \frac{\partial \boldsymbol{r}(u,v)}{\partial u}du + \frac{\partial \boldsymbol{r}(u,v)}{\partial v}dv \tag{2.16}$$

で表せる．そして，$d\boldsymbol{r}$ が曲面上にあることから，右辺の二つのベクトル

$$\frac{\partial \boldsymbol{r}(u,v)}{\partial u}du, \quad \frac{\partial \boldsymbol{r}(u,v)}{\partial v}dv$$

は，曲面上の点 $\boldsymbol{r}(u,v)$ における接線方向のベクトル，すなわち，**接ベクトル**となっていることがわかる．従って，それらのベクトル積

$$d\boldsymbol{S} \equiv \frac{\partial \boldsymbol{r}(u,v)}{\partial u} \times \frac{\partial \boldsymbol{r}(u,v)}{\partial v}dudv \tag{2.17}$$

は，方向が曲面に垂直で，大きさは二つのベクトルの作る平行四辺形の面積に等しい．この点に関しては，ベクトル積に関する (1.11) 式下のコメントを参照されたい．$d\boldsymbol{S}$ を**ベクトル面積素**という．曲面上での関数 $f(\boldsymbol{r})$ の面積分は，(2.17) 式の絶対値，すなわち，**面積素**

$$dS = \left| \frac{\partial \boldsymbol{r}(u,v)}{\partial u} \times \frac{\partial \boldsymbol{r}(u,v)}{\partial v} \right| dudv \tag{2.18}$$

を用いて，

面積分　**指　南**

$$\int_S f(\boldsymbol{r})\,dS \tag{2.19}$$

と表現できる．積分記号の添字 S は，表面（surface）に関する積分であることを明示している．

例題 2.3

原点を中心とする半径 r の球面について，以下の問いに答えよ．

(1)　球座標 (2.15) を用いて面積素を求めよ．

(2)　球面の表面積を求めよ．

(3)　半径 a の球の体積を求めよ．

【解答】 (1)　位置ベクトル $\boldsymbol{r}(\theta, \varphi)$ の (θ, φ) に関する偏微分は，

$$\frac{\partial \boldsymbol{r}}{\partial \theta} = (r\cos\theta\cos\varphi, r\cos\theta\sin\varphi, -r\sin\theta),$$
$$\frac{\partial \boldsymbol{r}}{\partial \varphi} = (-r\sin\theta\sin\varphi, r\sin\theta\cos\varphi, 0)$$

と計算できる．それらのベクトル積は，

$$\frac{\partial \boldsymbol{r}}{\partial \theta} \times \frac{\partial \boldsymbol{r}}{\partial \varphi} = (r^2\sin^2\theta\cos\varphi, r^2\sin^2\theta\sin\varphi, r^2\sin\theta\cos\theta) = (r\sin\theta)\boldsymbol{r}$$

と得られる．これより，ベクトル面積素 (2.17) が $d\boldsymbol{S} = \boldsymbol{r}\, r\sin\theta\, d\theta d\varphi$ と求まり，$\boldsymbol{r}$ に平行であること，すなわち球面に垂直であることがわかる．面積素 (2.18) は，その絶対値をとって，

$$dS = r^2 \sin\theta\, d\theta d\varphi \tag{2.20a}$$

と得られる．

(2)　表面積は，(2.19) 式で $f(\boldsymbol{r}) = 1$ と置いて，次のように計算できる．

$$\begin{aligned}\int_S dS &= \int_0^{\pi} d\theta \int_0^{2\pi} d\varphi\, r^2 \sin\theta = r^2 \int_0^{\pi} d\theta \sin\theta \int_0^{2\pi} d\varphi \\ &= r^2 \Big[-\cos\theta\Big]_{\theta=0}^{\pi} \Big[\varphi\Big]_{\varphi=0}^{2\pi} \\ &= 4\pi r^2. \end{aligned} \tag{2.20b}$$

(3)　$\boldsymbol{r}$ が球表面に垂直外向きのベクトルであることを考慮すると，半径が r と $r+dr$ との間にある無限小領域の体積が，表面積 $4\pi r^2$ に，表面に垂直方向の変位 dr を掛けた式

$$4\pi r^2\, dr$$

で表せることがわかる．これを $0 \leq r \leq a$ について積分することで，求める体積が

$$\int_0^a 4\pi r^2\, dr = \left[\frac{4\pi}{3} r^3\right]_{r=0}^{a} = \frac{4\pi}{3} a^3 \tag{2.20c}$$

と求まる．■

例題 2.3(2) での積分のように，多次元積分における $d\theta$ や $d\varphi$ などは，各々の積分区間を明確にするために，対応する積分記号の直後に置くのが慣例である．

2.3　ガウスの定理と湧き出し密度

❶湧き出しとガウスの定理

図 2.4 のように，原点 O に泉があり，そこから水が湧き出している状況を考えよう．水の密度は一定であるものとする．泉から毎秒湧き出す水量は，泉を透過膜 S で覆い，その表面を通って毎秒出てゆく水量を測れば良い．湧き出しには外向きの流れが正の寄与を与え，表面に平行な成分は寄与せず，またその量は通過領域の面積に比例する．これより，求める湧き出し水量の数学的表式が，表面上で水の速度 $\boldsymbol{v}$ と外向き単位法線ベクトル $\boldsymbol{n}$ との内積をとり，面積素 dS を掛けて積分した量

$$\int_S \boldsymbol{v}\cdot\boldsymbol{n}\,dS$$

に比例することがわかる．その比例定数は密度に等しい．

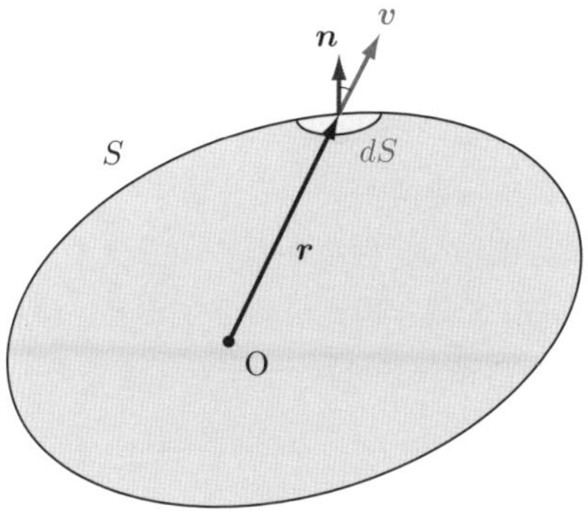

図 2.4　点 O からの水の湧き出し

上記の面積分に別表現を与えたのが，

ガウスの定理　**指　南**

$$\int_S \boldsymbol{v}\cdot\boldsymbol{n}\,dS = \int_V \boldsymbol{\nabla}\cdot\boldsymbol{v}\,d^3r \tag{2.21}$$

である．ただし，添字 V は S で囲まれた 3 次元領域を表し，

$$d^3r = dxdydz \tag{2.22}$$

は無限小領域の体積，すなわち**体積素**である．また $\boldsymbol{\nabla}\cdot\boldsymbol{v}$ は，ナブラ演算子 (2.9a) と速度場 $\boldsymbol{v}$ との内積，すなわち

湧き出し密度　**指　南**

$$\begin{aligned}\mathrm{div}\,\boldsymbol{v} &\equiv \boldsymbol{\nabla}\cdot\boldsymbol{v}\\ &\equiv \frac{\partial v_x}{\partial x}+\frac{\partial v_y}{\partial y}+\frac{\partial v_z}{\partial z}\end{aligned} \tag{2.23}$$

を表す．ここで div は $\boldsymbol{\nabla}\cdot$ の別表現で，英単語の divergence（**発散**）に由来し，微分演算子一般に共通の「**分配則**

$$\mathrm{div}(\boldsymbol{v}_1+\boldsymbol{v}_2) = \mathrm{div}\ \boldsymbol{v}_1 + \mathrm{div}\,\boldsymbol{v}_2$$

を満たす」という性質がある．

(2.21) 式の $\boldsymbol{\nabla}\cdot\boldsymbol{v}$ が湧き出し密度の意味を持つことは，左辺が S を通って毎秒出てゆく水量，すなわち総湧き出し量を表すことから理解できる．一般に，体積積分における被積分関数は，何らかの密度を表す．例えば，(2.21) 式右辺で $\boldsymbol{\nabla}\cdot\boldsymbol{v}$ を粒子密度 $n(\boldsymbol{r})$ で置き換えて積分すると，粒子数が得られる．次元解析の観点からも，求める積分量の次元を X とすると，体積素 d^3r の次元が m^3 なので，被積分関数は $\mathrm{X/m}^3$ の次元を持つ，すなわち密度の次元を持つことが結論づけられる．

なお，ガウスの定理 (2.21) は数学の定理で，下記のように証明が可能である．一方，ガウスの法則 (1.5a) は，自然界の現象を数式として表した物理法則である．両者は別物で，明確に区別する必要がある．

❷ ガウスの定理の証明

ガウスの定理の証明は二段階で行える．第一に，図 2.5(a) の微小な直方体を考察する．その内部と表面上の一般点を

$$\boldsymbol{r}_1 = (x_1, y_1, z_1)$$

で表すことにする．まず，x 軸に垂直な A 面と B 面からの (2.21) 式左辺への寄与に注目する．それぞれの面上での外向き単位法線ベクトルは，それぞれ $\boldsymbol{n} = (1, 0, 0)$ と $\boldsymbol{n} = (-1, 0, 0)$ である．また，面上の点はそれぞれ $(x + \Delta x, y_1, z_1)$ および (x, y_1, z_1) と表せ，面積素は共に

$$dS_1 = dy_1 dz_1$$

である．さらに，微小な直方体内では $\boldsymbol{v}(\boldsymbol{r}_1)$ がほとんど変化しないことを考慮すると，この二つの面からの (2.21) 式左辺への寄与が，次のように変形できる．

$$\begin{aligned}
&\int_{\mathrm{A+B}} \boldsymbol{v}(\boldsymbol{r}_1) \cdot \boldsymbol{n}(\boldsymbol{r}_1)\, dS_1 \\
&= \int_y^{y+\Delta y} dy_1 \int_z^{z+\Delta z} dz_1 \left\{ v_x(x + \Delta x, y_1, z_1) - v_x(x, y_1, z_1) \right\} \\
&\approx \int_y^{y+\Delta y} dy_1 \int_z^{z+\Delta z} dz_1 \frac{\partial v_x(x, y_1, z_1)}{\partial x} \Delta x \\
&= \int_y^{y+\Delta y} dy_1 \int_z^{z+\Delta z} dz_1 \frac{\partial v_x(x, y_1, z_1)}{\partial x} \int_x^{x+\Delta x} dx_1
\end{aligned}$$

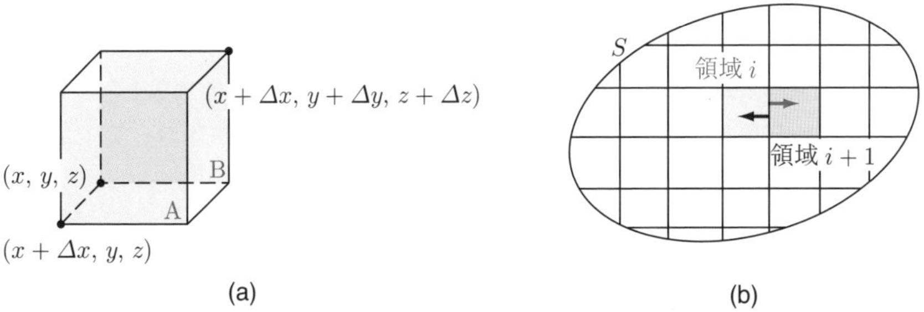

図 2.5　ガウスの定理の証明：(a) 微小な直方体；(b) 一般の 3 次元領域．

$$\approx \int_y^{y+\Delta y} dy_1 \int_z^{z+\Delta z} dz_1 \int_x^{x+\Delta x} dx_1 \frac{\partial v_x(x_1, y_1, z_1)}{\partial x_1}$$
$$= \int_V d^3 r_1 \frac{\partial v_x(\boldsymbol{r}_1)}{\partial x_1}.$$

y 軸に垂直な二つの面と z 軸に垂直な二つの面からの寄与も同様に計算できるので，微小な直方体表面を通しての湧き出し量が，

$$\int_S \boldsymbol{v} \cdot \boldsymbol{n}\, dS \approx \int_V \boldsymbol{\nabla} \cdot \boldsymbol{v}\, d^3 r \tag{2.24}$$

と表せることがわかる．この式は，直方体の体積を無限小とする極限で厳密な式となる．

第二に，図 2.5(b) のように，曲面 S で囲まれた有限の領域を，微小な直方体に分割して考察する．まず，(2.24) 式を微小な直方体に関して総和すると，

$$\sum_i \int_{S_i} \boldsymbol{v}(\boldsymbol{r}) \cdot \boldsymbol{n}(\boldsymbol{r})\, dS \approx \sum_i \int_{V_i} \boldsymbol{\nabla} \cdot \boldsymbol{v}(\boldsymbol{r})\, d^3 r \tag{2.25a}$$

が得られる．その左辺では，隣り合う直方体の共有面からの $\boldsymbol{v}(\boldsymbol{r}) \cdot \boldsymbol{n}(\boldsymbol{r})$ への寄与が，$\boldsymbol{n}$ が逆向きであることで相殺する（図 2.5(b) の断面図参照）．つまり，内部の面積分の寄与がゼロとなり，

$$\sum_i \int_{S_i} \boldsymbol{v}(\boldsymbol{r}) \cdot \boldsymbol{n}(\boldsymbol{r})\, dS = \int_S \boldsymbol{v}(\boldsymbol{r}) \cdot \boldsymbol{n}(\boldsymbol{r})\, dS \tag{2.25b}$$

が成立する．また，体積積分に関しては，加法性

$$\sum_i \int_{V_i} \boldsymbol{\nabla} \cdot \boldsymbol{v}(\boldsymbol{r})\, d^3 r = \int_V \boldsymbol{\nabla} \cdot \boldsymbol{v}(\boldsymbol{r})\, d^3 r \tag{2.25c}$$

が成り立つ．(2.25b) 式と (2.25c) 式を (2.25a) 式に代入し，分割数を無限大（微小直方体の体積を無限小）とする極限をとると，(2.21) 式が得られる．■

2.4　ストークスの定理と渦密度ベクトル

❶渦とグリーンの定理

渦密度の定義式を，まず 2 次元空間で求めよう．図 2.6 の二つのベクトル場を眺めたとき，(a) に渦はなく，(b) には渦がある，と判断するのは適切に思われる．この判断を数学的に明確に下すには，適当な閉曲線 C を選び，その各点でベクトル場 $\boldsymbol{v}(\boldsymbol{r})$ と無限小移動のベクトル $d\boldsymbol{r}$ との内積をとって，

$$\oint_C \boldsymbol{v}\cdot d\boldsymbol{r}$$

と一周積分すれば良い．積分記号についた∘は，反時計回りの一周積分を表すものとする．閉曲線に沿った $d\boldsymbol{r}$ は，一周する過程で方向が 360° 回転する．従って，上記の積分が有限に残れば，C 上ではベクトル場 $\boldsymbol{v}$ が渦巻いていると断言でき，また，積分値の大小・正負で渦の強さ・方向も定量的にわかるであろう．例えばこの基準を図 2.6 に適用すると，(a) のほぼ一様なベクトル場では積分値がゼロとなり，(b) の渦巻くベクトル場では有限な値となることが，詳細な計算なしに予想できる．このように，上記の積分は，渦の有無・強度・方向についての定量的な指標となっている．

上記の線積分に別表現を与えたのが

グリーンの定理　**指　南**

$$\oint_C \boldsymbol{v}\cdot d\boldsymbol{r} = \int_S \left\{ \frac{\partial v_y(x,y)}{\partial x} - \frac{\partial v_x(x,y)}{\partial y} \right\} dxdy \qquad (2.26)$$

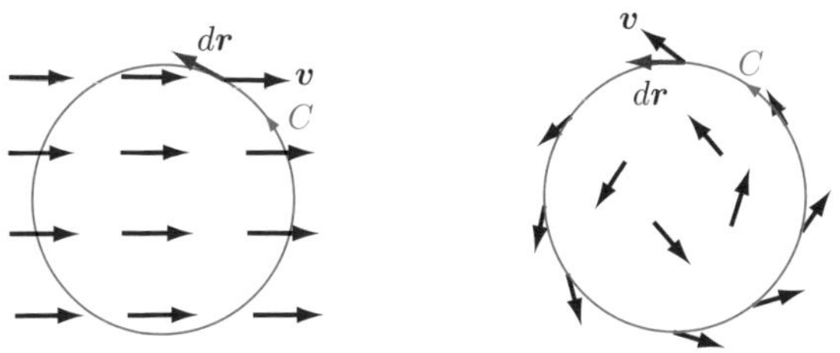

(a)　ほぼ一様なベクトル場　　(b)　渦巻くベクトル場

図 2.6　二つのベクトル場

である．ここで，積分記号の添字 S は C で囲まれた2次元領域を表し，$dxdy$ は面積素である．左辺は C 上での渦の強さを表しているが，それが右辺においてC内での面積分，すなわち2次元空間での“体積”積分として表されている．従って，右辺の被積分関数は渦密度の意味を持つことがわかる．ただし，ここでの密度は単位面積当りの密度，すなわち面密度である．次元解析の観点からも，被積分関数が，面積素 $dxdy$ の逆数の次元 m^{-2} に比例することが結論づけられる．

以下の2.4節❸ですぐ見るように，この渦密度は，ナブラ演算子 (2.9a) とベクトル場 $\boldsymbol{v}$ とのベクトル積，すなわち，

渦密度ベクトル　**指南**

$$\begin{aligned} \mathrm{rot}\,\boldsymbol{v} &\equiv \boldsymbol{\nabla} \times \boldsymbol{v} \\ &\equiv \left(\frac{\partial v_z}{\partial y} - \frac{\partial v_y}{\partial z}, \frac{\partial v_x}{\partial z} - \frac{\partial v_z}{\partial x}, \frac{\partial v_y}{\partial x} - \frac{\partial v_x}{\partial y} \right) \end{aligned} \tag{2.27}$$

へと一般化される．その方向は，右手の人差し指から小指を揃えて渦方向に回すとき，立てた親指が指す方向である．実際に，xy 平面での渦に関する (2.26) 式右辺の被積分関数は，(2.27) 式の z 成分に一致する．rot は $\boldsymbol{\nabla}\times$ の別表現で，英単語の rotation（**回転**）に由来し，微分演算子一般に共通の「**分配則**

$$\mathrm{rot}(\boldsymbol{v}_1 + \boldsymbol{v}_2) = \mathrm{rot}\,\boldsymbol{v}_1 + \mathrm{rot}\,\boldsymbol{v}_2$$

を満たす」という性質がある．rot のかわりに curl（**渦巻き**）が使われることも多い．

ここで，(2.23) 式と (2.27) 式の次元の違いについて一言付け加える．湧き出しは，点から生じて3次元空間で放射状に広がるベクトル場を形成する．一方，渦中心は竜巻のように線を形成し，その周りのベクトル場は，$(3-1)$ 次元空間での構造，すなわち平面的な構造を持つ．(2.23) 式の次元が m^{-3} に比例するのに対し，(2.27) 式の次元が m^{-2} に比例するのは，この違いに由来する．

❷グリーンの定理の証明

グリーンの定理を証明しよう．まず，(2.26) 式右辺の括弧内第二項の積分を考察する．この積分を，図 2.7(a) のように，① x を決めて縦方向（y 方向）に積分した後，② 横方向に x 積分を実行し，次のように変形する．

$$
\begin{aligned}
&-\iint_S dxdy\,\frac{\partial v_x(x,y)}{\partial y}\\
&=-\int_{x_1}^{x_2} dx\int_{Y_1(x)}^{Y_2(x)} dy\,\frac{\partial v_x(x,y)}{\partial y} && y\text{ 積分を実行}\\
&=-\int_{x_1}^{x_2} dx\big\{v_x(x,Y_2(x))-v_x(x,Y_1(x))\big\} && \text{第一項で積分の上下限を入れ替え}\\
&=\int_{x_2}^{x_1} dx\,v_x(x,Y_2(x))+\int_{x_1}^{x_2} dx\,v_x(x,Y_1(x)) && \text{これは }C\text{ 上の線積分}\\
&=\oint_C v_x(x,y)\,dx. && \text{(2.28a)}
\end{aligned}
$$

次に，(2.26) 式右辺の括弧内第一項の積分に注目する．この積分を，図 2.7(b) のように，① y を決めて横方向（x 方向）に積分した後，② 縦方向に y 積分を実行し，次のように変形する．

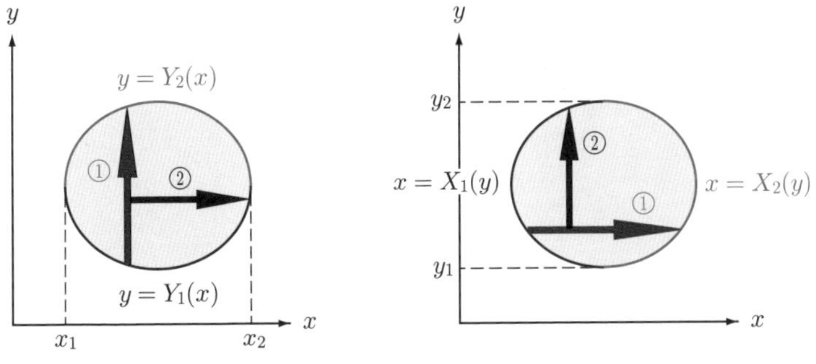

(a)　$-\dfrac{\partial v_x}{\partial y}$ の積分　　(b)　$\dfrac{\partial v_y}{\partial x}$ の積分

図 2.7　グリーンの定理の証明における二重積分の実行

$$
\begin{aligned}
&\iint_S dxdy\,\frac{\partial v_y(x,y)}{\partial x}\\
&=\int_{y_1}^{y_2} dy\int_{X_1(y)}^{X_2(y)} dx\,\frac{\partial v_y(x,y)}{\partial x}\\
&=\int_{y_1}^{y_2} dy\{v_y(X_2(y),y)-v_y(X_1(y),y)\}\\
&=\int_{y_1}^{y_2} dy\,v_y(X_2(y),y)+\int_{y_2}^{y_1} dy\,v_y(X_1(y),y)\\
&=\oint_C v_y(x,y)\,dy. \qquad (2.28\text{b})
\end{aligned}
$$

(2.28a) 式と (2.28b) 式を辺々加え合わせると定理が得られる．■

上の証明における (2.28a) 式の変形は，曲線 C が「一つの x に高々二つの $y=Y_1(x), Y_2(x)$ が対応する二価関数」として表される場合にのみ有効である．従って，例えば図 2.8 のように，曲線 C 上のある $x=x_0$ について「四価関数」となるような場合には，この証明はそのままでは適用できない．しかし，適当な直線 L を引いて C を C_1 と C_2 に分割すると，C_1 と C_2 のそれぞれで上の証明が成立する．そして，挿入した L 上の線積分は，C_1 と C_2 で逆向きとなって相殺される．従って，$C=C_1+C_2$ についても定理が成立することになる．より一般的な閉曲線の場合も，同様の議論で定理の成立を示すことが可能である．

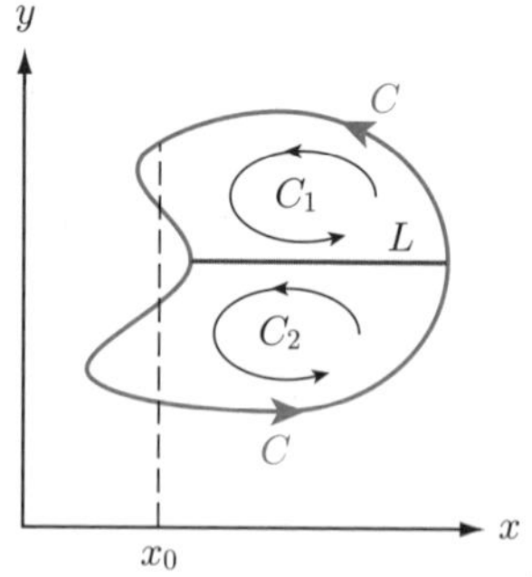

図 2.8　より複雑な閉曲線 C

❸ストークスの定理

グリーンの定理 (2.26) を 3 次元空間へと拡張したのが,

ストークスの定理　指南

$$\oint_C \boldsymbol{v}\cdot d\boldsymbol{r} = \int_S (\boldsymbol{\nabla}\times\boldsymbol{v})\cdot\boldsymbol{n}\,dS \tag{2.29}$$

である．ここで，図 2.9 のように，C は 3 次元空間内の方向つき閉曲線，S は C を縁とする曲面，$\boldsymbol{\nabla}\times\boldsymbol{v}$ は (2.27) 式で定義された渦密度ベクトル，また，$\boldsymbol{n}$ は S 上の単位法線ベクトルで，その方向は，右手の人差し指から小指を揃えて C に沿って回すとき，立てた親指が指す方向である．

曲線 C 上でベクトル場 $\boldsymbol{v}$ が渦巻いているかどうか，およびその強度を調べるには，C に回る向きを与え，C 上で $\boldsymbol{v}$ とベクトル線素 $d\boldsymbol{r}$ との内積をとって線積分すれば良い．これが (2.29) 式の左辺である．ストークスの定理は，そのように直観的に定義された C 上での渦強度が，右辺のように，曲線 C を縁とする曲面 S 上での $(\boldsymbol{\nabla}\times\boldsymbol{v})\cdot\boldsymbol{n}$ の面積分に変換できることを表している．(2.29) 式で $\boldsymbol{v}(\boldsymbol{r}) = (v_x(x,y), v_y(x,y), 0)$ として曲面 S を xy 平面上に選ぶと，$\boldsymbol{n}(\boldsymbol{r}) = (0,0,1)$ となり，(2.29) 式は 2 次元空間におけるグリーンの定理に帰着する．

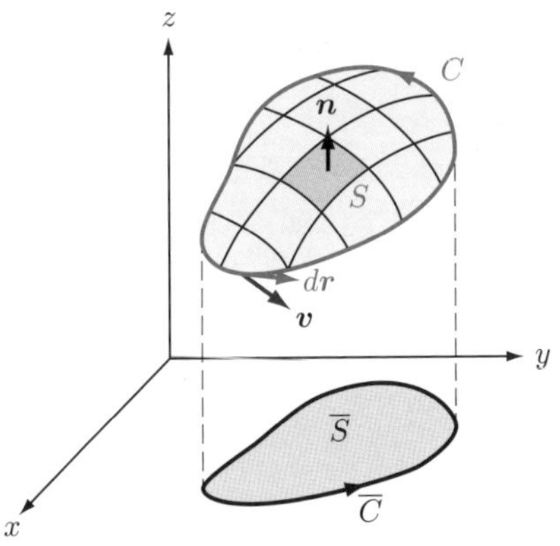

図 2.9　空間内の閉曲線 C とそれを縁とする曲面 S

❹ストークスの定理の証明

ストークスの定理の証明は，(2.29) 式の v_x が関与する項，すなわち，

$$\oint_C v_x\,dx = \iint_S \left(\frac{\partial v_x}{\partial z} n_y - \frac{\partial v_x}{\partial y} n_z \right) dS \tag{2.30}$$

について行えば十分である．なぜなら，v_y 成分と v_z 成分のそれぞれについても同様の証明が独立に実行でき，(2.29) 式はそれら三つの式を足し合わせることで得られるからである．また，曲面 S が一価関数 $z = f(x,y)$ で表される場合を考察する．より一般的な場合には，図 2.8 にならって，曲面を分割して各曲面上で一価性が成り立つようにし，その後，分割した曲面についての和をとれば良い．

曲面 S 上の点は，$\boldsymbol{r} = (x, y, f(x,y))$ のように，(x,y) をパラメータとして表現できる．対応する面積素 dS と単位法線ベクトル $\boldsymbol{n}$ は，予備的計算

$$\frac{\partial \boldsymbol{r}}{\partial x} = \left(1, 0, \frac{\partial f}{\partial x}\right),$$
$$\frac{\partial \boldsymbol{r}}{\partial y} = \left(0, 1, \frac{\partial f}{\partial y}\right),$$
$$\frac{\partial \boldsymbol{r}}{\partial x} \times \frac{\partial \boldsymbol{r}}{\partial y} = \left(-\frac{\partial f}{\partial x}, -\frac{\partial f}{\partial y}, 1\right)$$

と (2.18) 式を用いて，

$$dS = D\,dxdy, \quad D \equiv \left| \frac{\partial \boldsymbol{r}}{\partial x} \times \frac{\partial \boldsymbol{r}}{\partial y} \right| = \sqrt{\left(\frac{\partial f}{\partial x}\right)^2 + \left(\frac{\partial f}{\partial y}\right)^2 + 1}, \tag{2.31a}$$

$$\boldsymbol{n} = \frac{1}{D} \frac{\partial \boldsymbol{r}}{\partial x} \times \frac{\partial \boldsymbol{r}}{\partial y} = \frac{1}{D} \left(-\frac{\partial f}{\partial x}, -\frac{\partial f}{\partial y}, 1\right) \tag{2.31b}$$

と得られる．ただし $\boldsymbol{n}$ の方向は，C の向きと整合するように選ばれている．

証明の出発点は，グリーンの定理 (2.26) で速度場が x 成分のみの式

$$\int_{\overline{C}} \overline{v}_x(x,y)\,dx = -\int_{\overline{S}} \frac{\partial \overline{v}_x(x,y)}{\partial y}\,dxdy \tag{2.32}$$

である．ここで，xy 平面上での曲面・曲線・ベクトル場を $\overline{S}$, $\overline{C}$, $\overline{\boldsymbol{v}}$ で表し，3 次元空間内のものと区別した．その $\overline{S}$ と $\overline{C}$ を，図 2.9 のように，S と C の xy 平面への射影に選ぶ．また，$\overline{v}_x(x,y)$ が曲面 S 上での $v_x(\boldsymbol{r})$ に一致する場合，すなわち，

$$\overline{v}_x(x,y) = v_x(x, y, f(x,y))$$

の場合を考察する．すると，(2.32) 式の y に関する偏微分は，微分の連鎖律を用いて，

$$\frac{\partial \overline{v}_x(x,y)}{\partial y} = \frac{\partial v_x(x,y,f(x,y))}{\partial y}$$
$$= \left(\frac{\partial v_x(x,y,z)}{\partial y} + \frac{\partial v_x(x,y,z)}{\partial z}\frac{\partial f(x,y)}{\partial y} \right)\bigg|_{z=f(x,y)}$$

と表せる．これらを (2.32) 式に代入すると，

$$\int_{\overline{C}} v_x(x,y,f(x,y))\,dx$$
$$= -\int_{\overline{S}} \left(\frac{\partial v_x(x,y,z)}{\partial y} + \frac{\partial v_x(x,y,z)}{\partial z}\frac{\partial f(x,y)}{\partial y} \right)\bigg|_{z=f(x,y)} dxdy \qquad (2.33)$$

が得られる．ここで，

$$\int_{\overline{C}} v_x(x,y,f(x,y))\,dx = \int_{C} v_x(x,y,z)\,dx, \qquad (2.34a)$$
$$dxdy = n_z(\boldsymbol{r})\,dS \qquad (2.34b)$$

が成り立つことに注意する．(2.34a) 式は右辺の積分の定義式に他ならず，また，(2.34b) 式は (2.31) 式から容易に導ける．(2.34) 式を用いると，(2.33) 式が

$$\int_{C} v_x(x,y,z)\,dx$$
$$= -\int_{S} \left\{ \frac{\partial v_x(x,y,z)}{\partial y} n_z(\boldsymbol{r}) + \frac{\partial v_x(x,y,z)}{\partial z}\frac{\partial f(x,y)}{\partial y} n_z(\boldsymbol{r}) \right\} dS \qquad (2.35)$$

へと書き換えられる．さらに (2.31b) 式から，

$$-\frac{\partial f(x,y)}{\partial y} n_z(\boldsymbol{r}) = n_y(\boldsymbol{r})$$

が成立することがわかる．この式を (2.35) 式に代入すると，(2.30) 式が得られる．■

2.5 ポテンシャル

電磁気学では，スカラーポテンシャルとベクトルポテンシャルという二つのポテンシャルが用いられる．これらのポテンシャルに関する数学的基礎を与える．

❶スカラーポテンシャル

スカラーポテンシャルは，渦なしのベクトル場

$$\boldsymbol{\nabla} \times \boldsymbol{v} = \boldsymbol{0} \tag{2.36}$$

に関連している．(2.36) 式の左辺と右辺を入れ換え，図 2.9 の曲面 S 上で単位法線ベクトル $\boldsymbol{n}$ との内積をとり，面積分を行う．そしてストークスの定理 (2.29) を用いて

$$0 = \int_S (\boldsymbol{\nabla} \times \boldsymbol{v}) \cdot \boldsymbol{n}\, dS = \oint_C \boldsymbol{v} \cdot d\boldsymbol{r} = \int_{C_1} \boldsymbol{v} \cdot d\boldsymbol{r} - \int_{C_2} \boldsymbol{v} \cdot d\boldsymbol{r} \tag{2.37}$$

と変形する．最後の式では，図 2.10 のように，閉曲線 C を C_1 と C_2 に分割し，C 上の周回積分を，C 上の点 $\boldsymbol{r}_0$ から点 $\boldsymbol{r}$ への線積分の差として表現した．C_2 積分の負符号は，積分の上下限の入れ換えに由来する．(2.37) 式と C が任意に選べることより，ベクトル場 $\boldsymbol{v}$ に関する点 $\boldsymbol{r}_0$ から点 $\boldsymbol{r}$ への線積分が，積分経路によらず，ただ一つの決まった値を持つことがわかる．従って，(2.36) 式を満たすベクトル場については，適当に選んだ1点 $\boldsymbol{r}_0$ を基準点とする線積分

$$\phi(\boldsymbol{r}) \equiv -\int_{\boldsymbol{r}_0}^{\boldsymbol{r}} \boldsymbol{v}(\boldsymbol{s}) \cdot d\boldsymbol{s} \tag{2.38}$$

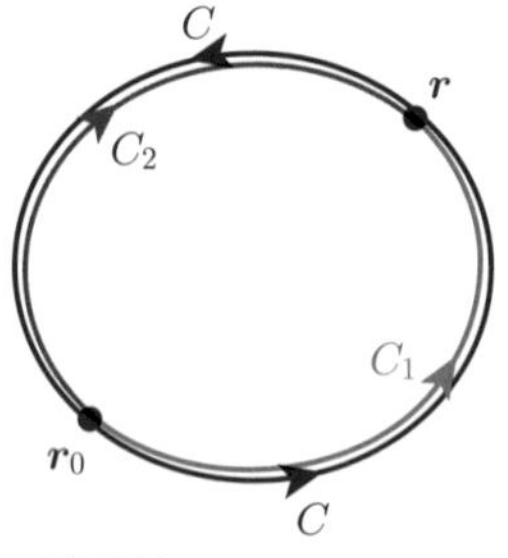

図 2.10 閉曲線 C の C_1 と C_2 への分割

により，点 $\boldsymbol{r}$ での関数値 $\phi(\boldsymbol{r})$ が一意に定義できる．この関数 $\phi(\boldsymbol{r})$ を，(2.36) 式を満たすベクトル場 $\boldsymbol{v}(\boldsymbol{r})$ の**ポテンシャル**という．(2.38) 式は，ベクトル場 $\boldsymbol{v}(\boldsymbol{r})$ が，$\phi(\boldsymbol{r})$ の勾配

$$\boldsymbol{v}(\boldsymbol{r}) = -\boldsymbol{\nabla}\phi(\boldsymbol{r}) \tag{2.39}$$

であることの積分表現である．その負符号は，ポテンシャル $\phi(\boldsymbol{r})$ の小さくなる方向に速度場が生じるようにつけられている．

(2.39) 式のように表されるベクトル場 $\boldsymbol{v}$ が渦なしであること，すなわち

$$\boldsymbol{\nabla} \times (\boldsymbol{\nabla}\phi) = \boldsymbol{0} \tag{2.40}$$

が成立することは，直接計算して確認できる．実際に，その z 成分をあらわに書き下すと，

$$\{\boldsymbol{\nabla} \times (\boldsymbol{\nabla}\phi)\}_z = \frac{\partial}{\partial x}\frac{\partial \phi}{\partial y} - \frac{\partial}{\partial y}\frac{\partial \phi}{\partial x} = 0$$

となり，ϕ の x 微分と y 微分の順序が可換であれば微分がゼロとなることがわかる．

この点に関して説明を付け加える．ベクトル場 $\boldsymbol{v}(\boldsymbol{r})$ が，考察している閉領域内で (2.36) 式を常に満たす場合には，その領域内での $\boldsymbol{v}(\boldsymbol{r})$ の線積分で定義された (2.38) は，(2.40) 式を満たすことが保証される．一方，まず $\phi(\boldsymbol{r})$ としてある関数を独立に選んだ場合には，(2.40) 式が成立しないこともあるが，それは，(2.39) 式によるベクトル場が，(2.36) 式を満たさない特異点を持つことと等価である．その例については，第 7 章の (7.38) 式を参照されたい．

電磁気学においては，静電場 $\boldsymbol{E}(\boldsymbol{r})$ に関連してポテンシャルが導入される．次章で見るように，静電場 $\boldsymbol{E}$ は $\boldsymbol{\nabla} \times \boldsymbol{E} = \boldsymbol{0}$ を満たす渦なしの場で，

$$\boldsymbol{E}(\boldsymbol{r}) = -\boldsymbol{\nabla}\phi(\boldsymbol{r})$$

を満たすポテンシャルが定義できる．このポテンシャルは，**静電ポテンシャル**もしくは**スカラーポテンシャル**と呼ばれている．前者の呼び名は $\boldsymbol{E}$ が静電場である場合に限定されるのに対し，後者は $\boldsymbol{E}$ が時間変化する場合にも用いることができる．

❷ベクトルポテンシャル

ベクトルポテンシャルは，湧き出しのないベクトル場，すなわち，

$$\nabla \cdot \boldsymbol{v} = 0 \tag{2.41}$$

に関連している．この等式は，$\boldsymbol{v}(\boldsymbol{r})$ を

$$\boldsymbol{v}(\boldsymbol{r}) = \nabla \times \boldsymbol{A}(\boldsymbol{r}) \tag{2.42}$$

と表すことで，自動的に満たされる．すなわち，恒等式

$$\nabla \cdot (\nabla \times \boldsymbol{A}) = 0 \tag{2.43}$$

が成立する．その証明は，次のように初等的に行える．

$$\begin{aligned}
&\nabla \cdot (\nabla \times \boldsymbol{A}) \\
&= \frac{\partial}{\partial x}\left(\frac{\partial A_z}{\partial y} - \frac{\partial A_y}{\partial z}\right) + \frac{\partial}{\partial y}\left(\frac{\partial A_x}{\partial z} - \frac{\partial A_z}{\partial x}\right) + \frac{\partial}{\partial z}\left(\frac{\partial A_y}{\partial x} - \frac{\partial A_x}{\partial y}\right) \\
&= \left(\frac{\partial^2}{\partial y \partial z} - \frac{\partial^2}{\partial z \partial y}\right) A_x + \left(\frac{\partial^2}{\partial z \partial x} - \frac{\partial^2}{\partial x \partial z}\right) A_y + \left(\frac{\partial^2}{\partial x \partial y} - \frac{\partial^2}{\partial y \partial x}\right) A_z \\
&= 0.
\end{aligned}$$

(2.41) 式を満たすベクトル場 $\boldsymbol{v}(\boldsymbol{r})$ を (2.42) 式のように表したとき，$\boldsymbol{A}(\boldsymbol{r})$ を $\boldsymbol{v}(\boldsymbol{r})$ の**ベクトルポテンシャル**という．

(1.5b) 式は，磁束密度 $\boldsymbol{B}$ が，$\nabla \cdot \boldsymbol{B} = 0$ を満たす湧き出しのない場であることを示している．従って，磁束密度は

$$\boldsymbol{B} = \nabla \times \boldsymbol{A}$$

と表すことができる．

2.6 ディラックのデルタ関数

マクスウェル方程式 (1.5) によると，電磁場は，電子や陽子などの荷電粒子を源とするベクトル場である．その電子や陽子は，**量子力学**という自然法則に従い，有限の幅を持って存在していることが知られている．つまり，その位置をはっきりと決めることができないのである．その有限幅は，例えば，**ガウス関数**

$$g(x;a) = \frac{1}{a\sqrt{\pi}}\, e^{-\left(\frac{x}{a}\right)^2} \tag{2.44}$$

などで可視化できる．ただし $a > 0$ はパラメータである．このガウス関数は，$x = 0$ のところで最大値 $\frac{1}{a\sqrt{\pi}}$ をとり，$x = \pm a$ のところで最大値の $\frac{1}{e} \approx 0.37$ 倍になる関数で，

$$\int_{-\infty}^{\infty} g(x;a)\, dx = 1 \tag{2.45}$$

と規格化されている．つまり，図 2.11 で，$y = g(x;a)$ のグラフと x 軸とで囲まれた領域の面積は，a の値によらず 1 となっている．1 個の電子は，ある位置を中心にして，このガウス関数のように拡がっている．しかし，その拡がり $2a$ は，我々の目では確認できないミクロなオーダーである．そこで，古典電磁気学では，「電子や陽子の存在位置は明確に指定できる」とする点電荷モデルが用いられる．この点電荷モデルでの電子や陽子の電荷分布は，ガウス関数で

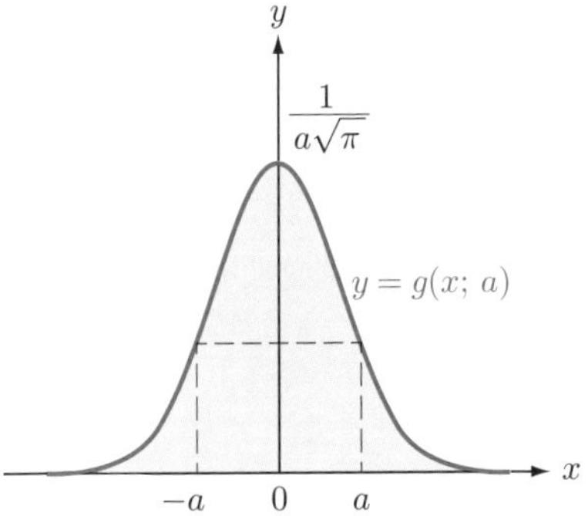

図 2.11　ガウス関数

$a \to 0$ の極限をとった関数

$$\delta(x) \equiv \lim_{a \to 0} g(x; a) \tag{2.46}$$

を用いて記述される．この関数を**ディラックのデルタ関数**という．デルタ関数は次の性質を持つ．

$$\delta(x) = \begin{cases} \infty & : x = 0 \\ 0 & : x \neq 0 \end{cases}, \tag{2.47a}$$

$$\delta(-x) = \delta(x), \tag{2.47b}$$

$$\int_{-\infty}^{\infty} \delta(x)\, dx = 1, \tag{2.47c}$$

$$\int_{-\infty}^{\infty} \delta(x - x_0) f(x)\, dx = f(x_0). \tag{2.47d}$$

最初の三つの式は，ガウス関数 (2.44) の $a \to 0$ の極限として理解できるであろう．四番目の式は，$\delta(x - x_0)$ が $x = x_0$ のみで値を持つので，$f(x)$ を $f(x_0)$ で置き換えて積分記号の前に出し，デルタ関数のみの積分を行うことで得られる．

ディラックのデルタ関数を 3 次元に拡張すると，位置ベクトル $\boldsymbol{r} \equiv (x, y, z)$ を用いて

$$\delta^3(\boldsymbol{r}) \equiv \delta(x)\delta(y)\delta(z) \tag{2.48}$$

と表現できる．また，(2.47d) 式は，

$$\int_{-\infty}^{\infty} dx \int_{-\infty}^{\infty} dy \int_{-\infty}^{\infty} dz\, \delta^3(\boldsymbol{r} - \boldsymbol{r}_0) f(\boldsymbol{r}) = f(\boldsymbol{r}_0) \tag{2.49}$$

へと一般化される．

2.7　電荷の保存則

電荷密度 (1.2) と電流密度 (1.3) との間には，

電荷の保存則　**指　南**

$$\frac{\partial \rho}{\partial t} + \mathrm{div}\,\boldsymbol{j} = 0 \tag{2.50}$$

が成り立つ．この式は**連続の方程式**とも呼ばれる．

(2.50) 式を示そう．図 2.4 のような空間に固定された任意の有限領域 V を考察する．時刻 t においてこの領域にある電荷の総量 $Q_V(t)$ は，電荷密度 $\rho(\boldsymbol{r}, t)$ を領域 V で体積積分した式

$$Q_V(t) = \int_V \rho(\boldsymbol{r}, t)\, d^3r \tag{2.51}$$

で表せる．それから時間が dt だけ経過する間に，領域 V の電荷は，

$$\begin{aligned} Q_V(t+dt) - Q_V(t) &= Q'_V(t)\, dt \\ &= \left\{ \frac{d}{dt} \int_V \rho(\boldsymbol{r}, t)\, d^3r \right\} dt = \int_V \frac{\partial \rho(\boldsymbol{r}, t)}{\partial t}\, d^3r\, dt \end{aligned} \tag{2.52a}$$

だけ変化する．ただし，dt が無限小であることを考慮し，その 1 次までを残した．また，最後の等式では，V が空間に固定されて時間変化しないことが用いられている．一方，時間が dt だけ経過する間に領域 V から出てゆく電荷量 Q_{out} は，図 2.4 のように，領域 V の表面 S で $\boldsymbol{j}(\boldsymbol{r}, t)\, dt$ と外向き単位法線ベクトル $\boldsymbol{n}$ との内積をとり，S について面積分した量

$$Q_{\mathrm{out}} = \int_S \boldsymbol{j}(\boldsymbol{r}, t) \cdot \boldsymbol{n}\, dS\, dt = \int_V \mathrm{div}\,\boldsymbol{j}(\boldsymbol{r}, t)\, d^3r\, dt \tag{2.52b}$$

に等しい．その最後の式は，ガウスの定理 (2.21) を用いて書き換えた表式である．ここで電荷の保存則を受け入れると，無限小時間 dt の間に起こる V での電荷の減少量は，V から出てゆく電荷量に等しく，

$$-\{Q_V(t+dt) - Q_V(t)\} = Q_{\mathrm{out}} \tag{2.53}$$

が成り立つことになる．この式に (2.52) 式の体積積分表示を代入すると

$$\int_V \left\{ \frac{\partial \rho(\boldsymbol{r}, t)}{\partial t} + \mathrm{div}\,\boldsymbol{j}(\boldsymbol{r}, t) \right\} d^3r\, dt = 0$$

が得られる．領域 V は任意にとれるので，(2.50) 式の成立が結論づけられる．

演習問題

2.1 サイクロイド曲線とは，変数 t と定数 $a>0$ を用いて

$$\boldsymbol{r}(t)=(a(t-\sin t),a(1-\cos t),0) \tag{2.54}$$

と表される位置ベクトル $\boldsymbol{r}(t)$ の軌跡である．変数 t が $0\leq t\leq 2\pi$ の範囲を動くときにできる曲線の長さを，(2.12) 式を用いて求めよ．

2.2 頂点が $(0,0,z_0)$（$z_0>0$）にあり，原点を中心とする半径 $a>0$ の円を底面に持つ円錐の側面は，方程式

$$x^2+y^2=\{R(z)\}^2,\quad R(z)\equiv a\left(1-\frac{z}{z_0}\right)$$

で表せる．ただし，$0\leq z\leq z_0$ である．

(1) 円錐の側面の位置ベクトル $\boldsymbol{r}$ を，適切な二つのパラメータを用いて表せ．

(2) 側面の面積素 dS を求めよ．

(3) 側面の面積を求めよ．

2.3 2次元のスカラー場 $f(x,y)=x^2-y^2$ について以下の問いに答えよ．

(1) $f(x,y)=0,\pm1,\pm2,\cdots$ の等高線を xy 平面に描け．

(2) $\boldsymbol{\nabla}f(x,y)$ を求めよ．

(3) $(x,y)=(2,1)$ の点における勾配ベクトル $\boldsymbol{\nabla}f(x,y)$ を求め，(1) の図上にそのベクトルを描け．

2.4 2次元空間内の領域

$$\mathrm{R}: x\geq 0,\quad y\geq 0,\quad x+y\leq 1$$

に関する以下の問いに答えよ．

(1) R を xy 平面上に図示せよ．

(2) 領域 R の面積 S を初等的に求めよ．

(3) 領域 R の面積 S は，次の積分で表すことができる．

$$S\equiv\iint_{\mathrm{R}}dxdy=\int_0^1 dy\int_0^{1-y}dx.$$

ただし，最初の式は定義式で，二番目が領域 R を具体的に積分領域として表現した式である．第二の表式を用いて積分を実行し，S を求めよ．

(4) $f(x,y) \equiv x + y$ の領域 R に関する以下の積分を計算せよ．

$$I \equiv \iint_{\mathrm{R}} dxdy\, f(x,y).$$

2.5 以下の問いに答えよ．

(1) 二つのベクトル場

(i) $\boldsymbol{v}(\boldsymbol{r}) = (x, y, 0)$

(ii) $\boldsymbol{v}(\boldsymbol{r}) = (-y, x, 0)$

を xy 平面上 $\boldsymbol{r} = (x, y, 0)$ に図示せよ．より具体的には，まず，大きさ $|\boldsymbol{v}|$ が一定となる線を $|\boldsymbol{v}| = 1, 2, 3$ に対して描き，次に，その線上における $\boldsymbol{v}$ の方向を，その大きさも考慮して矢印で示せ．

(2) 前問の (i) と (ii) のそれぞれのベクトル場について，湧き出し密度 $\boldsymbol{\nabla} \cdot \boldsymbol{v}(\boldsymbol{r})$ と渦密度ベクトル $\boldsymbol{\nabla} \times \boldsymbol{v}(\boldsymbol{r})$ を求めよ．

(3) ベクトル場 $\boldsymbol{v}(\boldsymbol{r}) = (xyz, y^2 - x^2, zx)$ について，湧き出し密度 $\boldsymbol{\nabla} \cdot \boldsymbol{v}(\boldsymbol{r})$ と渦密度ベクトル $\boldsymbol{\nabla} \times \boldsymbol{v}(\boldsymbol{r})$ を求めよ．

2.6 $\boldsymbol{r} = (x, y)$ を変数とする 2 次元のベクトル場 $\boldsymbol{v}(\boldsymbol{r}) \equiv (2xy + 1, x^2)$ について，以下の問いに答えよ．

(1) 線積分

$$\int_C \boldsymbol{v} \cdot d\boldsymbol{r}$$

を，原点 (0,0) から点 (1,1) に至る次の二つの経路 C で計算せよ．

(i) C は直線： $\boldsymbol{r} = (t, t)$ $(0 \leq t \leq 1)$.

(ii) C は放物線： $\boldsymbol{r} = (t, t^2)$ $(0 \leq t \leq 1)$.

(2) $\boldsymbol{v}(\boldsymbol{r})$ が渦なしの場であること，すなわち，

$$\frac{\partial v_y}{\partial x} = \frac{\partial v_x}{\partial y}$$

が成り立っていることを確かめよ．

(3) $\boldsymbol{v}(\boldsymbol{r}) = -\boldsymbol{\nabla}\phi(\boldsymbol{r})$ となるポテンシャル $\phi(\boldsymbol{r})$ を求めよ．ただし，原点をその基準点に選ぶことにする．

(4) $-\{\phi(1,1) - \phi(0,0)\}$ を計算し，(1) の結果と一致することを確かめよ．

2.7 ディラックのデルタ関数に関する次の積分を計算せよ．

$$\int_0^{2\pi} \delta\left(\theta - \frac{\pi}{3}\right) \sin\theta\, d\theta.$$

第3章 静　電　場

本章では，図 1.6 のチャートに従って，静的な電荷分布が作り出す電場，すなわち静電場を考察する．この場合には，ガウスの法則 (1.5a) が他の 3 式と切り離されて独立した方程式となり，それを解くことで静電場が求まる．球対称な電荷分布が作る電場をまず求め，その結果と重ね合わせの原理を用いて，一般的な静電場の表式を導出していく．また，金属における帯電の特徴を明らかにする．

3.1 球対称な電荷分布が作る静電場

電場の湧き出しは，ガウスの法則 (1.5a)，すなわち，

$$\mathrm{div}\,\boldsymbol{E} = \frac{1}{\varepsilon_0}\rho \tag{1.5a}$$

に従う．この方程式を，任意の有限領域 V で

$$\int_V \mathrm{div}\,\boldsymbol{E}\,d^3r = \frac{1}{\varepsilon_0}\int_V \rho\,d^3r$$

と体積積分した後，左辺をガウスの定理 (2.21) を用いて面積分に書き換えると，

$$\int_S \boldsymbol{E}\cdot\boldsymbol{n}\,dS = \frac{1}{\varepsilon_0}\int_V \rho\,d^3r \tag{3.1}$$

が得られる．ここで，S は領域 V の表面を表し，$\boldsymbol{n}$ は S 上の外向き単位法線ベクトルである．電荷分布の対称性が高い場合には，この式を用いて静電場が計算できる．

図 3.1 のように，原点を中心とする半径 a の球内に，総量 Q の電荷が一様に分布している場合の電場を求めよう．電荷密度は

$$\rho = \begin{cases} \left(\dfrac{4\pi}{3}a^3\right)^{-1} Q & : r \le a \\ 0 & : r > a \end{cases} \tag{3.2}$$

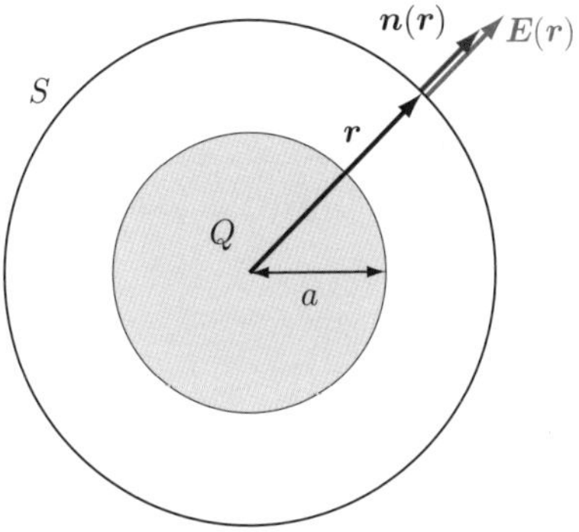

図 3.1　球対称な電荷分布が作る静電場の計算

と表せる．ただし，球の体積に関する (2.20c) 式を用いた．この電荷分布は，原点からの距離

$$r \equiv |\boldsymbol{r}|$$

のみに依存し，球対称である．従って，作り出される電場も球対称かつ放射状に湧き出すと結論できる．そこで，(3.1) 式の領域 V として，図 3.1 のような原点を中心とする半径 r の球を採用し，両辺の積分を行う．すると，原点から距離 r の点での電場の大きさが，

$$E(r) = \frac{Q}{4\pi\varepsilon_0 r^2} \times \begin{cases} \left(\dfrac{r}{a}\right)^3 & : r \leq a \\ 1 & : r > a \end{cases} \tag{3.3}$$

と得られる（例題 3.1）．

例題 3.1

(3.3) 式を導出せよ.

【解答】 半径 r の球面上での電場は面に垂直で，外向き単位法線ベクトル

$$\boldsymbol{n} = \frac{\boldsymbol{r}}{r}$$

と平行になり，

$$\boldsymbol{E} \cdot \boldsymbol{n} = E$$

が成立する．さらに，その大きさ E が球面上で同じ値を持つことに注意すると，(3.1) 式左辺の積分が，

$$\int_S \boldsymbol{E} \cdot \boldsymbol{n}\, dS = E \int_S dS = 4\pi r^2 E \tag{3.4a}$$

と計算できる．ただし，球の表面積に関する (2.20b) 式を用いた．一方，(3.1) 式右辺は，(3.2) 式を代入して

$$\frac{1}{\varepsilon_0} \int_V \rho\, d^3 r = \frac{Q}{\varepsilon_0} \times \begin{cases} \left(\dfrac{r}{a}\right)^3 & : r \leq a \\ 1 & : r > a \end{cases} \tag{3.4b}$$

と求まる．ここで，$r \leq a$ の場合の因子 $\left(\frac{r}{a}\right)^3$ は，領域 V と半径 a の球の体積比である．(3.4a) 式と (3.4b) 式を等号で結ぶと，(3.3) 式が得られる．■

電場の方向が放射状であることを考慮し，(3.3) 式に外向き単位法線ベクトル $\boldsymbol{n} = \frac{\boldsymbol{r}}{r}$ を掛けると，方向まで含めた電場が，

$$\boldsymbol{E}(\boldsymbol{r}) = \frac{Q\boldsymbol{r}}{4\pi\varepsilon_0 r^3} \times \begin{cases} \left(\dfrac{r}{a}\right)^3 & : r \leq a \\ 1 & : r > a \end{cases} \tag{3.5}$$

と書き下せる．ただし，ベクトル場としての電場には方向依存性があることを考慮して，引数を r から $\boldsymbol{r}$ へと変更した．この式より，$Q > 0$ の場合には電場が帯電した球から湧き出し，$Q < 0$ の場合には球へと引き込まれることがわかる．

3.2　静電場の一般的表式

(3.5) 式で $a \to 0$ の極限をとると，原点に大きさ Q の点電荷がある場合の電場の式

$$\boldsymbol{E}(\boldsymbol{r}) = \frac{Q\boldsymbol{r}}{4\pi\varepsilon_0 r^3} \tag{3.6}$$

が得られる．この式は，また，デルタ関数 (2.48) を用いた点電荷モデルの電荷密度

$$\rho(\boldsymbol{r}) = Q\,\delta^3(\boldsymbol{r}) \tag{3.7}$$

を，(3.1) 式に直接代入することでも導出できる．実際，その右辺の積分は，(3.4b) 式で $a \to 0$ とした式となるので，(3.5) 式のかわりに (3.6) 式が得られる．点電荷が位置 $\boldsymbol{r}_1$ にある場合には，(3.6) 式右辺の $\boldsymbol{r}$ と r を，それぞれ $\boldsymbol{r}-\boldsymbol{r}_1$ および $|\boldsymbol{r}-\boldsymbol{r}_1|$ に変更すれば良い．

さらに，1.3 節❷で議論した**重ね合わせの原理**を用いると，(3.6) 式を，複数の点電荷がある場合に一般化することができる．具体的に，大きさ Q_j（$j = 1, 2, \cdots, n$）の電荷が位置 $\boldsymbol{r}_j$ にあるとき，位置 $\boldsymbol{r}$ にできる電場は

$$\boldsymbol{E}(\boldsymbol{r}) = \frac{1}{4\pi\varepsilon_0}\sum_{j=1}^{n}\frac{\boldsymbol{r}-\boldsymbol{r}_j}{|\boldsymbol{r}-\boldsymbol{r}_j|^3}Q_j \tag{3.8}$$

と表せ，各点電荷が独立に作る電場の重ね合わせとなる．この電場は，**電気力線**を用いて，図 3.2 のように可視化できる．電気力線とは，その線上の各点 $\boldsymbol{r}$ で，$\boldsymbol{E}(\boldsymbol{r})$ が接ベクトルとなっているような曲線である．まさに，正電荷は電場の湧き出し口であり，負電荷が引き込み口となっているのが見て取れる．

より一般的な静電場の表式は，電荷密度 ρ を用いて構成できる．具体的に，位置 $\boldsymbol{r}_j$ を含む体積

$$\varDelta^3 r_j \equiv \varDelta x_j \varDelta y_j \varDelta z_j$$

の微小領域にある電荷は，

$$\rho(\boldsymbol{r}_j)\,\varDelta^3 r_j$$

と表せる．求める電場は，それらが作る電場を重ね合わせた式

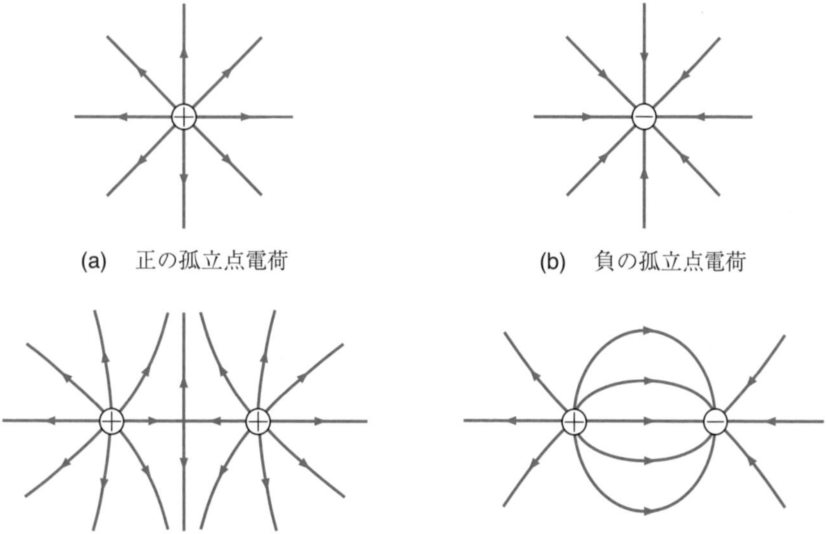

(a)　正の孤立点電荷　(b)　負の孤立点電荷

(c)　二つの正電荷　(d)　正負の点電荷

図 3.2　**点電荷が作る電気力線**

$$
\begin{aligned}
\boldsymbol{E}(\boldsymbol{r}) &= \frac{1}{4\pi\varepsilon_0}\lim_{n\to\infty}\sum_{j=1}^{n}\frac{\boldsymbol{r}-\boldsymbol{r}_j}{|\boldsymbol{r}-\boldsymbol{r}_j|^3}\rho(\boldsymbol{r}_j)\,\Delta^3 r_j \\
&= \frac{1}{4\pi\varepsilon_0}\int\frac{\boldsymbol{r}-\boldsymbol{r}'}{|\boldsymbol{r}-\boldsymbol{r}'|^3}\rho(\boldsymbol{r}')\,d^3 r' \qquad (3.9)
\end{aligned}
$$

となる．この積分式に点電荷の集まりからなる電荷密度

$$
\rho(\boldsymbol{r}) = \sum_{j=1}^{n} Q_j\delta^3(\boldsymbol{r}-\boldsymbol{r}_j)
$$

を代入すると，(3.8) 式が再現される．

以下の等式 (3.10) は，静電場に関する様々な計算において大変便利である．

例題 3.2

定位置 $\boldsymbol{r}_0$ から座標点 $\boldsymbol{r} \equiv (x, y, z)$ へ向かうベクトルを

$$\overline{\boldsymbol{r}} \equiv \boldsymbol{r} - \boldsymbol{r}_0$$

で表し，

$$\overline{r} \equiv \sqrt{\overline{x}^2 + \overline{y}^2 + \overline{z}^2}$$

をその長さとする．次の二つの式を証明せよ．

$$\boldsymbol{\nabla}\, \overline{r}^n = n\, \overline{r}^{n-2} \overline{\boldsymbol{r}} \quad (n = 0, \pm 1, \pm 2, \cdots), \tag{3.10a}$$

$$\boldsymbol{\nabla} \times \{ \overline{\boldsymbol{r}} f(\overline{r}) \} = \boldsymbol{0}. \tag{3.10b}$$

ただし，$\boldsymbol{\nabla}$ はナブラ演算子 (2.9a) であり，$f(\overline{r})$ は $\overline{r}$ の関数を表す．

【解答】 第一式は，微分の連鎖律を用いて，次のように証明できる．

$$\begin{aligned}
\boldsymbol{\nabla}\, \overline{r}^n &= n\, \overline{r}^{n-1} \boldsymbol{\nabla}\, \overline{r} \\
&= n\, \overline{r}^{n-1} \boldsymbol{\nabla} (\overline{x}^2 + \overline{y}^2 + \overline{z}^2)^{\frac{1}{2}} \\
&= n\, \overline{r}^{n-1} \frac{\boldsymbol{\nabla} (\overline{x}^2 + \overline{y}^2 + \overline{z}^2)}{2(\overline{x}^2 + \overline{y}^2 + \overline{z}^2)^{\frac{1}{2}}} \\
&= n\, \overline{r}^{n-1} \frac{2\overline{\boldsymbol{r}}}{2(\overline{x}^2 + \overline{y}^2 + \overline{z}^2)^{\frac{1}{2}}} \\
&= n\, \overline{r}^{n-2} \overline{\boldsymbol{r}}.
\end{aligned}$$

第二式は，ベクトル積の演算 (1.10) と微分演算が独立した操作であることを考慮し，積の微分公式と微分の連鎖律を用いて，次のように証明できる．

$$\begin{aligned}
\boldsymbol{\nabla} \times \{ \overline{\boldsymbol{r}} f(\overline{r}) \} &= f(\overline{r}) \boldsymbol{\nabla} \times \overline{\boldsymbol{r}} + \{ \boldsymbol{\nabla} f(\overline{r}) \} \times \overline{\boldsymbol{r}} \qquad \boldsymbol{\nabla} \times \overline{\boldsymbol{r}} = \boldsymbol{0} \\
&= f'(\overline{r}) (\boldsymbol{\nabla} \overline{r}) \times \overline{\boldsymbol{r}} \\
&= f'(\overline{r}) \frac{\overline{\boldsymbol{r}}}{\overline{r}} \times \overline{\boldsymbol{r}} \qquad \overline{\boldsymbol{r}} \times \overline{\boldsymbol{r}} = \boldsymbol{0} \\
&= \boldsymbol{0}. \quad \blacksquare
\end{aligned}$$

3.3 クーロンの法則

(3.8) 式の電場があるとき，位置 $\boldsymbol{r}$ にある大きさ Q の点電荷が受ける力は，ローレンツ力 (1.9) の電場項に (3.8) 式を代入した式

$$\boldsymbol{F}(\boldsymbol{r}) = \frac{Q}{4\pi\varepsilon_0}\sum_{j=1}^{n} Q_j \frac{\boldsymbol{r}-\boldsymbol{r}_j}{|\boldsymbol{r}-\boldsymbol{r}_j|^3} \tag{3.11}$$

で表せる．この点電荷間に働く力の法則を**クーロンの法則**という．(3.11) 式で $n=1$ の場合について，二つの点電荷間に働く力の方向を描くと，図 3.3 のようになる．2 点を結ぶ直線上に力が作用し，電荷が同符号の場合に斥力，異符号の場合に引力となる．また，力の大きさは，点電荷の積 QQ_1 に比例し，点電荷間の距離 $|\boldsymbol{r}-\boldsymbol{r}_1|$ の 2 乗に反比例する．

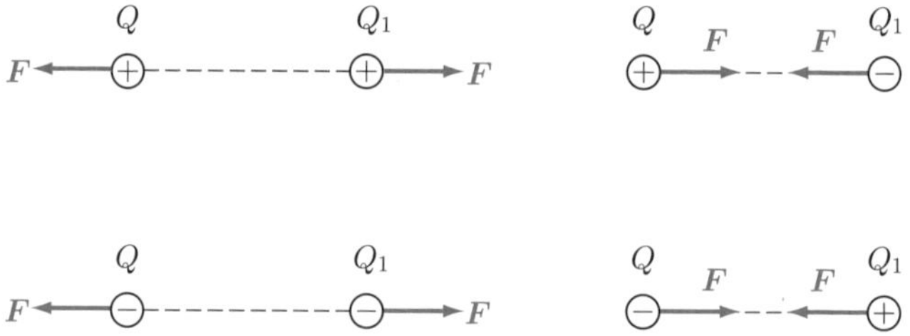

図 3.3　二つの点電荷間に働く力の方向

クーロンの法則 (3.11) は，フランス人科学者のクーロン（1736〜1806）にちなんで名づけられた．彼は，1785 年に，ねじり天秤を用いた実験により，二つの点電荷の間に，(3.11) 式で表される力が働くことを明らかにした．電荷の単位の C（クーロン）も彼の名前に由来する．この法則 (3.11) は，力学におけるニュートンの万有引力の法則と同じ形をしている．このため，その発見は，古典力学的世界観，すなわち，距離を隔てた粒子間に直接相互作用が働くという**遠隔作用**（action at a distance）の立場の正しさを，より確実にするものであるとみなされた．これに反旗を翻したのが，1.1 節❸で言及したファラデーである．その着想は，数学的には，(3.11) 式を $\boldsymbol{F}=Q\boldsymbol{E}$ と表現し，電場 $\boldsymbol{E}$ という場の実在を主張したことに相当する．この一見すると単純な力の書き換え

$\boldsymbol{F} = Q\boldsymbol{E}$ が，その後の物理学全体を大きく変革していくことになる．

なお，クーロンの法則 (3.11) は，イギリス人のキャベンディッシュ（1731～1810）が，クーロンに先立って，すでに1773年に発見していたことがわかっている．しかし，寡黙で人と交わることを好まない性格であったキャベンディッシュは，その発表をしなかった．(3.11) 式をその一端とする彼の業績の全貌は，約100年後にケンブリッジ大学にキャベンディッシュ家からの寄付で新たな研究所が設立され，同時に彼の遺稿の整理が初代所長となったマクスウェル（1831～1879）に託されたことで，初めて明らかになった．マクスウェルは，クーロンの法則のより精密な実験的検証も行っている．

例題 3.3

一辺の長さが ℓ の正三角形がある．その3頂点のそれぞれに，電荷 $Q>0$ を置いた．

(1)　正三角形の中点（中心）での電場を求めよ．

(2)　各電荷が，他の二つの電荷から受ける力の大きさと方向を求めよ．

【解答】 (1)　正三角形の中点（中心）での電場は0（三つのベクトルが相殺）．

(2)　方向は各点電荷に向かい合う底辺から垂直に点電荷へ伸ばした直線方向で，大きさは

$$\frac{Q^2}{4\pi\varepsilon_0\ell^2} \times \cos 30^\circ \times 2 = \frac{\sqrt{3}\,Q^2}{4\pi\varepsilon_0\ell^2}$$

である．

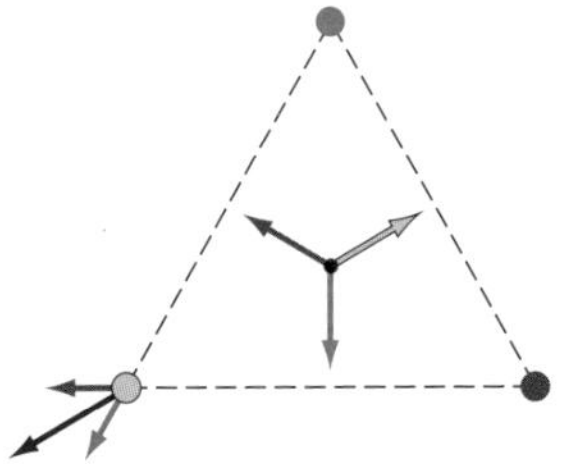

■

3.4 静電ポテンシャル

図3.2からも予想されるように，湧き出し電場 (3.9) は，

$$\mathrm{rot}\,\boldsymbol{E}(\boldsymbol{r}) = \boldsymbol{0} \tag{3.12}$$

を満たす渦なしの場である．この式は，(1.5c) 式で右辺の時間微分項をゼロとすることで得られ，電荷・電流分布に時間依存性のない場合において一般的に成立する．(3.12) 式は，また，(3.9) 式の渦密度ベクトル

$$\boldsymbol{\nabla} \times \boldsymbol{E}$$

を直接計算することでも確認できる．実際，(3.10b) 式より

$$\boldsymbol{\nabla} \times \frac{\boldsymbol{r} - \boldsymbol{r}'}{|\boldsymbol{r} - \boldsymbol{r}'|^3} = \boldsymbol{0}$$

が結論でき，(3.9) 式が (3.12) 式を満たすことがわかる．

2.5節❶によると，(3.12) 式を満たすベクトル場は，

$$\boldsymbol{E}(\boldsymbol{r}) = -\boldsymbol{\nabla}\phi(\boldsymbol{r}) \tag{3.13}$$

のように，あるポテンシャル $\phi(\boldsymbol{r})$ の勾配として表せる．このポテンシャル $\phi(\boldsymbol{r})$ を**静電ポテンシャル**，ϕ が一定の面を**等電位面**という．(3.13) 式からは，電場が等電位面に垂直であること，また，静電ポテンシャルの次元が，電場の次元 (1.13a) に長さの単位 m を掛けた V（ボルト）であることがわかる．

静電場が与えられたとき，(3.13) 式を線積分すると，静電ポテンシャルが得られる．例えば，原点に点電荷がある場合の電場 (3.6) に対する静電ポテンシャルは，

$$\phi(\boldsymbol{r}) = \frac{Q}{4\pi\varepsilon_0 r} \tag{3.14}$$

と求まる（例題3.4）．

例題 3.4

(3.6) 式を線積分することにより，(3.14) 式を導出せよ．ただし，電場の大きさがゼロとなる無限遠点を基準点とする．

【解答】 出発点は，(2.38) 式で $\boldsymbol{v}$ を $\boldsymbol{E}$ で置き換えた式である．その基準点 $\boldsymbol{r}_0$ を，電場の大きさがゼロとなる無限遠点に選び，その方向は $\boldsymbol{r}$ と一致させ，

$$\boldsymbol{r}_0 \equiv \infty \boldsymbol{r} = \lim_{a \to \infty} a\boldsymbol{r}$$

から $\boldsymbol{r}$ への直線経路上で積分を行う．経路上の一般の点 $\boldsymbol{s}$ と微小変位 $d\boldsymbol{s}$ は，$\boldsymbol{r}$ 方向の単位ベクトル

$$\boldsymbol{n} \equiv \frac{\boldsymbol{r}}{r}$$

を用いて，

$$\begin{cases} \boldsymbol{s} = \boldsymbol{n}\, s & (\infty \geq s \geq r) \\ d\boldsymbol{s} = \boldsymbol{n}\, ds & \end{cases}$$

と表せる．これらを用いると，直線経路上の $\boldsymbol{E}(\boldsymbol{s})$ の線積分が，(3.6) 式を用いて，次のように容易に実行できる．

$$\begin{aligned} \phi(\boldsymbol{r}) &= -\int_{\infty \boldsymbol{n}}^{r} \boldsymbol{E}(\boldsymbol{s}) \cdot d\boldsymbol{s} \\ &= -\int_{\infty}^{r} \boldsymbol{E}(\boldsymbol{n}s) \cdot \boldsymbol{n}\, ds \\ &= -\int_{\infty}^{r} \frac{Q}{4\pi\varepsilon_0} \frac{\boldsymbol{n}s}{s^3} \cdot \boldsymbol{n}\, ds \\ &= -\frac{Q}{4\pi\varepsilon_0} \int_{\infty}^{r} \frac{ds}{s^2} \\ &= \frac{Q}{4\pi\varepsilon_0} \left[\frac{1}{s} \right]_{s=\infty}^{r} \\ &= \frac{Q}{4\pi\varepsilon_0 r}. \quad \blacksquare \end{aligned}$$

確認のために，(3.14) 式を (3.13) 式に代入し，(3.10a) 式を用いて微分を実行すると，原点にある孤立電荷が作る電場 (3.6) が正しく得られる．

(3.14) 式は，重ね合わせの原理を用いて，電荷密度が $\rho(\boldsymbol{r})$ であるような一般的な場合の式

$$\phi(\boldsymbol{r}) = \frac{1}{4\pi\varepsilon_0}\int \frac{\rho(\boldsymbol{r}')}{|\boldsymbol{r}-\boldsymbol{r}'|}\,d^3r' \tag{3.15}$$

へと拡張できる．確認のために，(3.15) 式を (3.13) 式に代入し，(3.10a) 式を用いて微分を実行すると，(3.9) 式が再現される．

静電ポテンシャル $\phi(\boldsymbol{r})$ が従う方程式を書き下しておこう．(3.13) 式を (1.5a) 式に代入すると，

$$-\nabla^2\phi = \frac{1}{\varepsilon_0}\rho \tag{3.16}$$

が得られる．この形の方程式は**ポアソン方程式**と呼ばれる．ここで

$$\nabla^2 \equiv \boldsymbol{\nabla}\cdot\boldsymbol{\nabla}$$

は**ラプラシアン**と呼ばれ，$\triangle$ とも書かれる．すなわち，ラプラシアンは

$$\triangle \equiv \nabla^2 \equiv \frac{\partial^2}{\partial x^2} + \frac{\partial^2}{\partial y^2} + \frac{\partial^2}{\partial z^2} \tag{3.17}$$

で定義される．方程式 (3.16) の解が (3.15) 式に他ならない．特に，点電荷 (3.7) の場合の解が (3.14) 式であることから，それらを (3.16) 式に代入して $\frac{\varepsilon_0}{Q}$ を掛けた式

$$-\nabla^2\frac{1}{4\pi r} = \delta^3(\boldsymbol{r}) \tag{3.18}$$

が成り立つことがわかる．これがポアソン方程式の基本となる式である．実際，(3.18) 式で $\boldsymbol{r}\to\boldsymbol{r}-\boldsymbol{r}'$ とした式を用いると，(3.15) 式が (3.16) 式を満たすことを直接示せる．(3.18) 式の証明については，以下の 3.6 節も参照されたい．

スカラー関数である静電ポテンシャルを用いると，ベクトル場である静電場 $\boldsymbol{E}(\boldsymbol{r})$ の計算が，より容易に実行できる．

例題 3.5

電荷 $\pm Q$ を持つ正負の電荷が，$\pm\frac{\boldsymbol{s}}{2}$ の位置に距離 $s \equiv |\boldsymbol{s}|$ だけ隔てて固定されている（複号同順）.

(1) $r \gg s$ を満たす位置 $\boldsymbol{r}$ での静電ポテンシャル $\phi(\boldsymbol{r})$ を，**電気双極子モーメント**

$$\boldsymbol{p} \equiv Q\boldsymbol{s} \tag{3.19}$$

を用いて表せ．ただし，$|x| \ll 1$ のとき，α を実数として，

$$(1+x)^{\alpha} \approx 1 + \alpha x + \cdots \tag{3.20}$$

が成立する.

(2) 対応する電場 $\boldsymbol{E}(\boldsymbol{r})$ が次のように表せることを示せ.

$$\boldsymbol{E}(\boldsymbol{r}) = \frac{1}{4\pi\varepsilon_0}\left(-\frac{\boldsymbol{p}}{r^3} + 3\frac{\boldsymbol{r}\cdot\boldsymbol{p}}{r^5}\boldsymbol{r}\right). \tag{3.21}$$

【解答】 (1) 重ね合わせの原理と与えられた近似式を用いて，次のように計算できる.

$$\begin{aligned}
\phi(\boldsymbol{r}) &= \frac{1}{4\pi\varepsilon_0}\left(\frac{Q}{\left|\boldsymbol{r}-\frac{\boldsymbol{s}}{2}\right|} + \frac{-Q}{\left|\boldsymbol{r}+\frac{\boldsymbol{s}}{2}\right|}\right) \\
&= \frac{Q}{4\pi\varepsilon_0}\left\{\frac{1}{\left(r^2 - \boldsymbol{r}\cdot\boldsymbol{s} + \frac{s^2}{4}\right)^{\frac{1}{2}}} - \frac{1}{\left(r^2 + \boldsymbol{r}\cdot\boldsymbol{s} + \frac{s^2}{4}\right)^{\frac{1}{2}}}\right\} \\
&= \frac{Q}{4\pi\varepsilon_0 r}\left\{\left(1 - \frac{\boldsymbol{r}\cdot\boldsymbol{s}}{r^2} + \frac{s^2}{4r^2}\right)^{-\frac{1}{2}} - \left(1 + \frac{\boldsymbol{r}\cdot\boldsymbol{s}}{r^2} + \frac{s^2}{4r^2}\right)^{-\frac{1}{2}}\right\} \\
&\approx \frac{Q}{4\pi\varepsilon_0 r}\left\{\left(1 + \frac{1}{2}\frac{\boldsymbol{r}\cdot\boldsymbol{s}}{r^2}\right) - \left(1 - \frac{1}{2}\frac{\boldsymbol{r}\cdot\boldsymbol{s}}{r^2}\right)\right\} = \frac{\boldsymbol{r}\cdot Q\boldsymbol{s}}{4\pi\varepsilon_0 r^3} = \frac{\boldsymbol{r}\cdot\boldsymbol{p}}{4\pi\varepsilon_0 r^3}.
\end{aligned}$$

ただし，$\frac{s}{r} \ll 1$ のとき，一般に $\frac{s^2}{r^2}$ 項は $\frac{\boldsymbol{r}\cdot\boldsymbol{s}}{r^2}$ 項に比べてはるかに小さいので，その寄与を落とした.

(2) 求める電場は，(1) の結果を $\boldsymbol{E} = -\boldsymbol{\nabla}\phi$ に代入し，積の微分公式と (3.10a) 式を用いることで，次のように計算できる.

$$\begin{aligned}
\boldsymbol{E}(\boldsymbol{r}) &= -\boldsymbol{\nabla}\phi(\boldsymbol{r}) = -\boldsymbol{\nabla}\frac{\boldsymbol{r}\cdot\boldsymbol{p}}{4\pi\varepsilon_0 r^3} = \frac{1}{4\pi\varepsilon_0}\left\{\frac{-\boldsymbol{\nabla}(\boldsymbol{r}\cdot\boldsymbol{p})}{r^3} - \boldsymbol{r}\cdot\boldsymbol{p}\boldsymbol{\nabla}\frac{1}{r^3}\right\} \\
&= \frac{1}{4\pi\varepsilon_0}\left(-\frac{\boldsymbol{p}}{r^3} + 3\boldsymbol{r}\cdot\boldsymbol{p}\frac{\boldsymbol{r}}{r^5}\right). \quad \blacksquare
\end{aligned}$$

3.5 金属の帯電と電場

❶ 金属の帯電の特徴

金属は，自由電子が存在することで特徴づけられる．このことから，平衡状態の金属内部では，正負電荷が相殺されて電気的に中性であり，帯電は，金属表面のみで起こりうることが結論できる．なぜなら，もし金属中に帯電が生じれば，ガウスの法則に従って電場が発生し，自由電子が加速されて，電荷の再配置に向けた非平衡状態となるからである．さらに，平衡状態における金属表面の電場は，表面に垂直である．なぜなら，もし表面に平行な電場成分があれば，自由電子が加速されて，電荷の再配置に向けた非平衡状態となるからである．まとめると，平衡状態において，金属の帯電は表面のみで可能で，電場は金属の外部のみに存在し，金属表面に垂直である．また，(3.13) 式が金属内でゼロとなるのであるから，金属では静電ポテンシャルが一定値を持つこともわかる．

そこで，(3.1) 式の領域 V として，図 3.4 のように，導体表面を囲み底面が導体表面に平行な薄い円柱を考える．対応する (3.1) 式の左辺は，

$$\int_S \boldsymbol{E}\cdot\boldsymbol{n}\,dS = \int_{\text{内側底面}+\text{外側底面}+\text{側面}} \boldsymbol{E}\cdot\boldsymbol{n}\,dS = \int_{\text{外側底面}} \boldsymbol{E}\cdot\boldsymbol{n}\,dS$$
$$= E\Delta S \qquad (3.22)$$

と計算できる．ここで，電場が表面に垂直で金属外部のみで有限であることを使った．ΔS は円柱底面の面積である．一方，(3.1) 式の右辺は，導体表面における単位面積当りの電荷密度（面密度）σ を用いて，$\frac{\sigma\Delta S}{\varepsilon_0}$ と表せる．この結果と (3.22) 式を等号で結ぶと，導体のすぐ外側での電場の大きさが，

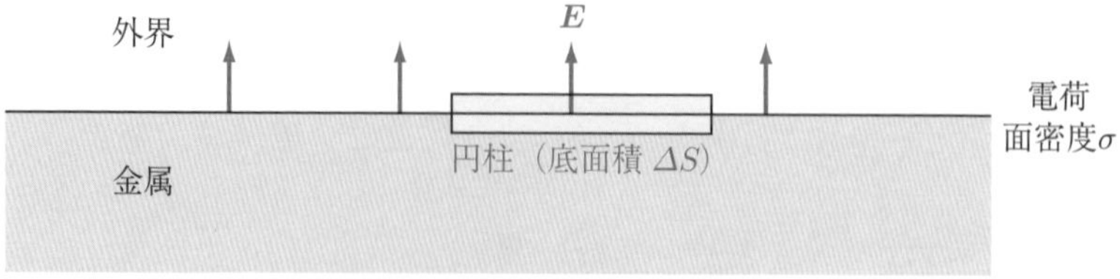

図 3.4　金属表面での電場

$$E = \frac{\sigma}{\varepsilon_0} \tag{3.23}$$

と求まる.

❷コンデンサ

二つの金属を絶縁して向かい合わせ，電圧を加えて電荷をためるようにしたものを，**コンデンサ**（蓄電器）という．図 3.5 のように，金属 A と B にそれぞれ電荷 $Q > 0$ と $-Q$ を与えると，金属表面に帯電が生じ，導体 A から導体 B に向けて電場ができる．導体の電位は一定なので，導体 AB 間の電位差 $\phi(\mathrm{A}) - \phi(\mathrm{B})$ が定義できる．電荷量 Q をこの電位差 $\phi(\mathrm{A}) - \phi(\mathrm{B})$ で割った量

$$C \equiv \frac{Q}{\phi(\mathrm{A}) - \phi(\mathrm{B})} \tag{3.24}$$

は,「電位差 1 V 当りコンデンサに蓄えることのできる電荷量」という意味を持ち，**静電容量**と呼ばれている．静電容量の単位として，新たに F（ファラッド）を導入する．$1\,\mathrm{F} = 1\,\mathrm{C/V}$ である.

金属表面の正確な表面電荷分布と対応する電場は，微分方程式であるガウスの法則 (1.5a) を,「電場が金属表面に垂直である」という条件で数値的に解くことで得られる．しかし，その大まかな電荷分布は，電磁場のエネルギー密度 (1.8) に関する考察により導ける．すなわち，平衡状態では，(1.8) 式の空間積分値が最小となっているのであるから，$\boldsymbol{E}$ の有限な領域をなるべく小さくするように電荷が表面に分布しているであろう．このことから，電荷は向かい合った金属の内側表面に集積し，コンデンサ内に集中する電場分布を作りだすことが結論づけられる．外側表面の帯電はほぼ無視できるのである．一方で，内側表面のみに電荷がたまって電場が完全にコンデンサ内に閉じ込められるという

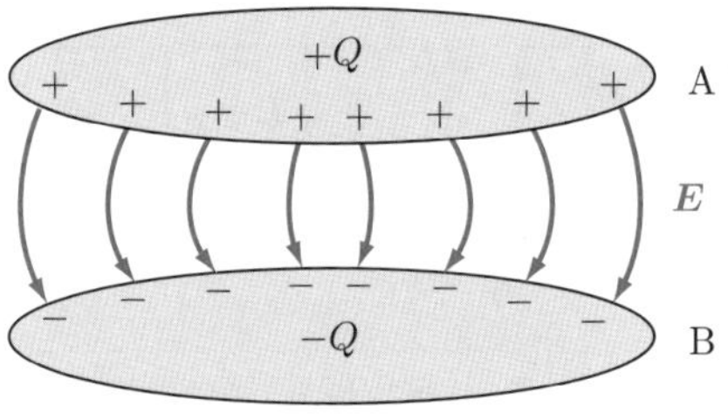

図 3.5　コンデンサ

ことはあり得ないことも指摘しておく必要があるであろう．なぜなら，等電位面「$\phi=$ 一定」は金属板を取り巻くようにできるのであるから，$\boldsymbol{E}=-\boldsymbol{\nabla}\phi$ の関係により等電位面に垂直である電場も，外側表面近傍で（非常に小さいが）有限であると結論づけられるからである．

例として，図 3.6 のように，表面積 S の金属平板 2 枚を，距離 d だけ隔てて平行に配置した平行板コンデンサの静電容量を求めよう．一方に電荷 Q，もう一方に電荷 $-Q$ をためると，電場が存在する空間をなるべく小さくするため，電荷のほとんどは向かい合った表面にたまる．その結果生じる電場は，非常に良い精度で，平板に垂直で平板間のみに存在すると見なせる．電荷 $+Q$ がたまった金属板の表面電荷密度は $\sigma=\frac{Q}{S}$ である．従って，生じる電場の大きさは，(3.23) 式より，

$$E=\frac{Q}{\varepsilon_0 S} \tag{3.25}$$

と求まる．これと $\boldsymbol{E}=-\boldsymbol{\nabla}\phi$ の関係より，平板間の電位差 $\phi(\mathrm{A})-\phi(\mathrm{B})$ が，平行板に垂直方向に電場を積分して

$$\phi(\mathrm{A})-\phi(\mathrm{B})=Ed=\frac{Qd}{\varepsilon_0 S} \tag{3.26}$$

と計算できる．この式を (3.24) 式に代入すると，平行板コンデンサの静電容量が，

$$C=\frac{\varepsilon_0 S}{d} \tag{3.27}$$

と得られる．

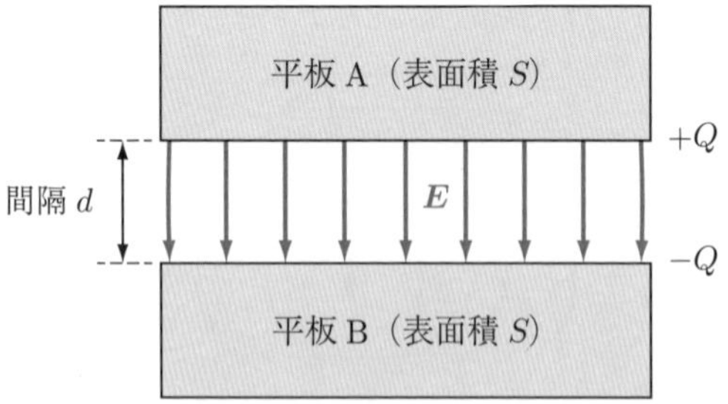

図 3.6　平行板コンデンサ

図 3.6 の状況でコンデンサに蓄えられているエネルギー U は，電磁場のエネルギー密度 (1.8) の電場項を，電場 (3.25) が有限であるコンデンサ内部について積分することで，

$$U = \frac{\varepsilon_0}{2}E^2Sd = \frac{\varepsilon_0}{2}\left(\frac{Q}{\varepsilon_0 S}\right)^2 Sd$$
$$= \frac{1}{2}\frac{d}{\varepsilon_0 S}Q^2 = \frac{Q^2}{2C} \tag{3.28}$$

と求まる．最後の表式は，様々な形状・素材のコンデンサに蓄えられた静電エネルギーを，静電容量 C と電荷量 Q のみを用いて，簡便に計算するのに用いることができる．

例題 3.6

図 3.6 の金属板間に働く力とその方向を，次の条件で求めよ．

(1)　電荷 Q が一定．

(2)　電位差 V が一定．

【解答】 力学によると，力 $\boldsymbol{F}$ は，ポテンシャルエネルギー U の勾配に負符号をつけた式 $\boldsymbol{F} = -\boldsymbol{\nabla} U$ で計算できる．この問題の F を求めるには，コンデンサに蓄えられたエネルギー (3.28) を，金属板間の垂直方向の距離 d で微分して負符号をつければ良い．

(1)　(3.28) 式の Q と d を用いた表式から，力 F が

$$F = -\frac{\partial U}{\partial d} = -\frac{1}{2}\frac{Q^2}{\varepsilon_0 S} = -\frac{1}{2}\varepsilon_0 E^2 S \tag{3.29}$$

と得られる．負符号は引力であることを表している．その起源は，正負の電荷間に働くクーロン力である．

(2)　(3.28) 式の最初の式で $E = \frac{V}{d}$ と表すと，

$$U = \frac{\varepsilon_0 SV^2}{2d}$$

が得られる．この式を d で微分して負符号をつけると，求める力が

$$F = -\frac{\partial U}{\partial d} = \frac{\varepsilon_0 SV^2}{2d^2} = \frac{1}{2}\varepsilon_0 E^2 S \tag{3.30}$$

と得られる．大きさは (1) と同じであるが，符号が異なり，斥力となる．電位差が一定の場合には，距離 d を大きくすることで，電場 $E = \frac{V}{d}$ を小さくして平板間に蓄えられたエネルギーを下げることができるので，金属板を遠ざけようとする．■

❸ 鏡像法

「金属の電荷は表面のみに存在し，金属表面での電場は表面に垂直である」という事実を用いると，荷電粒子と高い対称性の形状を持つ金属が共存する場合の電場を，**鏡像法**という手法で計算できる．その例を一つ挙げよう．

図 3.7(a) のように，$x \leq 0$ の 3 次元領域に金属があり，x 軸上の点 $a > 0$ に電荷 Q を持つ点電荷が置かれている．金属は接地され，電位が 0 になっているものとする．この場合に，$x \geq 0$ の領域にできる電場を求めたい．金属表面には，Q と反対符号の電荷が誘起され，表面に垂直な電場が形成されているはずである．

求める $x \geq 0$ での電場は，図 3.7(b) のように，金属を取り除いて $x = -a$ に $-Q$ の点電荷を置いた場合の電場に等しい．実際，$\pm Q$ 電荷の配置の対称性から，詳細な計算なしに，(i) 図 3.7(b) における $x = 0$ 平面での電場は x 軸に平行で，(ii) そこでの電位は 0 となっている，と結論づけられる．

そこで，図 3.7(b) の静電ポテンシャルを求めると，$+x$ 軸方向の単位ベクトル $\boldsymbol{e}_x \equiv (1, 0, 0)$ を用いて

$$
\begin{aligned}
\phi(\boldsymbol{r}) &= \frac{Q}{4\pi\varepsilon_0}\left(\frac{1}{|\boldsymbol{r} - a\boldsymbol{e}_x|^{\frac{1}{2}}} - \frac{1}{|\boldsymbol{r} + a\boldsymbol{e}_x|^{\frac{1}{2}}}\right) \\
&= \frac{Q}{4\pi\varepsilon_0}\left[\frac{1}{\{(x-a)^2 + y^2 + z^2\}^{\frac{1}{2}}} - \frac{1}{\{(x+a)^2 + y^2 + z^2\}^{\frac{1}{2}}}\right] \qquad (3.31)
\end{aligned}
$$

と容易に書き下せ，$\phi(0, y, z) = 0$ を満たすことがわかる．対応する電場 $\boldsymbol{E} = -\boldsymbol{\nabla}\phi$ は，(3.10a) 式を用いて計算でき，

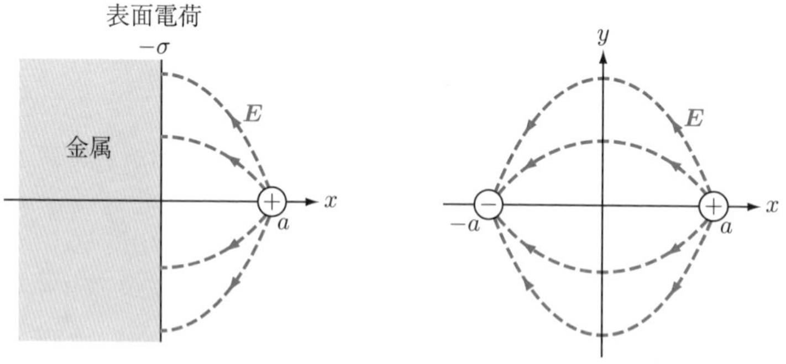

(a)　$x \leq 0$ の領域に金属　　(b)　$x = -a$ に負電荷

図 3.7　**鏡像法**

$$\boldsymbol{E}(\boldsymbol{r}) = \frac{Q}{4\pi\varepsilon_0}\left(\frac{\boldsymbol{r}-a\boldsymbol{e}_x}{|\boldsymbol{r}-a\boldsymbol{e}_x|^{\frac{3}{2}}} - \frac{\boldsymbol{r}+a\boldsymbol{e}_x}{|\boldsymbol{r}+a\boldsymbol{e}_x|^{\frac{3}{2}}}\right) \tag{3.32}$$

と得られる．特に $x=0$ での電場

$$\boldsymbol{E}(0,y,z) = \frac{Q}{4\pi\varepsilon_0}\frac{-2a\boldsymbol{e}_x}{(a^2+y^2+z^2)^{\frac{3}{2}}} \tag{3.33}$$

は，yz 平面に垂直になっている．このようにして，図 3.7(a) の配置における $x \geq 0$ での電場が求まった．

(3.23) 式より，金属の表面電場 (3.33) は，表面電荷密度 $\sigma(y,z)$ と，

$$\sigma(y,z) = \varepsilon_0 E(0,y,z)$$

の関係で結びついていることがわかる．その総電荷量 $\overline{Q}$ は，$x=0$ 平面の位置ベクトルを

$$\boldsymbol{r} = (0, r\cos\varphi, r\sin\varphi) \quad (0 \leq r < \infty,\ 0 \leq \varphi < 2\pi)$$

と表し，その面積素 (2.18) が

$$dS = r\,drd\varphi$$

となることを用いて，次のように計算できる．

$$\begin{aligned}
\overline{Q} &= \int \sigma(y,z)\,dS \\
&= \int_0^\infty dr\,r\int_0^{2\pi} d\varphi\,\frac{Q}{4\pi}\frac{-2a}{(a^2+r^2)^{\frac{3}{2}}} \\
&= Q\int_0^\infty \frac{-ar}{(a^2+r^2)^{\frac{3}{2}}}\,dr \\
&= Q\left[\frac{a}{(a^2+r^2)^{\frac{1}{2}}}\right]_{r=0}^{\infty} = -Q.
\end{aligned}$$

このように，$-Q$ の電荷が金属表面に誘起されていることが確かめられた．

3.6 フーリエ変換による静電ポテンシャルの導出

3.1 節では，電場の球対称性を仮定して議論を進め，それにより，原点に点電荷がある場合の電場の表式 (3.6) を得た．その後，重ね合わせの原理を用いて，静電場の一般的表式 (3.9) を書き下した．対応する静電ポテンシャルは (3.15) 式である．本節の目的は，球対称性を仮定することなく (3.15) 式が導けることを示すことである．ただし，フーリエ変換と複素積分の知識を既知として進めるので，初学者は読み飛ばして頂いても構わない．

考察するのは，(3.18) 式の ∇^2 を $\nabla^2-\kappa^2$ で置き換えた方程式

$$(-\nabla^2+\kappa^2)G_\kappa(\boldsymbol{r})=\delta^3(\boldsymbol{r}) \tag{3.34}$$

である．ここで，$\kappa>0$ は正の定数で，この方程式の解 G_κ が求まったのち，$\kappa\to 0$ の極限をとることにする．ポアソン方程式 (3.16) の解は，(3.34) 式の解を用いて，

$$\phi(\boldsymbol{r})\equiv\int G_0(\boldsymbol{r}-\boldsymbol{r}')\frac{\rho(\boldsymbol{r}')}{\varepsilon_0}\,d^3r' \tag{3.35}$$

と表せる．実際，この表式に $-\nabla^2$ を作用すると，(3.34) 式より

$$-\nabla^2G_0(\boldsymbol{r}-\boldsymbol{r}')=\delta^3(\boldsymbol{r}-\boldsymbol{r}')$$

となり，確かにポアソン方程式 (3.16) が成立していることがわかる．

さて，(3.34) 式右辺のデルタ関数は，

$$\delta^3(\boldsymbol{r})=\int\frac{d^3k}{(2\pi)^3}\,e^{i\boldsymbol{k}\cdot\boldsymbol{r}} \tag{3.36a}$$

とフーリエ積分で表示できる．同様に $G_\kappa(\boldsymbol{r})$ も，

$$G_\kappa(\boldsymbol{r})=\int\frac{d^3k}{(2\pi)^3}\,e^{i\boldsymbol{k}\cdot\boldsymbol{r}}\,\widetilde{G}_\kappa(\boldsymbol{k}) \tag{3.36b}$$

と，未定の展開係数 $\widetilde{G}_\kappa(\boldsymbol{k})$ を用いたフーリエ積分で表す．(3.36) 式を (3.34) 式に代入すると，∇^2 演算子の微分が容易に実行できて，$\boldsymbol{k}$ 積分内で

$$\nabla^2\quad\to\quad(i\boldsymbol{k})\cdot(i\boldsymbol{k})=-k^2$$

へと変換される．その後，$\boldsymbol{k}$ 積分を一つにまとめることで，微分方程式 (3.34) が，$\boldsymbol{k}$ 積分の被積分関数に関する代数方程式

$$(k^2+\kappa^2)\widetilde{G}_\kappa(\boldsymbol{k})=1 \tag{3.37}$$

へと変換される．その解を (3.36b) 式に代入し，$\boldsymbol{r}$ 方向を z 軸方向に選んだ後，$\boldsymbol{k}$ を (2.15) 式のように

$$\boldsymbol{k}=(k\sin\theta\cos\varphi, k\sin\theta\sin\varphi, k\cos\theta)$$

と球座標表示して積分を実行する．この表示での体積素は，

$$\begin{aligned} d^3k &= dkdS \\ &= k^2\sin\theta\, dkd\theta d\varphi \end{aligned}$$

のように，(2.20a) 式の dS で $r\to k$ の置き換えをした式で表せる．この球座標表示を用いると，(3.37) 式の解を被積分関数とする (3.36b) 式の積分が，次のように実行できる．

$$\begin{aligned} &G_\kappa(\boldsymbol{r}) \\ &=\int\frac{d^3k}{(2\pi)^3}e^{i\boldsymbol{k}\cdot\boldsymbol{r}}\frac{1}{k^2+\kappa^2} \\ &=\frac{1}{(2\pi)^3}\int_0^\infty dk\,\frac{k^2}{k^2+\kappa^2}\int_0^\pi d\theta\,\sin\theta\, e^{ikr\cos\theta}\int_0^{2\pi}d\varphi \quad t=\cos\theta \\ &=\frac{1}{(2\pi)^3}\int_0^\infty dk\,\frac{k^2}{k^2+\kappa^2}\frac{e^{ikr}-e^{-ikr}}{ikr}2\pi \quad e^{-ikr}\ \text{項で}\ k\to -k\ \text{の変換} \\ &=\frac{1}{2\pi r}\int_{-\infty}^\infty\frac{dk}{2\pi i}\,\frac{k}{k^2+\kappa^2}e^{ikr} \quad \text{ジョルダンの補助定理を用いて上半面に積分路を加え}\ k=i\kappa\ \text{の留数を拾う} \\ &=\frac{1}{2\pi r}\frac{i\kappa}{2i\kappa}e^{-\kappa r} \\ &=\frac{1}{4\pi r}e^{-\kappa r}. \end{aligned}$$

すなわち，

$$G_\kappa(\boldsymbol{r})=\frac{e^{-\kappa r}}{4\pi r}\ \stackrel{\kappa\to 0}{\longrightarrow}\ G_0(\boldsymbol{r})=\frac{1}{4\pi r} \tag{3.38}$$

が得られ，(3.18) 式が証明できた．また，この解を (3.35) 式に代入すると，(3.15) 式が得られる．

最後に，**ポアソン方程式** (3.16) の解の数学的構造について簡単に述べておく．(3.16) 式は，ϕ とその偏導関数の一次式で構成される線形偏微分方程式の一つである．その解は，右辺をゼロとおいた**ラプラス方程式**

$$-\nabla^2\phi_{\mathrm{g}}(\boldsymbol{r}) = 0 \tag{3.39}$$

の解，すなわち**一般解**（general solution）に，(3.16) 式を満たす**特解**（special solution）

$$-\nabla^2\phi_{\mathrm{s}}(\boldsymbol{r}) = \frac{\rho(\boldsymbol{r})}{\varepsilon_0} \tag{3.40}$$

を $\phi = \phi_{\mathrm{g}} + \phi_{\mathrm{s}}$ と重ね合わせることで得られる．(3.40) 式の右辺を**非斉次項**という．さらに，その特解 ϕ_{s} は，非斉次項をデルタ関数で置き換えた方程式

$$-\nabla^2 G_0(\boldsymbol{r}) = \delta^3(\boldsymbol{r}) \tag{3.41}$$

の解 $G_0(\boldsymbol{r})$ を用いて，

$$\phi_{\mathrm{s}}(\boldsymbol{r}) = \int G_0(\boldsymbol{r}-\boldsymbol{r}')\frac{\rho(\boldsymbol{r}')}{\varepsilon_0}\,d^3r' \tag{3.42}$$

と重ね合わせることで得られる．デルタ関数を非斉次項に持つ方程式 (3.41) の解 $G_0(\boldsymbol{r})$ を，**グリーン関数**という．(3.18) 式は，ポアソン方程式のグリーン関数が，

$$G_0(\boldsymbol{r}) = \frac{1}{4\pi r} \tag{3.43}$$

であることを示している．そして，(3.34) 式以下の変形は，フーリエ変換を用いたグリーン関数の求め方を解説したものである．

物理では，「原因がなければ結果は生じない」という因果律を採用し，電荷がない場合のラプラス方程式の解 ϕ_{g} はゼロと置かれる．そしてこの操作は，物理に現れる線形微分方程式に関して，一般的に行われる．

演習問題

3.1 z 軸上の無限に長い線上に，単位長さ当り λ [C/m] の電荷が一様に分布している．z 軸から垂直方向に距離 $\overline{r}$ [m] の点での電場の大きさ $E(\overline{r})$ を求めよ．

3.2 一辺の長さが ℓ の正方形がある．その 4 頂点のそれぞれに，電荷 $Q > 0$ を置いた．

(1) 正方形の中点（中心）での電場を求めよ．

(2) 各電荷が他の三つの電荷から受ける力の大きさと方向を求めよ．

(3) 正方形の中心を原点とし，頂点の一つを $\frac{\ell}{2}(\boldsymbol{e}_x + \boldsymbol{e}_y)$ とする座標系を採用する．ただし，$\boldsymbol{e}_x \equiv (1, 0, 0)$ と $\boldsymbol{e}_y \equiv (0, 1, 0)$ は，それぞれ x 軸方向と y 軸方向の単位ベクトルである．位置 $\boldsymbol{r}$ での静電ポテンシャル $\phi(\boldsymbol{r})$ の表式を書き下せ．

(4) (3.13) 式を用いて，対応する電場 $\boldsymbol{E}(\boldsymbol{r})$ の表式を求めよ．

(5) (4) の結果を用いて，頂点 $\boldsymbol{r} = \frac{\ell}{2}(\boldsymbol{e}_x + \boldsymbol{e}_y)$ にある電荷が受ける力 $\boldsymbol{F}$ の表式を求めよ．

3.3 右図 のように，半径 a の導体球を，内径 b，外径 c の導体球殻で中心を一致させて包み $(a < b < c)$，内球に電荷 Q_1，外側の球殻に電荷 Q_2 を与えた．以下の問いに答えよ．

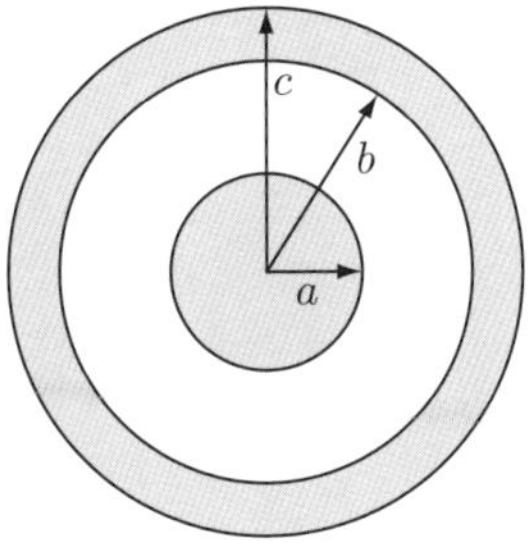

(1) 導体球の中心から距離 r の位置における静電場の大きさ $E(r)$ を計算せよ．電荷 Q_2 は球殻のどこにどのように分布するか示せ．

(2) 対応する静電ポテンシャル $\phi(r)$ を求めよ．

(3) $Q_1 + Q_2 = 0$ の場合には，この体系は，一つのコンデンサとみなすことができる．このコンデンサの静電容量 C を求めよ．

3.4 底面の半径が a で側面の長さが ℓ の金属円柱を，内径 b，外径 c，側面の長さ ℓ を持つ金属円柱殻で中心軸と端を揃えて覆った $(a < b < c)$．これをコンデンサとみなしたときの静電容量を求めよ．

第4章 静　磁　場

本章では，図 1.6 のチャートに従って，定常電流が作り出す磁場，すなわち静磁場を考察する．この場合には，電場項をゼロと置いた (1.5d) 式が，他の三式から切り離されて独立した方程式となり，それを解くことで静磁場が求まる．電流が作る静磁場の一般的表式を導出し，直線電流や円形電流の作る磁場を具体的に計算する．なお，「磁場」という語句をしばしば用いるが，扱うのは専ら磁束密度 $\boldsymbol{B}$ である．実際，$\frac{\boldsymbol{B}}{\mu_0}$ により磁場の次元を持つ量が定義できるが，$\boldsymbol{B}$ と $\frac{\boldsymbol{B}}{\mu_0}$ は比例関係にあり，ただ次元が異なるだけである．

4.1　直線電流が作る静磁場

(1.5b) 式によると，磁束密度は湧き出さない．従って，常に渦状に作られることになる．特に，定常電流が作り出す磁束密度の渦は，(1.5d) 式で最後の時間微分項を落とした式，すなわち，**アンペールの法則**

$$\mathrm{rot}\,\boldsymbol{B} = \mu_0 \boldsymbol{j} \tag{4.1}$$

に従う．図 2.9 の曲面 S 上で，この式に単位法線ベクトル $\boldsymbol{n}$ を掛けて

$$\int_S (\mathrm{rot}\,\boldsymbol{B}) \cdot \boldsymbol{n}\,dS = \mu_0 \int_S \boldsymbol{j} \cdot \boldsymbol{n}\,dS$$

と面積分した後，左辺をストークスの定理 (2.29) を用いて線積分に書き換えると，

$$\oint_C \boldsymbol{B} \cdot d\boldsymbol{r} = \mu_0 I_S, \quad I_S \equiv \int_S \boldsymbol{j} \cdot \boldsymbol{n}\,dS \tag{4.2}$$

が得られる．電流密度の面積分により定義された I_S は，曲面 S を通って流れる全電流を表す．閉曲線 C が I_S を取り巻いていることから，第一式は，電流の周りに渦状の磁場が生じることを示している．つまり電流は，流体力学における台風の目や竜巻中心の役割を果たし，その周りにできる流れの場に対応するのが磁束密度である．

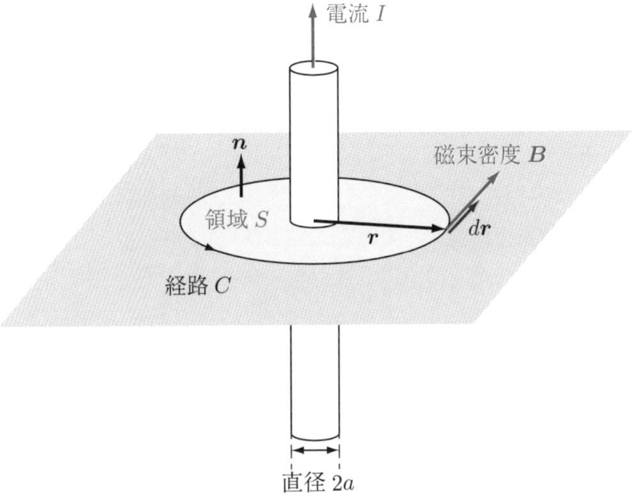

図 4.1　**直線電流が作る静磁場**

例として，図 4.1 のように，直径 $2a$ の円を断面に持つ無限に長い直線状の導線内に，電流 I が均一に流れている場合を考察し，その周りにできる磁束密度を求めよう．導線の中心軸を z 軸に選ぶと，電流密度の大きさは，z 軸から垂直方向の距離 $\overline{r} \equiv \sqrt{x^2 + y^2}$ の関数として，

$$j(\overline{r}) = \begin{cases} (\pi a^2)^{-1} I & : \overline{r} \leq a \\ 0 & : \overline{r} > a \end{cases} \tag{4.3}$$

と表せる．この電流分布は z 軸周りに軸対称である．従って，作り出される磁束密度も軸対称かつ渦状であると結論できる．そこで，(4.2) 式の領域 S として，図 4.1 のような原点を中心とする半径 $\overline{r}$ の円を採用し，積分を行う．すると，その円周上での磁束密度の大きさが，

$$B(\overline{r}) = \frac{\mu_0 I}{2\pi \overline{r}} \times \begin{cases} \left(\dfrac{\overline{r}}{a}\right)^2 & : \overline{r} \leq a \\ 1 & : \overline{r} > a \end{cases} \tag{4.4}$$

と求まる（例題 4.1）．

例題 4.1

(4.4) 式を導出せよ．

【解答】 半径 $\overline{r}$ の円周上の点は

$$\boldsymbol{r}(\overline{r},\varphi,z)=(\overline{r}\cos\varphi,\overline{r}\sin\varphi,z),\quad 0\le\varphi<2\pi \tag{4.5a}$$

と表せ，z 軸に垂直な平面内での面積素は，(2.18) 式より

$$dS=\overline{r}\,d\overline{r}d\varphi \tag{4.5b}$$

と計算できる．また，円周上の無限小変位は，(4.5a) 式を円周方向の変数 φ で微分して $d\varphi$ を掛けた式

$$d\boldsymbol{r}=(-\overline{r}\sin\varphi\,d\varphi,\overline{r}\cos\varphi\,d\varphi,0) \tag{4.5c}$$

となる．円周上での磁束密度は (4.5c) 式と平行で，$\boldsymbol{B}\cdot d\boldsymbol{r}=B\,\overline{r}\,d\varphi$ が成立する．さらに，磁束密度の大きさ B が円周上で同じ値を持つことに注意すると，(4.2) 式左辺が

$$\oint_C \boldsymbol{B}\cdot d\boldsymbol{r}=B\overline{r}\int_0^{2\pi}d\varphi=2\pi\overline{r}B \tag{4.6a}$$

と計算できる．一方，(4.2) 式右辺は，(4.3) 式と (4.5b) 式を用いて

$$\mu_0\int_S j(\overline{r})\,dS=\mu_0 I\times\begin{cases}\left(\dfrac{\overline{r}}{a}\right)^2 & :\overline{r}\le a\\ 1 & :\overline{r}>a\end{cases} \tag{4.6b}$$

と積分できる．(4.6a) 式と (4.6b) 式を等号で結ぶと，z 軸から垂直方向に距離 $\overline{r}$ の点での磁束密度の大きさが，(4.4) 式のように得られる． ■

(4.4) 式に磁束密度の方向まで取り込むと，電流ベクトル $\boldsymbol{I}=(0,0,I)$ と (1.10) 式で定義されたベクトル積を用いて，

$$\boldsymbol{B}(\boldsymbol{r})=\frac{\mu_0\boldsymbol{I}\times\boldsymbol{r}}{2\pi\overline{r}^2}\times\begin{cases}\left(\dfrac{\overline{r}}{a}\right)^2 & :\overline{r}\le a\\ 1 & :\overline{r}>a\end{cases} \tag{4.7}$$

と表せる．ただし，ベクトル場としての磁束密度には方向依存性があることを考慮して，$\boldsymbol{B}$ の引数を $\overline{r}$ から $\boldsymbol{r}$ へと変更した．$\boldsymbol{I}\times\boldsymbol{r}=(-I\overline{r}\sin\varphi,I\overline{r}\cos\varphi,0)$ に注意されたい．

4.2　静磁場の一般的表式

❶ ビオ–サバールの法則

3.2 節では，一様に帯電した半径 a の球が作る電場の表式を出発点として，重ね合わせの原理により，静電場の一般的表式を導出した．このことが可能であったのは，任意の電荷分布が，0 次元の特異点である点電荷の重ね合わせとして表現できるためである．一方，静磁場の源である電流には方向依存性があるため，前節の「直線電流」という特殊な場合の考察で得た磁場の表式からは，静磁場の一般的表式を構成できない．

そこで，別のアプローチを採用して，静磁場の一般的表式を得ることにする．具体的には，湧き出しなしの条件 (1.5b) を満たす磁束密度が，あるベクトルポテンシャル $\boldsymbol{A}$ を用いて，

$$\boldsymbol{B} = \boldsymbol{\nabla} \times \boldsymbol{A} \tag{4.8}$$

と表せることに注目する（2.5 節❷参照）．この式をアンペールの法則 (4.1) に代入し，ベクトル積に関する恒等式 (1.12c)，すなわち，

$$\boldsymbol{\nabla} \times (\boldsymbol{\nabla} \times \boldsymbol{A}) = \boldsymbol{\nabla}(\boldsymbol{\nabla} \cdot \boldsymbol{A}) - \nabla^2 \boldsymbol{A}$$

を用いると，

$$\boldsymbol{\nabla}(\boldsymbol{\nabla} \cdot \boldsymbol{A}) - \nabla^2 \boldsymbol{A} = \mu_0 \boldsymbol{j} \tag{4.9}$$

が得られる．さらに，$\boldsymbol{A}$ は湧き出しのないベクトル場の条件

$$\boldsymbol{\nabla} \cdot \boldsymbol{A} = 0 \tag{4.10}$$

を満たすように選べるものと仮定すると，(4.9) 式は

$$-\nabla^2 \boldsymbol{A} = \mu_0 \boldsymbol{j} \tag{4.11}$$

へと簡略化される．この式は，スカラー場である静電ポテンシャルが満たす方程式 (3.16) を，ベクトル場に拡張した式となっている．その各成分が (3.16) 式と同じ形であること，および，(3.16) 式の解が (3.15) 式のように表せることを考慮すると，(4.11) 式の解が

$$\boldsymbol{A}(\boldsymbol{r}) = \frac{\mu_0}{4\pi}\int \frac{\boldsymbol{j}(\boldsymbol{r}')}{|\boldsymbol{r}-\boldsymbol{r}'|}\,d^3r' \tag{4.12}$$

と書き下せる．(4.12) 式が湧き出しなしの条件 (4.10) を満たすことは，以下の 4.2 節❷で確認する．

(4.12) 式を (4.8) 式に代入し，(3.10a) 式を用いて微分を実行すると，求める磁束密度の表式が，

$$\begin{aligned}\boldsymbol{B}(\boldsymbol{r}) &= \frac{\mu_0}{4\pi}\int \boldsymbol{\nabla}\frac{1}{|\boldsymbol{r}-\boldsymbol{r}'|}\times \boldsymbol{j}(\boldsymbol{r}')\,d^3r' = -\frac{\mu_0}{4\pi}\int \frac{\boldsymbol{r}-\boldsymbol{r}'}{|\boldsymbol{r}-\boldsymbol{r}'|^3}\times \boldsymbol{j}(\boldsymbol{r}')\,d^3r' \\ &= \frac{\mu_0}{4\pi}\int \frac{\boldsymbol{j}(\boldsymbol{r}')\times(\boldsymbol{r}-\boldsymbol{r}')}{|\boldsymbol{r}-\boldsymbol{r}'|^3}\,d^3r' \end{aligned}\tag{4.13}$$

と得られる．ただし，最後の等式は (1.12a) 式による．これを**ビオ–サバールの法則**という．

❷(4.12) 式が (4.10) 式を満たすことの証明

(4.12) 式が湧き出しなしの条件 (4.10) を満たすことの証明を行っておく．初学者はこの項を飛ばして頂いても構わない．(4.12) 式を (4.10) 式の左辺に代入すると，積分が無限に広がった空間で行われることに注意して，次のように変形できる．

$$\boldsymbol{\nabla}\cdot\boldsymbol{A}(\boldsymbol{r}) = \frac{\mu_0}{4\pi}\int \boldsymbol{j}(\boldsymbol{r}')\cdot\boldsymbol{\nabla}\frac{1}{|\boldsymbol{r}-\boldsymbol{r}'|}\,d^3r'$$

$$\boldsymbol{\nabla}\frac{1}{|\boldsymbol{r}-\boldsymbol{r}'|} = -\boldsymbol{\nabla}'\frac{1}{|\boldsymbol{r}-\boldsymbol{r}'|} \quad \left(\begin{array}{l}\boldsymbol{\nabla}' \text{ は } r' \text{ に作用する}\\ \text{ナブラ演算子 (2.9a)}\end{array}\right)$$

$$= \frac{\mu_0}{4\pi}\int \boldsymbol{j}(\boldsymbol{r}')\cdot(-\boldsymbol{\nabla}')\frac{1}{|\boldsymbol{r}-\boldsymbol{r}'|}\,d^3r' \qquad \boldsymbol{a}\cdot\boldsymbol{\nabla}f = \boldsymbol{\nabla}\cdot(\boldsymbol{a}f) - f\boldsymbol{\nabla}\cdot\boldsymbol{a}$$

$$= \frac{\mu_0}{4\pi}\int\left\{-\boldsymbol{\nabla}'\cdot\frac{\boldsymbol{j}(\boldsymbol{r}')}{|\boldsymbol{r}-\boldsymbol{r}'|} + \frac{\boldsymbol{\nabla}'\cdot\boldsymbol{j}(\boldsymbol{r}')}{|\boldsymbol{r}-\boldsymbol{r}'|}\right\}d^3r'$$

第一項にガウスの定理 (2.21) を用いる

第二項では静的な場合の (2.50) 式より $\boldsymbol{\nabla}'\cdot j(r') = 0$ が成立

$$= -\frac{\mu_0}{4\pi}\int \frac{\boldsymbol{j}(\boldsymbol{r}')\cdot\boldsymbol{n}(\boldsymbol{r}')}{|\boldsymbol{r}-\boldsymbol{r}'|}\,dS' \qquad \text{無限空間の面積分は消える}$$

$$= 0.$$

よって示された．■

❸ 直線電流が作る磁場

静磁場の一般的表式 (4.13) に基づいて，無限に長い直線電流が作る磁場を計算し，ストークスの定理を用いて導出した (4.7) 式が再現されることを確認する．ただし，積分が比較的容易に行える無限に細い導線の場合，すなわち，(4.3) 式で $a \to 0$ の極限をとった場合を扱うことにする．対応する電流密度は，2 次元のデルタ関数 $\delta^2(\boldsymbol{r}) \equiv \delta(x)\delta(y)$ と電流ベクトル $\boldsymbol{I} = (0, 0, I)$ を用いて，

$$\boldsymbol{j}(\boldsymbol{r}) = \boldsymbol{I}\delta^2(\boldsymbol{r}) \tag{4.14}$$

と表せる．この電流密度を (4.13) 式に代入して積分を実行すると，

$$\boldsymbol{B}(\boldsymbol{r}) = \frac{\mu_0 \boldsymbol{I} \times \boldsymbol{r}}{2\pi\bar{r}^2}, \quad \bar{r} \equiv \sqrt{x^2 + y^2} \tag{4.15}$$

が得られ，(4.7) 式で $a \to 0$ とした表式を再現することがわかる（例題 4.2）．

例題 4.2

(4.14) 式を (4.13) 式に代入して積分を実行し，(4.15) 式を導出せよ．

【解答】 (4.14) 式を (4.13) 式に代入すると，(x', y') 積分が実行でき，

$$\begin{aligned}\boldsymbol{B}(\boldsymbol{r}) &= \frac{\mu_0}{4\pi}\int_{-\infty}^{\infty} \frac{\boldsymbol{I} \times (\boldsymbol{r} - z'\boldsymbol{e}_z)}{|\boldsymbol{r} - z'\boldsymbol{e}_z|^3}\, dz' \\ &= \frac{\mu_0}{4\pi}\boldsymbol{I} \times \boldsymbol{r}\int_{-\infty}^{\infty} \frac{dz'}{\{x^2 + y^2 + (z - z')^2\}^{\frac{3}{2}}}\end{aligned} \tag{4.16}$$

が得られる．ただし，z 方向の単位ベクトル $\boldsymbol{e}_z \equiv (0, 0, 1)$ を導入し，$\boldsymbol{I} \times \boldsymbol{e}_z = I\boldsymbol{e}_z \times \boldsymbol{e}_z = \boldsymbol{0}$ の関係を用いた．さらに，変数変換

$$z' = z + \bar{r}\tan\theta, \quad \bar{r} \equiv \sqrt{x^2 + y^2}, \quad -\frac{\pi}{2} \leq \theta \leq \frac{\pi}{2}$$

を行うと，(4.16) 式が

$$\begin{aligned}\boldsymbol{B}(\boldsymbol{r}) &= \frac{\mu_0 \boldsymbol{I} \times \boldsymbol{r}}{4\pi}\int_{-\frac{\pi}{2}}^{\frac{\pi}{2}} \frac{1}{\bar{r}^3(1 + \tan^2\theta)^{\frac{3}{2}}}\frac{\bar{r}\, d\theta}{\cos^2\theta} \\ &= \frac{\mu_0 \boldsymbol{I} \times \boldsymbol{r}}{4\pi\bar{r}^2}\int_{-\frac{\pi}{2}}^{\frac{\pi}{2}} \cos\theta\, d\theta = \frac{\mu_0 \boldsymbol{I} \times \boldsymbol{r}}{2\pi\bar{r}^2}\end{aligned}$$

と積分できる．■

4.3 円形電流が作る磁場

ここでは，円形電流が作り出す静磁場を考察する．電流による磁気現象の解明に大きく貢献したアンペール（1775～1836）によれば，様々な磁気現象は，物質内を流れる内部電流によって引き起こされる．彼のこの考えが妥当であったことは，この節の考察により明らかになるであろう．また，地磁気が地球内部の電流により引き起こされるとする**ダイナモ理論**にも，その理論的基礎を与えることになる．

❶ 円形電流の表式

図 4.2 のように，半径 a の円形コイルに，電流 I が流れている場合の静磁場を求める．コイルを含むように xy 平面をとり，その中心を原点に選ぶ．コイルの太さは無視できるものとする．コイルの電流を簡便に表現するために，円柱座標

$$\boldsymbol{r}' = (\overline{r}'\cos\varphi', \overline{r}'\sin\varphi', z'), \quad \begin{cases} 0 \leq \overline{r}' < \infty \\ 0 \leq \varphi' < 2\pi \end{cases} \tag{4.17}$$

と三つの直交する単位ベクトル

$$\boldsymbol{e}_{\overline{r}'} \equiv (\cos\varphi', \sin\varphi', 0) \tag{4.18a}$$

$$\boldsymbol{e}_{\varphi'} \equiv (-\sin\varphi', \cos\varphi', 0) \tag{4.18b}$$

$$\boldsymbol{e}_{z} \equiv (0, 0, 1) \tag{4.18c}$$

を導入する．この表示を用いると，コイルを流れる電流密度が，

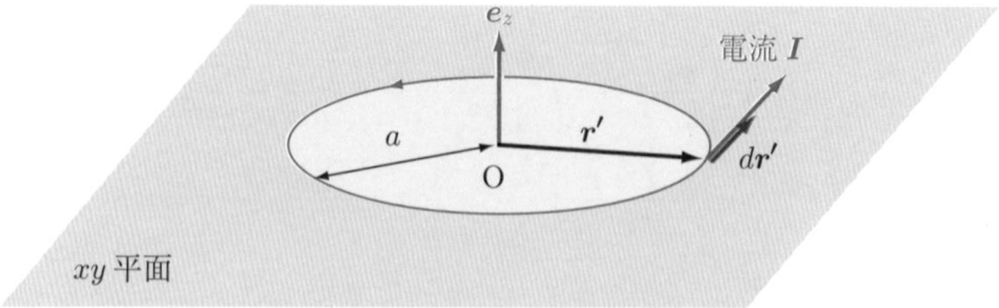

図 4.2 半径 a の円形電流

$$\boldsymbol{j}(\boldsymbol{r}') = \delta(z')\delta(\overline{r}' - a)\, I\boldsymbol{e}_{\varphi'} \tag{4.19}$$

と簡潔に表せる．デルタ関数 $\delta(z')$ と $\delta(\overline{r}'-a)$ は，それぞれ，電流が (i) $z=0$ 平面の (ii) 原点から距離 a のコイル上を流れることを表し，また，$\boldsymbol{e}_{\varphi'} = \boldsymbol{e}_z \times \boldsymbol{e}_{\overline{r}'}$ は $\boldsymbol{I}$ 方向の単位ベクトルである．円柱座標 (4.17) における z 軸に垂直な面内での面積素は (4.5b) 式で，体積素 d^3r' は

$$d^3r' = dS'dz' = \overline{r}'\, d\overline{r}' d\varphi' dz' \tag{4.20}$$

で与えられる．

❷ベクトルポテンシャルと磁束密度

磁束密度 (4.13) よりも，ベクトルポテンシャル (4.12) の方が，ベクトル積がないので扱いやすい．そこで，(4.12) 式に (4.19) 式と (4.20) 式を代入すると，$(\overline{r}', z')$ 積分が容易に実行でき，

$$\begin{aligned}\boldsymbol{A}(\boldsymbol{r}) &= \frac{\mu_0}{4\pi}\int_{-\infty}^{\infty} dz' \int_0^{\infty} d\overline{r}'\,\overline{r}' \int_0^{2\pi} d\varphi'\, \frac{\delta(z')\delta(\overline{r}'-a)I\boldsymbol{e}_{\varphi'}}{|\boldsymbol{r}-\boldsymbol{r}'|} \\ &= \frac{\mu_0 Ia}{4\pi}\int_0^{2\pi} d\varphi'\, \frac{\boldsymbol{e}_{\varphi'}}{|\boldsymbol{r}-a\boldsymbol{e}_{\overline{r}'}|} \end{aligned}\tag{4.21a}$$

が得られる．この式を (4.8) 式に代入し，(3.10a) 式を用いて微分を実行すると，

$$\begin{aligned}\boldsymbol{B}(\boldsymbol{r}) &= \frac{\mu_0 Ia}{4\pi}\int_0^{2\pi} d\varphi'\, \boldsymbol{\nabla}\frac{1}{|\boldsymbol{r}-a\boldsymbol{e}_{\overline{r}'}|} \times \boldsymbol{e}_{\varphi'} \\ &= -\frac{\mu_0 Ia}{4\pi}\int_0^{2\pi} d\varphi'\, \frac{\boldsymbol{r}-a\boldsymbol{e}_{\overline{r}'}}{|\boldsymbol{r}-a\boldsymbol{e}_{\overline{r}'}|^3} \times \boldsymbol{e}_{\varphi'} \\ &= \frac{\mu_0 Ia}{4\pi}\int_0^{2\pi} d\varphi'\, \frac{\boldsymbol{e}_{\varphi'}\times\boldsymbol{r}+a\boldsymbol{e}_z}{|\boldsymbol{r}-a\boldsymbol{e}_{\overline{r}'}|^3} \end{aligned}\tag{4.21b}$$

となる． ただし，

$$\boldsymbol{a}\times\boldsymbol{b} = -\boldsymbol{b}\times\boldsymbol{a}$$

および

$$\boldsymbol{e}_{\overline{r}'}\times\boldsymbol{e}_{\varphi'} = \boldsymbol{e}_z$$

の関係を用いた．

例題 4.3

(4.21b) 式を用いて，円形電流 (4.19) が z 軸上に作る磁束密度を求めよ．

【解答】 z 軸上での位置ベクトルは

$$\boldsymbol{r} = z\boldsymbol{e}_z$$

と表せる．これを (4.21b) 式に代入すると，積分が次のように実行できる．

$$\begin{aligned}
\boldsymbol{B}(z\boldsymbol{e}_z) &= \frac{\mu_0 I a}{4\pi}\int_0^{2\pi} d\varphi' \,\frac{\boldsymbol{e}_{\varphi'} \times z\boldsymbol{e}_z + a\boldsymbol{e}_z}{|z\boldsymbol{e}_z - a\boldsymbol{e}_{\overline{r}'}|^3} \qquad \boldsymbol{e}_{\varphi'} \times \boldsymbol{e}_z = \boldsymbol{e}_{\overline{r}'} \\
&= \frac{\mu_0 I a}{4\pi}\int_0^{2\pi} d\varphi' \,\frac{z\boldsymbol{e}_{\overline{r}'} + a\boldsymbol{e}_z}{(z^2 + a^2)^{\frac{3}{2}}} \qquad \boldsymbol{e}_{\overline{r}'} = (\cos\varphi', \sin\varphi', 0) \text{ の } \varphi' \text{ 積分は } 0 \\
&= \frac{\mu_0 I a^2}{2}\frac{\boldsymbol{e}_z}{(z^2 + a^2)^{\frac{3}{2}}}. \quad ■
\end{aligned}$$

❸ 遠方での磁束密度と磁気双極子モーメント

(4.21) 式は，$r \gg a$ の遠方で，近似的に

$$\boldsymbol{A}(\boldsymbol{r}) = \frac{1}{4\pi}\frac{\boldsymbol{m} \times \boldsymbol{r}}{r^3}, \tag{4.22a}$$

$$\boldsymbol{B}(\boldsymbol{r}) = \frac{1}{4\pi}\left(\frac{-\boldsymbol{m}}{r^3} + 3\frac{\boldsymbol{r} \cdot \boldsymbol{m}}{r^5}\boldsymbol{r}\right) \tag{4.22b}$$

と表せる（例題 4.4）．ここで $\boldsymbol{m}$ は，

$$\boldsymbol{m} \equiv \mu_0 I \pi a^2 \boldsymbol{e}_z \tag{4.23}$$

で定義された**磁気双極子モーメント**である．このように，円形電流は，遠方で磁気モーメントとして働く．(4.22b) 式が (3.21) 式と同じ形を持つことに注意されたい．

例題 4.4

円形電流が作る磁場に関する以下の問いに答えよ．

(1)　ベクトルポテンシャル (4.21a) が，(3.20) 式を用いた変形により，$r \gg a$ の遠方で，(4.22a) 式のように近似できることを示せ．

(2)　対応する磁束密度が，(4.22b) 式のように表せることを示せ．

【解答】 (1)　次のように変形できる．

$$
\begin{aligned}
\boldsymbol{A}(\boldsymbol{r}) &= \frac{\mu_0 I a}{4\pi} \int_0^{2\pi} d\varphi' \, \frac{\boldsymbol{e}_{\varphi'}}{(r^2 - 2a\boldsymbol{r}\cdot\boldsymbol{e}_{\bar{r}'} + a^2)^{\frac{1}{2}}} \\
&= \frac{\mu_0 I a}{4\pi} \int_0^{2\pi} d\varphi' \, \frac{1}{r} \left(1 - 2\frac{a\boldsymbol{r}\cdot\boldsymbol{e}_{\bar{r}'}}{r^2} + \frac{a^2}{r^2} \right)^{-\frac{1}{2}} \boldsymbol{e}_{\varphi'} \qquad a^2 \text{ 項は落とす} \\
&\approx \frac{\mu_0 I a}{4\pi r} \int_0^{2\pi} d\varphi' \left(1 + \frac{a\boldsymbol{r}\cdot\boldsymbol{e}_{\bar{r}'}}{r^2} \right) \boldsymbol{e}_{\varphi'} \\
&= \frac{\mu_0 I a}{4\pi r} \int_0^{2\pi} d\varphi' \left(1 + a\frac{x\cos\varphi' + y\sin\varphi'}{r^2} \right) \begin{pmatrix} -\sin\varphi' \\ \cos\varphi' \\ 0 \end{pmatrix} \\
&= \frac{\mu_0 I a}{4\pi r} \frac{\pi a}{r^2} \begin{pmatrix} -y \\ x \\ 0 \end{pmatrix} = \frac{\mu_0 I \pi a^2}{4\pi r^3} \boldsymbol{e}_z \times \boldsymbol{r} = \frac{\boldsymbol{m}\times\boldsymbol{r}}{4\pi r^3}.
\end{aligned}
$$

(2)　(1) の結果を (4.8) 式に代入すると，積の微分公式と (1.12c) 式を用いて，次のように計算できる．

$$
\begin{aligned}
\boldsymbol{B}(\boldsymbol{r}) &= \boldsymbol{\nabla} \times \left(\frac{\boldsymbol{m}\times\boldsymbol{r}}{4\pi r^3} \right) \\
&= \frac{1}{4\pi} \left\{ \frac{\boldsymbol{\nabla}\times(\boldsymbol{m}\times\boldsymbol{r})}{r^3} + \left(\boldsymbol{\nabla}\frac{1}{r^3} \right) \times (\boldsymbol{m}\times\boldsymbol{r}) \right\} \\
&= \frac{1}{4\pi} \left\{ \frac{\boldsymbol{m}(\boldsymbol{\nabla}\cdot\boldsymbol{r}) - (\boldsymbol{m}\cdot\boldsymbol{\nabla})\boldsymbol{r}}{r^3} - 3\frac{\boldsymbol{r}}{r^5} \times (\boldsymbol{m}\times\boldsymbol{r}) \right\} \\
&= \frac{1}{4\pi} \left\{ \frac{3\boldsymbol{m} - \boldsymbol{m}}{r^3} - 3\frac{r^2\boldsymbol{m} - (\boldsymbol{r}\cdot\boldsymbol{m})\boldsymbol{r}}{r^5} \right\} \\
&= \frac{1}{4\pi} \left(-\frac{\boldsymbol{m}}{r^3} + 3\frac{\boldsymbol{r}\cdot\boldsymbol{m}}{r^5}\boldsymbol{r} \right). \quad ■
\end{aligned}
$$

❹ 一対の円形電流の作る磁場

図 4.3 のように，半径 a の一対の金属コイルを，コイル面がコイルの中心間を結ぶ直線に垂直になるように，距離 $2b$ だけ隔てて置き，同じ向きに同じ大きさ I の電流を流す．コイルの中心間を結ぶ直線を z 軸に，中心間の中点を原点 O に選ぶと，このときにできる磁束密度は，(4.21b) 式を z 軸方向に $\pm b$ だけ平行移動させたものを重ね合わせた式

$$\boldsymbol{B}(\boldsymbol{r}) = \frac{\mu_0 I a}{4\pi} \int_0^{2\pi} d\varphi' \sum_{\sigma=\pm} \frac{\boldsymbol{e}_{\varphi'} \times (\boldsymbol{r} - \sigma b \boldsymbol{e}_z) + a\boldsymbol{e}_z}{|\boldsymbol{r} - \sigma b \boldsymbol{e}_z - a\boldsymbol{e}_{\bar{r}'}|^3} \tag{4.24}$$

で表せる．特に，z 軸上の点

$$\boldsymbol{r} = z\boldsymbol{e}_z$$

での磁束密度は，

$$\boldsymbol{B}(z\boldsymbol{e}_z) = \frac{\mu_0 I a}{4\pi} \int_0^{2\pi} d\varphi' \sum_{\sigma=\pm} \frac{\boldsymbol{e}_{\varphi'} \times (z - \sigma b)\boldsymbol{e}_z + a\boldsymbol{e}_z}{\{(z-\sigma b)^2 + a^2\}^{\frac{3}{2}}}$$

$\boldsymbol{e}_{\varphi'} \times \boldsymbol{e}_z = \boldsymbol{e}_{r'}$ の φ' 積分は消える

$$= \frac{\mu_0 I a^2}{2} \boldsymbol{e}_z \sum_{\sigma=\pm} \frac{1}{\{(z-\sigma b)^2 + a^2\}^{\frac{3}{2}}} \tag{4.25}$$

と表せる．さらに，$|z| \ll a, b$ の原点近傍における磁束密度は，(3.20) 式を次のオーダーまで展開した式

$$(1+x)^\alpha \approx 1 + \alpha x + \frac{\alpha(\alpha-1)}{2} x^2 + \cdots \tag{4.26}$$

を用いて，以下のように変形できる．

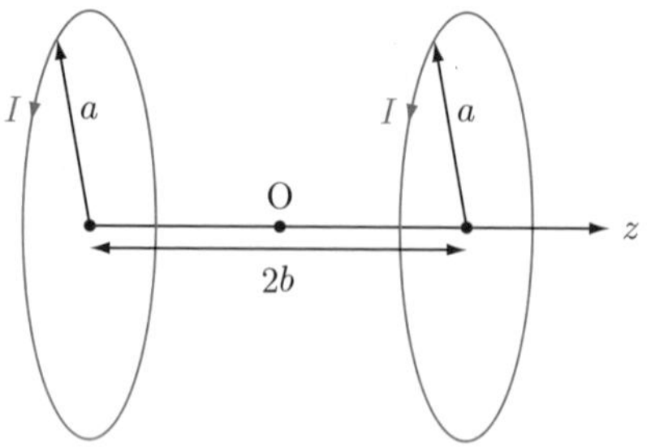

図 4.3　一対の円形電流

$$
\begin{aligned}
\boldsymbol{B}(z\boldsymbol{e}_z) &= \frac{\mu_0 I a^2}{2(a^2+b^2)^{\frac{3}{2}}}\boldsymbol{e}_z \sum_{\sigma=\pm}\left(1-\sigma\frac{2bz}{a^2+b^2}+\frac{z^2}{a^2+b^2}\right)^{-\frac{3}{2}} \\
&\approx \frac{\mu_0 I a^2}{2(a^2+b^2)^{\frac{3}{2}}}\boldsymbol{e}_z \sum_{\sigma=\pm}\left\{1-\frac{3}{2}\left(-\sigma\frac{2bz}{a^2+b^2}+\frac{z^2}{a^2+b^2}\right)\right. \\
&\quad \left. +\frac{15}{8}\left(-\sigma\frac{2bz}{a^2+b^2}+\frac{z^2}{a^2+b^2}\right)^2+\cdots\right\} \qquad \sigma \text{ の奇数次項は消える} \\
&\approx \frac{\mu_0 I a^2}{2(a^2+b^2)^{\frac{3}{2}}}\boldsymbol{e}_z\left\{1-\frac{3}{2}\frac{z^2}{a^2+b^2}+\frac{15}{2}\frac{b^2z^2}{(a^2+b^2)^2}+\cdots\right\}\times 2 \\
&\approx \frac{\mu_0 I a^2}{(a^2+b^2)^{\frac{3}{2}}}\boldsymbol{e}_z\left\{1-\frac{3(a^2-4b^2)}{2(a^2+b^2)^2}z^2+\cdots\right\}.
\end{aligned}
\tag{4.27}
$$

これより，$a = 2b$ と選ぶと，z^2 の項がなくなって，原点近傍の磁束密度がより一様になることがわかる．この場合の一対のコイルを**ヘルムホルツコイル**という．

❺ソレノイドによる静磁場

円筒状に導線を巻いて電流が流れるようにしたものを，**ソレノイド**という（図 4.4 参照）．このソレノイドは，円形コイルの重ね合わせともみなせる．半径が a で単位長さ当りの巻き数が n のソレノイドに，電流 I を流したとき，z 座標が z' から $z'+dz'$ の領域にあるコイルが位置 $\boldsymbol{r}$ に作る磁束密度 $d\boldsymbol{B}(\boldsymbol{r})$ は，(4.21b) 式で平行移動 $\boldsymbol{r}\to\boldsymbol{r}-z'\boldsymbol{e}_z$ を行って $I\to nI\,dz'$ の置き換えをした式

$$
d\boldsymbol{B}(\boldsymbol{r}) = \frac{\mu_0 a n I\,dz'}{4\pi}\int_0^{2\pi} d\varphi'\,\frac{\boldsymbol{e}_{\varphi'}\times(\boldsymbol{r}-z'\boldsymbol{e}_z)+a\boldsymbol{e}_z}{|\boldsymbol{r}-z'\boldsymbol{e}_z-a\boldsymbol{e}_{\overline{r}'}|^3}
\tag{4.28}
$$

で表せる．特に，無限に長いソレノイドが z 軸上に作る磁束密度は，(4.28) 式で $\boldsymbol{r}=z\boldsymbol{e}_z$ と置いて $z'\in[-\infty,\infty]$ について積分することで得られ，次のように計算できる．

$$
\begin{aligned}
\boldsymbol{B}(z\boldsymbol{e}_z) &= \frac{\mu_0 n I a}{4\pi}\int_{-\infty}^{\infty}dz'\int_0^{2\pi}d\varphi'\,\frac{\boldsymbol{e}_{\varphi'}\times(z-z')\boldsymbol{e}_z+a\boldsymbol{e}_z}{|(z-z')\boldsymbol{e}_z-a\boldsymbol{e}_{\overline{r}'}|^3} \\
&= \frac{\mu_0 n I a}{4\pi}\int_{-\infty}^{\infty}dz'\int_0^{2\pi}d\varphi'\,\frac{(z-z')\boldsymbol{e}_{r'}+a\boldsymbol{e}_z}{\{(z-z')^2+a^2\}^{\frac{3}{2}}} \\
&\qquad \boldsymbol{e}_{r'} \text{ の } \varphi' \text{ 積分は消える；} z'=z+a\tan\theta \text{ の変数変換} \\
&= \frac{\mu_0 n I a}{4\pi}\int_{-\frac{\pi}{2}}^{\frac{\pi}{2}}\frac{a\,d\theta}{\cos^2\theta}2\pi\frac{a\boldsymbol{e}_z}{a^3(1+\tan^2\theta)^{\frac{3}{2}}} = \frac{\mu_0 n I}{2}\boldsymbol{e}_z\int_{-\frac{\pi}{2}}^{\frac{\pi}{2}}\cos\theta\,d\theta \\
&= \mu_0 n I\boldsymbol{e}_z.
\end{aligned}
\tag{4.29}
$$

この結果は，(4.2) 式を用いてより簡便に導出することができ，また，ソレノイド内で磁束密度が一様であることも示せる（演習問題 4.2）.

一方，ソレノイドが有限の長さ ℓ を持つ場合の中心軸上での磁束密度は，ソレノイド中心軸の中点を原点に選び，(4.29) 式の θ 積分の上下限 $\pm\frac{\pi}{2}$ を

$$\theta_{\pm} = \arctan \frac{\pm\frac{\ell}{2} - z}{a}$$

で置き換えて積分を計算することで，

$$\boldsymbol{B}(z\boldsymbol{e}_z) = \frac{\mu_0 n I \boldsymbol{e}_z}{2} \left\{ \frac{\frac{\ell}{2} - z}{\sqrt{\left(\frac{\ell}{2} - z\right)^2 + a^2}} + \frac{\frac{\ell}{2} + z}{\sqrt{\left(\frac{\ell}{2} + z\right)^2 + a^2}} \right\} \tag{4.30}$$

と得られる．従って，$\ell \gg a$ が成立する場合のソレノイドの端点 $z = \pm\frac{\ell}{2}$ での磁束密度は，$z = 0$ での値の約半分の大きさになる．しかし，その減少は，端点近傍の長さ $5a$ 程度の領域で急激に起こり，

$$|z| \lesssim \frac{\ell}{2} - 5a$$

の広い領域における中心軸上の磁束密度は，ほぼ一定とみなせることもわかる．

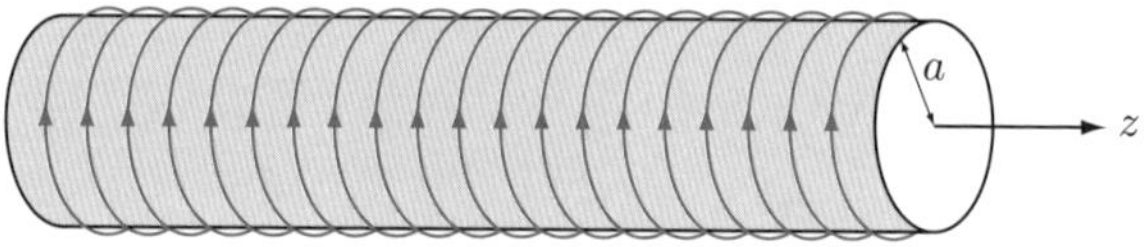

図 4.4　ソレノイド

演習問題

4.1　無限に長く細い 2 本の導線が，z 軸に平行に，距離 $2a$ だけ隔てて配置されている．2 本の導線が xy 平面を横切る座標を $(a, 0, 0)$ および $(-a, 0, 0)$ とし，それぞれを導線 1 および導線 2 と呼ぶことにする．

(1)　導線 1 と導線 2 に，それぞれ，$+z$ 方向の電流 I_1 と I_2 を流した．(4.15) 式に基づき，このときにできる磁束密度の表式を求めよ．

(2)　z 軸上の点 $\boldsymbol{r} = z\boldsymbol{e}_z$ での磁束密度 $\boldsymbol{B}(z\boldsymbol{e}_z)$ を求めよ．ただし，$\boldsymbol{e}_z$ は z 方向の単位ベクトルである．

4.2　半径が a で単位長さ当りの巻き数が n の無限に長いソレノイドに，電流 I が流れている．ソレノイド内部に生じている磁束密度の大きさを，(4.2) 式を用いて求めよ．

4.3　xy 平面上に置かれた一辺 $2a$ の正方形の導線上を，大きさ I の電流が反時計回りに流れている．正方形の中心を原点に選び，四つの頂点の位置を $(\pm a, \pm a, 0)$ とする座標系を採用する．導線の太さは無視できるものとする．

(1)　$x = a$ の位置にある y 軸に平行な辺上での電流密度 $\boldsymbol{j}(\boldsymbol{r}')$ を，単位ベクトル $\boldsymbol{e}_y = (0, 1, 0)$ とデルタ関数を用いて表せ．

(2)　ビオ–サバールの法則 (4.13) を用いて，(1) の電流素片が作る磁束密度 $\boldsymbol{B}_{x=a}(\boldsymbol{r})$ の簡潔な表式を求めよ．

(3)　コイルを流れる電流が，z 軸上の点 $\boldsymbol{r} = z\boldsymbol{e}_z$ に作る磁束密度 $\boldsymbol{B}(z\boldsymbol{e}_z)$ の簡潔な表式を求めよ．ただし，$\boldsymbol{e}_z = (0, 0, 1)$ である．

第5章 電磁誘導・変位電流・ローレンツ力

本章では，図 1.6 のチャートに従って，磁場の時間変化により渦状の電場が作り出される電磁誘導，電場の時間変化が作り出す渦状の磁場，および，ローレンツ力の物理についての考察を行う．

5.1 電磁誘導

❶磁束変動による起電力

渦状の電場は，**ファラデーの電磁誘導の法則** (1.5c)，すなわち

$$\mathrm{rot}\,\boldsymbol{E} = -\frac{\partial \boldsymbol{B}}{\partial t} \tag{1.5c}$$

に従って作り出される．図 2.9 の曲面 S 上で，この式に単位法線ベクトル $\boldsymbol{n}$ を掛けて

$$\int_S (\mathrm{rot}\,\boldsymbol{E}) \cdot \boldsymbol{n}\, dS = -\int_S \frac{\partial \boldsymbol{B}}{\partial t} \cdot \boldsymbol{n}\, dS$$

と面積分した後，ストークスの定理 (2.29) を用いて左辺を書き換えると，

$$\oint_C \boldsymbol{E} \cdot d\boldsymbol{r} = -\int_S \frac{\partial \boldsymbol{B}}{\partial t} \cdot \boldsymbol{n}\, dS \tag{5.1}$$

が得られる．この式は，空間内の縁を持つ任意の閉曲面 S について成り立つ．

特に縁の閉曲線 C として，導線を用いて構成され，空間に固定された閉回路を考える．この場合の (5.1) 式左辺

$$\phi_{\mathrm{em}}(t) \equiv \oint_C \boldsymbol{E}(\boldsymbol{r}, t) \cdot d\boldsymbol{r} \tag{5.2a}$$

は，閉回路 C 内の**誘導起電力**という意味を持つ．一方，積分領域が時間変化しない (5.1) 式の右辺では，時間微分を積分の外に出し，積分値が時間 t のみに依存することを考慮して

$$\frac{\partial}{\partial t} \quad \to \quad \frac{d}{dt}$$

の置き換えを行い，

$$-\frac{d\Phi(t)}{dt}$$

と表せる．その関数

$$\Phi(t) \equiv \int_S \boldsymbol{B}(\boldsymbol{r}, t) \cdot \boldsymbol{n}(\boldsymbol{r})\, dS \tag{5.2b}$$

は，時刻 t に閉曲面 S を貫く全磁束である．(5.2) 式を用いると，C が閉回路である場合の (5.1) 式が，

$$\phi_{\mathrm{em}}(t) = -\frac{d\Phi(t)}{dt} \tag{5.3}$$

と簡潔に表せる．このように，閉回路の誘導起電力は，回路を貫く全磁束の時間変化に負符号をつけたものに等しい．ただし，この起電力の表式は，ϕ_{em} の定義式 (5.2a) からも明らかなように，閉曲線 C を一周して得られる誘導起電力である．

コイルの巻き数が N の場合には，(5.1) 式は，両辺を N 倍した式

$$N \oint_C \boldsymbol{E} \cdot d\boldsymbol{r} = -N \int_S \frac{\partial \boldsymbol{B}}{\partial t} \cdot \boldsymbol{n}\, dS$$

で置き換わる．その左辺は，コイルに生じる誘導起電力

$$\phi_{\mathrm{em}} = N \oint_C \boldsymbol{E} \cdot d\boldsymbol{r} \tag{5.2a$'$}$$

である．従って，(5.3) 式は，

$$\phi_{\mathrm{em}}(t) = -N \frac{d\Phi(t)}{dt} \tag{5.3$'$}$$

へと変更される．ただし，$\Phi(t)$ は (5.2b) 式で定義された磁束である．

例題 5.1

図 5.1 のように，半径 a の金属コイル面に垂直に，空間的に一様で時間変動する磁場 $B(t) = B_0 \cos\omega t$ が掛けられている．時刻 t においてコイルに生じる誘導起電力 $\phi_{\mathrm{em}}(t)$ と電場の大きさ $E(t)$ を求めよ．ただし，コイルの太さは無視できるものとする．

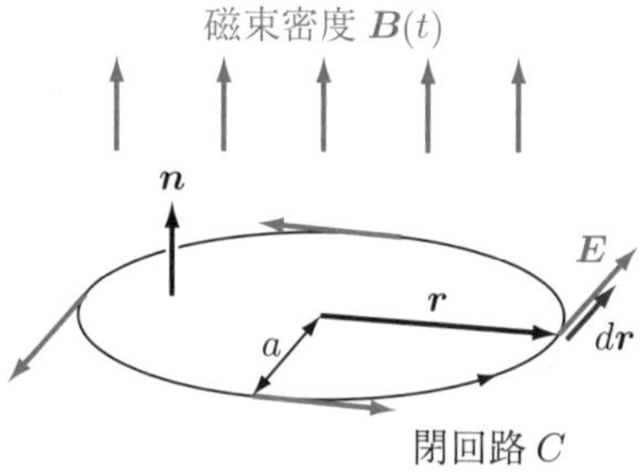

図 5.1 振動磁場中の金属コイル

【解答】 コイルの中心を原点に選ぶと，コイル上の位置ベクトルは，パラメータ $\varphi \in [0, 2\pi)$ を用いて $\boldsymbol{r} = (a\cos\varphi, a\sin\varphi, 0)$ と表せ，その無限小変位は，

$$d\boldsymbol{r} = (-a\sin\varphi\, d\varphi, a\cos\varphi\, d\varphi, 0)$$

と計算できる．また，コイル内の電場は円周方向に同じ大きさで渦状に生じ，

$$\boldsymbol{E}(\boldsymbol{r}, t) = (-E(t)\sin\varphi, E(t)\cos\varphi, 0)$$

と表現できる．従って，$\boldsymbol{E}(\boldsymbol{r}, t) \cdot d\boldsymbol{r} = E(t)\, a\, d\varphi$ となり，(5.2a) 式が

$$\phi_{\mathrm{em}}(t) = \oint_C \boldsymbol{E}(\boldsymbol{r}, t) \cdot d\boldsymbol{r} = aE(t) \int_0^{2\pi} d\varphi = 2\pi a E(t)$$

と計算できる．一方，(5.2b) 式は，$B(t) \equiv \boldsymbol{B}(t) \cdot \boldsymbol{n}$ が空間的に一様であることを用いて，

$$\Phi(t) = B(t) \int_S dS = B(t)\pi a^2 = \pi a^2 B_0 \cos\omega t$$

と積分できる．上の二式を (5.3) 式に代入すると，導線内に生じる誘導起電力 $\phi_{\mathrm{em}}(t)$ と電場の大きさ $E(t)$ が，

$$\phi_{\mathrm{em}}(t) = \pi a^2 B_0 \omega \sin\omega t, \quad E(t) = \frac{\phi_{\mathrm{em}}(t)}{2\pi a} = \frac{a}{2} B_0 \omega \sin\omega t$$

と得られる．■

(5.3) 式は，空間に固定された閉曲線 C 上でマクスウェル方程式を積分して導かれたのであるが，運動する回路の誘導起電力も正しく記述できることが知られている．図 5.2 のように，磁束密度 $\boldsymbol{B}$ の一様静磁場中に，面積 S の閉じた導線を，初期時刻 $t = 0$ に面が磁場と平行になるように配置し，コイル面内の一つの軸周りに，一定の角速度 ω で回転させる．回路を貫く全磁束 $\varPhi(t)$ は，$\varPhi(t) = BS \sin \omega t$ と時間変化する．これを (5.3) 式に代入すると，回路に生じる誘導起電力が，次のように求まる．

$$\phi_{\mathrm{em}}(t) = -BS\omega \cos \omega t \tag{5.4}$$

この結果は発電機の原理として用いられ，現代文明の礎となっている．例えば水力発電では，回路を回転させるのに水の運動エネルギーが用いられている．

図 5.2 の系では，$\boldsymbol{B}$ は時間変化せず，回路が空間内で回転して時間変化する．従って，空間に固定された回路と時間変動する磁束密度に対して導かれた (5.3) 式は，この系には使えないようにも思える．しかし，瞬間的にコイルの運動方向に等速直線運動する座標系で見ると，コイル面に対して磁束密度の方向が傾いて行くように，すなわち，コイルを貫く磁束が変化するように見え，その変化率は $\varPhi(t) = BS \sin \omega t$ の時間微分に等しい．このように，(5.3) 式が運動するコイルについても成り立つことは，コイルと共に運動する座標系から眺めると納得できる．

なお，このコイルが運動する系の誘導起電力 ϕ_{em} は，(5.3) 式を用いることなく，ローレンツ力によって生じたホール電場 $\boldsymbol{E}_{\mathrm{H}}$ をコイルに沿って足し上げることでも計算でき，同じ結果 (5.4) を与えることが確認できる．この点に関しては，5.3 節を参照されたい．

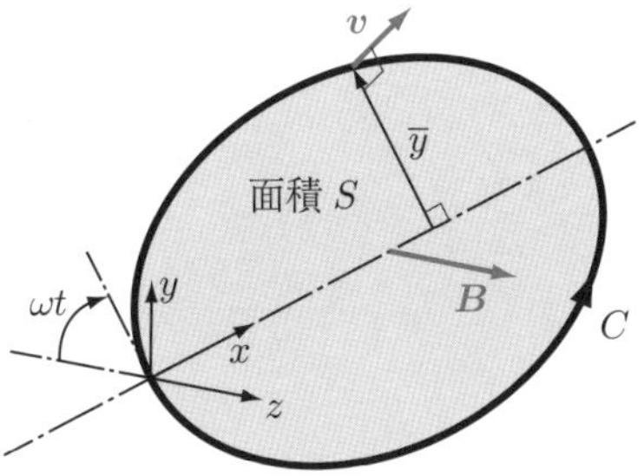

図 5.2 一様磁場中で回転運動するコイル

❷自己インダクタンス

閉回路内の磁束が電流により生じている場合には，電流が時間変化することで，回路内に誘導起電力が作り出される．この例を以下で示す．

例題 5.2

図 4.4 のような巻き数 N，長さ ℓ，断面積 S のソレノイドがある．このソレノイドに時間変動する電流 $I(t)$ を流したとき，コイルに生じる誘導起電力の表式を求めよ．ただし，コイル内の磁束密度は一様で，(4.29) 式で近似できるものとする．

【解答】 (4.29) 式より，コイル内の磁束密度は

$$B = \mu_0 \frac{N}{\ell} I$$

と表せるので，コイル内の磁束 Φ は，それにコイルの断面積 S を掛けた式

$$\Phi = \mu_0 \frac{N}{\ell} SI$$

となる．電流 I が時間変化するときの誘導起電力は，コイルの巻き数が N であることから，(5.3′) 式を用いて，

$$\phi_{\mathrm{em}} = -N\frac{d\Phi}{dt} = -\frac{\mu_0 N^2 S}{\ell}\frac{dI}{dt} \tag{5.5}$$

と得られる．■

この例のように，時間変動する電流 $I(t)$ が流れるとき，ソレノイドに生じる誘導起電力は，一般に

$$\phi_{\mathrm{em}} = -L\frac{dI}{dt} \tag{5.6}$$

の形に表せることが知られている．その比例係数 L を**自己インダクタンス**という．例題 5.2 の場合には

$$L = \frac{\mu_0 N^2 S}{\ell}$$

である．

5.2 変位電流

前節では，電場の時間変化が渦磁場を作り出すことを見た．一方，アンペール–マクスウェルの法則

$$\operatorname{rot}\boldsymbol{B} = \mu_0\boldsymbol{j} + \frac{1}{c^2}\frac{\partial \boldsymbol{E}}{\partial t} \tag{1.5d}$$

によると，逆に，変動する電場も渦磁場を作り出すことがわかる．この右辺第二項は，電流の次元を持つ

$$\varepsilon_0\frac{\partial \boldsymbol{E}}{\partial t}$$

を**変位電流**と呼んで，マクスウェルによって付け加えられた．その理由は，この項がないと，電荷の保存則が満たされないためである．実際，(1.5d) 式に $\boldsymbol{\nabla}\cdot$ を作用させると，その左辺は恒等式 (2.43) によりゼロとなり，右辺も次のように変形できる．

$$
\begin{aligned}
0 &= \mu_0\boldsymbol{\nabla}\cdot\boldsymbol{j} + \frac{1}{c^2}\boldsymbol{\nabla}\cdot\frac{\partial \boldsymbol{E}}{\partial t} && \textbf{空間・時間微分の順序入れ替え}\\
&= \mu_0\operatorname{div}\boldsymbol{j} + \frac{1}{c^2}\frac{\partial}{\partial t}\boldsymbol{\nabla}\cdot\boldsymbol{E} && \textbf{ガウスの法則 (1.5a) と } c^{-2}=\varepsilon_0\mu_0 \textbf{ を用いる}\\
&= \mu_0\left(\operatorname{div}\boldsymbol{j} + \frac{\partial\rho}{\partial t}\right).
\end{aligned}
$$

これは電荷の保存則 (2.50) に他ならない．

図 2.9 の曲面 S 上で，(1.5d) 式に単位法線ベクトル $\boldsymbol{n}$ を掛けて面積分した後，ストークスの定理 (2.29) を用いてその左辺を線積分に書き換えると，

$$\oint_C \boldsymbol{B}\cdot d\boldsymbol{r} = \mu_0\int_S \boldsymbol{j}\cdot\boldsymbol{n}\,dS + \frac{1}{c^2}\int_S \frac{\partial \boldsymbol{E}}{\partial t}\cdot\boldsymbol{n}\,dS \tag{5.7}$$

が得られる．(5.7) 式は，(4.2) 式を電場の時間変化がある場合に一般化した式で，例えば，電荷が流れ込んでいるコンデンサ内部の磁場を計算するのに用いることができる．

例題 5.3

図 5.3 のように，半径 a と間隔 d を持つ金属円板コンデンサがあり，直線状の導線が，上下円板の中心で，円板に垂直に接続されている．時刻 t において，コンデンサに電荷 $Q(t)$ がたまっているとき，コンデンサ内部に生じている磁束密度の大きさを，中心軸から垂直方向への距離 $\bar{r}$ の関数として求めよ．

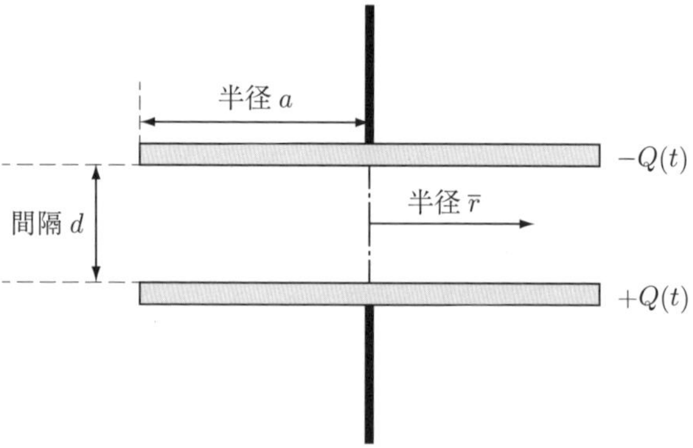

図 5.3　**電荷が時間変化しているコンデンサ**

【解答】 下側の金属円板における電荷は，面密度

$$\sigma = \frac{Q(t)}{\pi a^2}$$

で内側表面に均等に分布する（3.5 節❷参照）．コンデンサ内の電場は，金属円板に垂直上向きで，大きさは (3.23) 式より

$$E = \frac{\sigma}{\varepsilon_0} = \frac{Q(t)}{\varepsilon_0 \pi a^2}$$

である．(5.7) 式の面 S として，コンデンサ内部において中心軸から垂直方向に半径 $\bar{r}$ の円を採用し，その中心を座標軸の原点として z 軸を導線に一致させる．面 S 上では $\boldsymbol{j} = \boldsymbol{0}$ で，単位法線ベクトル $\boldsymbol{n}$ を上向きにとると，

$$\boldsymbol{E} \cdot \boldsymbol{n} = \begin{cases} \dfrac{Q(t)}{\varepsilon_0 \pi a^2} & : \bar{r} \leq a \\ 0 & : \bar{r} > a \end{cases}$$

が成立する．従って，(5.7) 式右辺が，

$$\mu_0 \int_S \mathbf{0} \cdot \boldsymbol{n}\, dS + \frac{1}{c^2} \int_S \frac{\partial \boldsymbol{E}}{\partial t} \cdot \boldsymbol{n}\, dS = \mu_0 \frac{dQ(t)}{dt} \times \begin{cases} \left(\dfrac{\overline{r}}{a}\right)^2 & : \overline{r} \le a \\ 1 & : \overline{r} > a \end{cases} \tag{5.8a}$$

と計算できる．ここで $(c^2\varepsilon_0)^{-1} = \mu_0$ の関係を用いた．一方，左辺の閉曲線 C は，$\boldsymbol{n}$ が上向きであることから上方から見て反時計回りである．また，曲線上の位置ベクトルは，パラメータ $\varphi \in [0, 2\pi)$ を用いて $\boldsymbol{r} = (\overline{r}\cos\varphi, \overline{r}\sin\varphi, 0)$ と表せ，その無限小変位は，$d\boldsymbol{r} = (-\overline{r}\sin\varphi\, d\varphi, \overline{r}\cos\varphi\, d\varphi, 0)$ と計算できる．さらに，C 上の磁束密度は，大きさが一定で円周方向を向いているため，$\boldsymbol{B} \cdot d\boldsymbol{r} = B\,\overline{r}\, d\varphi$ が成立する．よって，(5.7) 式左辺が

$$\oint_C \boldsymbol{B} \cdot d\boldsymbol{r} = B\,\overline{r} \int_0^{2\pi} d\varphi = 2\pi\overline{r}B \tag{5.8b}$$

と積分できる．(5.8a) 式と (5.8b) 式を等号で結ぶと，中心軸から垂直方向に距離 $\overline{r}$ の位置での磁束密度が，

$$I(t) \equiv \frac{dQ(t)}{dt} \tag{5.9}$$

で定義された $I(t)$ を用いて，

$$B(\overline{r}, t) = \frac{\mu_0 I(t)}{2\pi\overline{r}} \times \begin{cases} \left(\dfrac{\overline{r}}{a}\right)^2 & : \overline{r} \le a \\ 1 & : \overline{r} > a \end{cases} \tag{5.10}$$

と表せる．■

(5.9) 式の $I(t)$ は，「時刻 t に導線を流れる電流」と解釈できる（例題 5.4）．対応する $B(\overline{r}, t)$ が (4.4) 式と同じ形を持っていることに注意されたい．すなわち，コンデンサ部分は，時間変化する電流 $I(t)$ が作り出す磁場に関して，半径 a の導線と同じ働きをしているのである．

例題 5.4

(5.9) 式の $I(t)$ が，時刻 t に導線上を流れる電流であることを示せ．

【解答】 図 5.4(a) のように，コンデンサ下の導線上の一点から，垂直方向に半径 $\overline{r} > a$ の円 C を描き，それを縁とする円柱形の底のない曲面 S_{cylinder} を考える．曲線 C の方向は上方向から見て反時計回りに選び，また，S_{cylinder} の上面はコンデンサ内部にあるようにする．この C と S_{cylinder} に対する (5.7) 式は，右辺が例題 5.3 の $\overline{r} > a$ の場合と一致し，

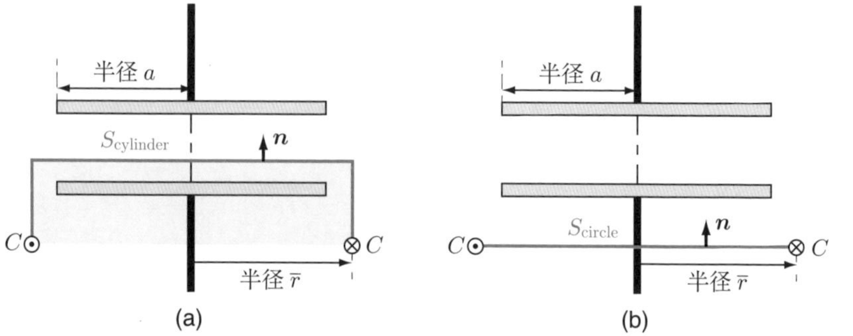

図 5.4　導線から半径 $\bar{r}$ の閉曲線 C と，C を縁とする (a) 円筒曲面 S_{cylinder} および (b) 円 S_{circle} の断面図．閉曲線 C は，各図の左側で紙面に上向き，右側で紙面に下向きの方向を持つ．

$$\oint_C \boldsymbol{B} \cdot d\boldsymbol{r} = \mu_0 \frac{dQ(t)}{dt} \tag{5.11a}$$

となる．一方，C を縁とする曲面として，図 5.4(b) のように，単純な円 S_{circle} を選んで (5.7) 式を計算することも可能で，その場合の (5.7) 式は

$$\oint_C \boldsymbol{B} \cdot d\boldsymbol{r} = \mu_0 \int_{S_{\mathrm{circle}}} \boldsymbol{j} \cdot \boldsymbol{n}\, dS \tag{5.11b}$$

と表せる．(5.11a) 式から (5.11b) 式を辺々引くと，等式

$$\int_{S_{\mathrm{circle}}} \boldsymbol{j} \cdot \boldsymbol{n}\, dS = \frac{dQ(t)}{dt} \tag{5.12}$$

が得られる．S_{circle} 上で電流密度が有限なのは導線部分だけなので，(5.12) 式左辺は導線を流れる電流であることがわかり，(5.9) 式を得る．ここでの考察と結論は，コンデンサの形状によらない．■

なお，例題 5.3 と例題 5.4 の議論では，$\bar{r} > a$ での磁束密度が z 方向に一様であると仮定して議論を進めた．このような状況は，z 軸方向の導線の長さがある程度長い場合にのみ成立する．もう一つの仮定として，電荷量が変化する中での金属内における電荷移動と表面電荷の蓄積・減少が，ほぼ瞬時に起こるとしている．この仮定は，身の周りの回路における電流の時間変化のスケールでは，よく満たされていることを指摘しておく．

5.3 ローレンツ力

❶ホール電場による電磁誘導

磁場中でのコイルの回転による電磁誘導 (5.4) は，運動する荷電粒子に働く**ローレンツ力** (1.9) の観点からも理解できる．このことを以下で見てゆこう．

まず，図 5.5 のように，一様で時間変化のない磁束密度 $\boldsymbol{B}$ の中を，一定の速度 $\boldsymbol{v}$ で運動する金属棒を考察する．運動が始まるとすぐに，電荷 $-e$ を持つ金属内の自由電子は，ローレンツ力 (1.9) の第二項 $-e\boldsymbol{v}\times\boldsymbol{B}$ の影響を受け，図 5.5(a) の B 端へと集積されて負の帯電を引き起こす．その結果として，A 端には同じ量の電子欠損が生じて正の帯電が起こり，棒内に電場が生じる．この棒端における電荷の蓄積は，電場がローレンツ力を打ち消す大きさ

$$\boldsymbol{E}_{\mathrm{H}} \equiv -\boldsymbol{v}\times\boldsymbol{B} \tag{5.13}$$

になって終わる（図 5.5(b)）．電場 $\boldsymbol{E}_{\mathrm{H}}$ は，その発見者にちなんで，**ホール電場**と呼ばれている．ホール電場の形成にかかる時間は非常に短く，日常的な時間のスケールからは，ほぼ瞬時に起こると見なすことができる．帯電により生じたホール電場は，静電ポテンシャル ϕ を用いて $\boldsymbol{E}_{\mathrm{H}} = -\boldsymbol{\nabla}\phi$ と表せる．この表式を (5.13) 式左辺に代入し，棒端 B を始点として線積分すると，棒端 AB 間の電位差が，

$$\phi(\boldsymbol{r}_{\mathrm{A}}) - \phi(\boldsymbol{r}_{\mathrm{B}}) = \int_{\boldsymbol{r}_{\mathrm{B}}}^{\boldsymbol{r}_{\mathrm{A}}} (\boldsymbol{v}\times\boldsymbol{B})\cdot d\boldsymbol{r} \tag{5.14}$$

と求まる．このように，磁場中を運動する金属の内部には，磁場方向と運動方向の両方に垂直な向きに，有限の電位差が生じる．(5.14) 式を閉じたコイルに

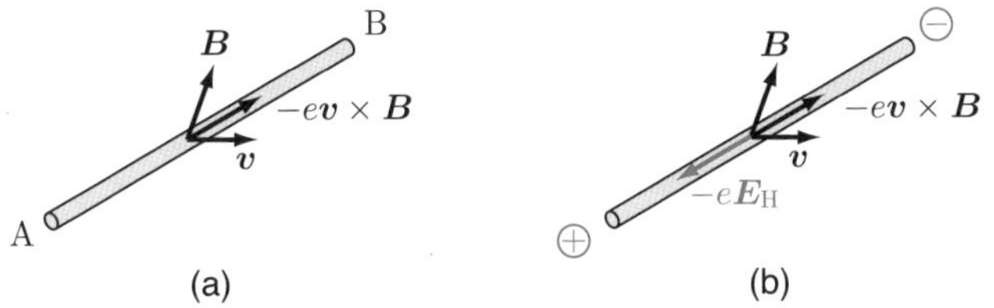

図 5.5　等速運動する金属棒

適用すると，運動するコイル内に生じるホール電場による**誘導起電力**が，

$$\phi_{\mathrm{H}} = \oint_C (\boldsymbol{v} \times \boldsymbol{B}) \cdot d\boldsymbol{r} \tag{5.15}$$

と得られる．

(5.15) 式を用いて，図 5.2 のように，磁場中にある平面コイルが，ある回転軸の周りに，一定の角速度 ω で回転する場合の起電力の表式を求める．回転軸を x 軸に，磁場方向を z 軸に選ぶと，磁束密度とコイル上の任意の点での速度が，それぞれ $\boldsymbol{B} = (0, 0, B)$ および $\boldsymbol{v} = (0, v_y, v_z)$ と表せ，(5.15) 式が

$$\phi_{\mathrm{H}} = B \oint_C v_y \, dx \tag{5.16}$$

へと簡略化できる．さらに，初期条件として，$t = 0$ でコイルが xz 平面上にある場合を考えると，C 上の各点での v_y は，図 5.2 の座標 $\overline{y}$ を用いて，$v_y = \overline{y}\omega \cos \omega t$ と表せる．この式を (5.16) 式に代入すると，

$$\phi_{\mathrm{H}} = B\omega \cos \omega t \oint_C \overline{y} \, dx = -BS\omega \cos \omega t \tag{5.17}$$

が得られる．ここで，

$$S \equiv -\oint_C \overline{y} \, dx$$

は C で囲まれた平面領域の面積で，そのことは，$x\overline{y}$ 平面上での線積分を，グリーンの定理 (2.26) を用いて書き換えることにより示すことができる．このようにして，磁束の時間変化による誘導起電力の表式 (5.3) を用いて得られた (5.4) 式が，ローレンツ力による考察でも再現された．

ホール電場をもたらしたのは，ローレンツ力 (1.9) における $\boldsymbol{E}$ と $\boldsymbol{B}$ との組合せ $\boldsymbol{E} + \boldsymbol{v} \times \boldsymbol{B}$ である．11.2 節❷で明らかになるように，この組合せは，ローレンツ変換の下での電磁場の変換則から導かれ，ガリレイ変換の極限 $\frac{v}{c} \to 0$ でも有限に残る．そして，ホール電場の出現も，ローレンツ変換の下での電磁場の変換則として理解できるのである．具体的に，図 5.5 において，金属棒と共に運動する座標系 K$'$ から見たときの電場 $\boldsymbol{E}'$ は，$\frac{v}{c} \to 0$ の極限で，静止座標系 K での電場 $\boldsymbol{E}$ と磁束密度 $\boldsymbol{B}$ を用いて，

$$\boldsymbol{E}' = \boldsymbol{E} + \boldsymbol{v} \times \boldsymbol{B}$$

と表せる（(11.23) 式を参照）．しかし，K′ 系では金属棒は静止しており，3.5 節❶の考察より，平衡状態では磁場があるのみで，電場はないはずである．これより，$\boldsymbol{E}' = \boldsymbol{0}$，すなわち，静止座標系 K での電場 $\boldsymbol{E} = -\boldsymbol{v} \times \boldsymbol{B}$ の存在が結論づけられる．これは (5.13) 式に他ならない．この事実より，電磁場のみの考察から得られた (5.4) 式が，電磁場が関与する力学的な力の考察からも再現されるのは，当然のこととも考えられる．なぜなら，本質的なのは，力に関与する電磁場の変換則であり，その電磁場の方程式が正しいものであれば，物理現象に対する解は，解く方法によらず，同一になるはずであるからである．

一方，ホール電場のみによって理解が可能な誘導起電力も存在する．以下でその例を示す．

例題 5.5

図 5.6 のように，半径 a の金属板を，中心と一端を導線に接触させて結び，垂直で一様な磁束密度 $\boldsymbol{B}$ の中に置いた．この金属板を，中心周りに一定の角速度 ω で回転させたとき，導線と金属板からなる回路に生じる誘導起電力を求めよ．

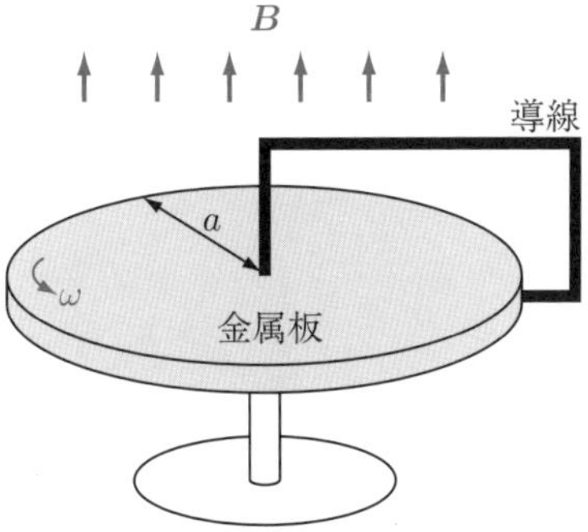

図 5.6　一様磁場中で回転する金属板

【解答】 金属板の中心を原点とし，そこから端の導線へと向かう直線経路を考え，その経路上のある点での位置ベクトルを $\boldsymbol{r}$ とする（$r \leq a$）．この点での金属板の速度は，大きさが $r\omega$ で，方向は紙面手前から向こう側へと向かう方向である．従って，ベクトル $\boldsymbol{v} \times \boldsymbol{B}$ は，大きさが $r\omega B$ で，方向は中心から端の導線へと向かう方向である．すなわち，

$$(\boldsymbol{v} \times \boldsymbol{B}) \cdot d\boldsymbol{r} = r\omega B\, dr$$

が成立する．以上より，コイルに生じる起電力が，(5.15) 式より

$$\phi_{\mathrm{H}} = \int_0^a r\omega B\, dr = \frac{1}{2}a^2\omega B$$

と求まる．■

❷ 静磁場中での点電荷の運動

質量 m と電荷 q を持つ点電荷が電磁場中にあるとき，点電荷はローレンツ力 (1.9) を受け，ニュートンの運動方程式

$$m\frac{d\boldsymbol{v}}{dt} = q(\boldsymbol{E} + \boldsymbol{v} \times \boldsymbol{B}) \tag{5.18}$$

に従って運動する．特に右辺第二項は，ベクトル積の性質から，運動方向である $\boldsymbol{v}$ に垂直方向の力となっているので，軌道が曲がる特異な軌跡が生じることが予想される．

ここでは，電場がなく ($\boldsymbol{E} = \boldsymbol{0}$)，磁場が z 方向を向いている ($\boldsymbol{B} = (0, 0, B)$) 場合を考察する．磁場は一様で時間変化しないものとする．この場合の力 $q\boldsymbol{v} \times \boldsymbol{B}$ は xy 平面内でのみ働くので，z 方向には静止もしくは等速直線運動することがわかる．そこで，考察を xy 平面内の運動に限り，ベクトル積の成分表示 (1.10) を用いると，(5.18) 式が

$$\frac{dv_x}{dt} = \omega_\mathrm{c} v_y, \tag{5.19a}$$

$$\frac{dv_y}{dt} = -\omega_\mathrm{c} v_x \tag{5.19b}$$

と表せる．ただし ω_c は

$$\omega_\mathrm{c} \equiv \frac{qB}{m} \tag{5.20}$$

で定義され，**サイクロトロン角振動数**と呼ばれている．(5.19a) 式を t について微分し，その右辺に (5.19b) 式を代入して移項すると，

$$\frac{d^2 v_x}{dt^2} + \omega_\mathrm{c}^2 v_x = 0 \tag{5.21}$$

が得られる．これは力学における単振動の方程式で，その解は，

$$v_x = v_0 \sin(\omega_\mathrm{c} t + \theta_0) \tag{5.22a}$$

のように，振幅 $v_0 \geq 0$ と位相 θ_0 を積分定数とする正弦波として表せる．その導出の詳細は，以下の 5.3 節❸を参照されたい．この式を (5.19a) 式に代入すると，v_y が

$$v_y = v_0 \cos(\omega_\mathrm{c} t + \theta_0) \tag{5.22b}$$

と求まる．従って，$v_x^2 + v_y^2 = v_0^2$ が成立し，xy 平面内での速さは一定値 v_0 を保つことがわかる．(5.22) 式を積分すると，点電荷の位置 (x, y) が，時刻 t の関数として

$$x = -\frac{v_0}{\omega_\mathrm{c}} \cos(\omega_\mathrm{c} t + \theta_0) + x_0, \tag{5.23a}$$

$$y = \frac{v_0}{\omega_\mathrm{c}} \sin(\omega_\mathrm{c} t + \theta_0) + y_0 \tag{5.23b}$$

と得られる．ただし，(x_0, y_0) は積分定数である．このように，静磁場中の点電荷は，磁場に垂直な平面で，(x_0, y_0) を中心とし，半径が $\frac{v_0}{\omega_\mathrm{c}}$ で周期が $\frac{2\pi}{\omega_\mathrm{c}}$ の円運動を行うことがわかった．これを**サイクロトロン運動**という．

❸ 微分方程式 (5.21) の解法

以下では，微分方程式 (5.21) の解法を概説する．(5.21) 式の独立変数は t のみであり，また，$\frac{d^2 v_x}{dt^2}$ と v_x の係数は共に定数（それぞれ 1 と ω_c^2）である．この条件を満たす微分方程式は，**定数係数常微分方程式**と呼ばれ，一般に次のようにして解くことができる．

まず，解の形を

$$v_x(t) = A\, e^{\lambda t} \tag{5.24}$$

の形に仮定する．ここで $A \neq 0$ と λ は定数である．これを (5.21) 式に代入すると，

$$0 = A\frac{d^2 e^{\lambda t}}{dt^2} + \omega_\mathrm{c}^2 A e^{\lambda t} = A\lambda^2 e^{\lambda t} + \omega_\mathrm{c}^2 A e^{\lambda t} = (\lambda^2 + \omega_\mathrm{c}^2) A e^{\lambda t}$$

と変形できる．このようにして，微分方程式 (5.21) が，λ に関する二次方程式

$$\lambda^2 + \omega_\mathrm{c}^2 = 0$$

に簡略化できた．この二次方程式の解は，

$$\lambda = \pm i \omega_\mathrm{c}$$

の二つである．ただし i は虚数単位を表す．この表式を (5.24) 式に代入すると，

微分方程式 (5.21) の二つの独立解

$$A_{\pm}e^{\pm i\omega_{\rm c}t} \quad (\text{複号同順})$$

が得られる．そして，一般的な解は，それら二つの線形結合として

$$v_x(t) = A_+e^{i\omega_{\rm c}t} + A_-e^{-i\omega_{\rm c}t} \tag{5.25}$$

と表せる．ただし，$A_{\pm}$ は二つの任意定数（積分定数）である．二階微分方程式を二回積分したので，積分定数が二つ現れたのである．

さて，純虚数 $i\theta$ を肩に持つ指数関数 $e^{i\theta}$ は，三角関数 $\cos\theta$ と $\sin\theta$ を用いて，

$$e^{i\theta} = \cos\theta + i\sin\theta \tag{5.26}$$

と表せることが知られている．この三角関数と指数関数を結びつける美しい関係式を，**オイラーの公式**という．

【証明】 左辺 $f_{\rm L}(\theta) \equiv e^{i\theta}$ と右辺 $f_{\rm R}(\theta) \equiv \cos\theta + i\sin\theta$ は，同じ微分方程式

$$\frac{df_j(\theta)}{d\theta} = if_j(\theta), \quad j = {\rm L}, {\rm R} \tag{5.27}$$

と初期条件

$$f_j(0) = 1$$

を満たす．実際，二つの関数は

$$\begin{aligned}\frac{df_{\rm L}(\theta)}{d\theta} &= \frac{de^{i\theta}}{d\theta} = ie^{i\theta} = if_{\rm L}(\theta),\\ \frac{df_{\rm R}(\theta)}{d\theta} &= \frac{d(\cos\theta + i\sin\theta)}{d\theta} = -\sin\theta + i\cos\theta\\ &= i(\cos\theta + i\sin\theta) = if_{\rm R}(\theta)\end{aligned}$$

のように (5.27) 式を満たし，$\theta = 0$ での値も

$$f_{\rm L}(0) = e^{i0} = 1, \quad f_{\rm R}(0) = \cos 0 + i\sin 0 = 1$$

と同じである．従って，一階微分方程式の解の一意性から，

$$f_{\rm L}(\theta) = f_{\rm R}(\theta)$$

が結論づけられる．■

オイラーの公式 (5.26) を (5.25) 式に代入すると，次のように変形できる．

$$
\begin{aligned}
v_x(t) &= A_+(\cos\omega_\mathrm{c}t + i\sin\omega_\mathrm{c}t) + A_-(\cos\omega_\mathrm{c}t - i\sin\omega_\mathrm{c}t) \\
&= (A_+ + A_-)\cos\omega_\mathrm{c}t + i(A_+ - A_-)\sin\omega_\mathrm{c}t \quad \begin{cases} A \equiv (A_+ + A_-) \\ B \equiv i(A_+ - A_-) \end{cases} \\
&= A\cos\omega_\mathrm{c}t + B\sin\omega_\mathrm{c}t \quad \begin{cases} v_0 \equiv \sqrt{A^2 + B^2} \\ \theta_0 \equiv \arctan\frac{A}{B} \end{cases} \\
&= v_0\sin(\omega_\mathrm{c}t + \theta_0).
\end{aligned}
\tag{5.28}
$$

このようにして，解が (5.22a) 式のように求まった．

演習問題

5.1 一辺の長さが ℓ，巻き数が N の正方形のコイルがあり，その中心が原点に一致し，また，隣り合う二辺が x 軸と y 軸に平行になるように置かれている．z 軸方向に大きさ $B_z(\boldsymbol{r},t) = B_0\cos\pi\frac{x}{\ell}\cos\pi\frac{y}{\ell}\sin\omega t$ の磁場を掛けたとき，コイルに生じる誘導起電力を求めよ．

5.2 下図は，巻き数が N のドーナツ型ソレノイドと，その断面を描いたものである．ソレノイドは，中心から円環の中心軸への距離が R で，円環の半径は a である．

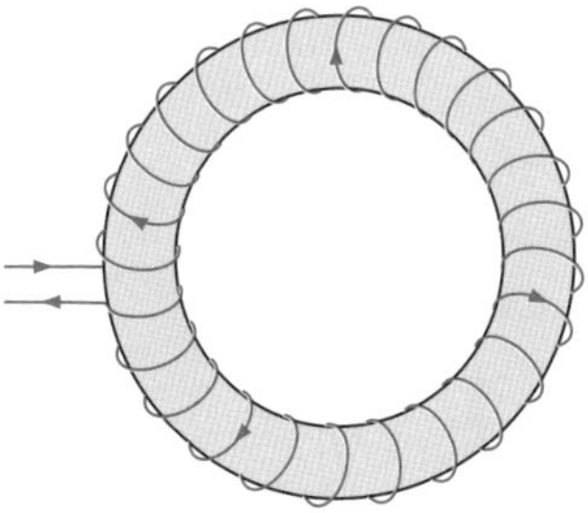

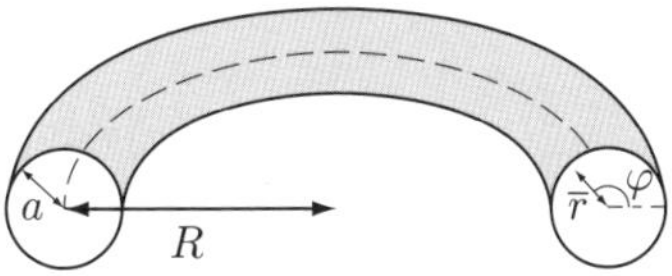

(1)　コイルに電流 I が流れているとき，図の円環内の点 $(\bar{r},\varphi)$ での磁束密度の大きさ $B(\bar{r},\varphi)$ を，(4.2) 式を用いて求めよ．ただし $0 \le \bar{r} \le a$ および $0 \le \varphi < 2\pi$ である．

(2)　円環内を貫く磁束の大きさ Φ を求めよ．ただし，$a > |b|$ のとき，

$$\int_0^{2\pi} \frac{d\varphi}{a + b\cos\varphi} = \frac{2\pi}{\sqrt{a^2 - b^2}}$$

が成り立つ．

(3)　ソレノイドの自己インダクタンス L を求めよ．

(4)　$R \gg a$ の場合の L の表式を，(3.20) 式を用いて求めよ．

5.3　下図のように，z 軸からの距離 $\overline{r} \equiv \sqrt{x^2 + y^2}$ と時間 t のみに依存する z 軸方向の磁束密度 $(0, 0, B(\overline{r}, t))$ を作り出し，質量 m と電荷 $q > 0$ を持つ点電荷を，z 軸に垂直な平面内で加速することを考える．加速中の点電荷が，z 軸を中心とする半径 R の円軌道に留まり続けるための条件を，荷電粒子の運動方程式 (5.18) に基づいて考察する．

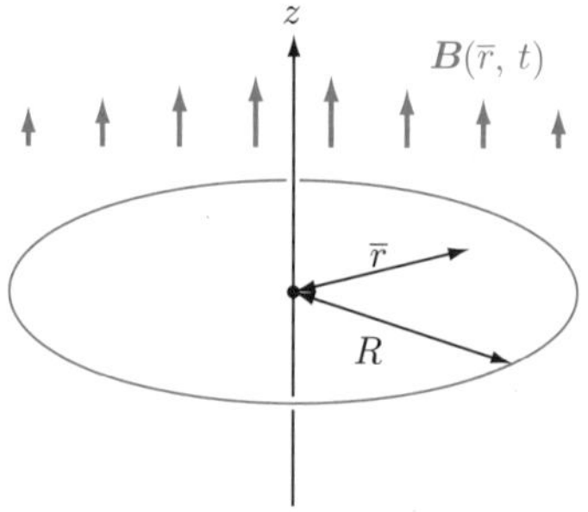

(1)　円軌道の接線方向の運動方程式を，粒子の速さ v と半径 R 内の磁束

$$\Phi(R, t) \equiv \int_0^R 2\pi\overline{r}B(\overline{r}, t)\,d\overline{r}$$

を用いて表せ．

(2)　円軌道の動径方向の運動方程式を書き下せ．

(3)　加速中の粒子が半径 R の円軌道上に留まり続けるためには，円周上の磁束密度の大きさ $B(R, t)$ と半径 R 内の磁束 $\Phi(R, t)$ との間に，どのような関係が成立することが必要か．ただし，初期条件として，$t = 0$ での粒子の速さ $v(R, 0)$ と磁束 $\Phi(R, 0)$ は共にゼロとする．

5.4　静電場 $\boldsymbol{E} = (0, E, 0)$ と静磁場 $\boldsymbol{B} = (0, 0, B)$ の中で，質量 m と電荷 q を持つ粒子が，時刻 $t = 0$ に原点で静止していた．運動方程式 (5.18) に基づき，この粒子の時刻 $t > 0$ における xy 平面での位置座標 (x, y) を求めよ．

第6章 電　磁　波

マクスウェル方程式からは，電場と磁場の時間変化が波として伝わり，その速さが光速 $c = 3.00 \times 10^8$ m/s に等しいという結果が得られる．この波を**電磁波**という．光も電磁波の一種である．本章では，図 1.6 のチャートに従って，電磁波について考察する．

6.1 電磁波が従う方程式

マクスウェル方程式 (1.5) で $\rho = 0$ および $\boldsymbol{j} = \boldsymbol{0}$ と置くと，

$$\mathrm{div}\,\boldsymbol{E} = 0, \tag{6.1a}$$

$$\mathrm{div}\,\boldsymbol{B} = 0, \tag{6.1b}$$

$$\mathrm{rot}\,\boldsymbol{E} = -\frac{\partial \boldsymbol{B}}{\partial t}, \tag{6.1c}$$

$$\mathrm{rot}\,\boldsymbol{B} = \frac{1}{c^2}\frac{\partial \boldsymbol{E}}{\partial t} \tag{6.1d}$$

が得られる．これを**自由空間のマクスウェル方程式**という．これらより，自由空間で振動する電磁場が，

波動方程式　　**指　南**

$$\nabla^2 \boldsymbol{E} - \frac{1}{c^2}\frac{\partial^2 \boldsymbol{E}}{\partial t^2} = \boldsymbol{0}, \tag{6.2a}$$

$$\nabla^2 \boldsymbol{B} - \frac{1}{c^2}\frac{\partial^2 \boldsymbol{B}}{\partial t^2} = \boldsymbol{0} \tag{6.2b}$$

に従うことがわかる（例題 6.1）．

例題 6.1

(6.1) 式の電磁場が，波動方程式 (6.2) を満たすことを示せ．

【解答】 (6.1c) 式に $\mathrm{rot} \equiv \boldsymbol{\nabla}\times$ を作用させると，

$$\boldsymbol{\nabla} \times (\boldsymbol{\nabla} \times \boldsymbol{E}) = -\boldsymbol{\nabla} \times \frac{\partial \boldsymbol{B}}{\partial t} \tag{6.3}$$

が得られる．左辺は，恒等式 (1.12c) と (6.1a) 式を用いて，

$$\begin{aligned} \boldsymbol{\nabla} \times (\boldsymbol{\nabla} \times \boldsymbol{E}) &= \boldsymbol{\nabla}(\boldsymbol{\nabla} \cdot \boldsymbol{E}) - \nabla^2 \boldsymbol{E} \\ &= -\nabla^2 \boldsymbol{E} \end{aligned} \tag{6.4a}$$

と書き換えられる．右辺も，空間・時間微分の順序を入れ換え，その後に (6.1d) 式を用いることで，

$$\begin{aligned} -\boldsymbol{\nabla} \times \frac{\partial \boldsymbol{B}}{\partial t} &= -\frac{\partial}{\partial t}(\boldsymbol{\nabla} \times \boldsymbol{B}) \\ &= -\frac{1}{c^2}\frac{\partial^2 \boldsymbol{E}}{\partial t^2} \end{aligned} \tag{6.4b}$$

と変形できる．(6.3) 式の左右に (6.4a) 式と (6.4b) 式を代入すると，(6.2a) 式が得られる．(6.1d) 式についても $\boldsymbol{\nabla}\times$ を作用させて同様の変形を行うことで，磁束密度が (6.2b) 式に従うことを示せる．■

(6.2a) 式と (6.2b) 式は独立ではなく，(6.1c) 式と (6.1d) 式の関係で結ばれている．ここで，ベクトル積 (1.10) の一般的性質より，$\boldsymbol{\nabla} \times \boldsymbol{E}$ が $\boldsymbol{E}$ に垂直であることを思い起こすと，(6.1c) 式から，

- 電磁波の $\boldsymbol{E}$ と $\boldsymbol{B}$ は垂直

であることが結論づけられる．また，湧き出しなしの条件である (6.1a) 式と (6.1b) 式より，

- 電磁波は横波（進行方向と垂直に振動する波）

であることもわかる．この点に関しては，以下の (6.8a) 式を参照されたい．

6.2　単色平面波の伝搬

以下では，電磁場が

$$\boldsymbol{E}(\boldsymbol{r},t)=\widetilde{\boldsymbol{E}}(\boldsymbol{k},\omega)\,e^{i\boldsymbol{k}\cdot\boldsymbol{r}-i\omega t}, \tag{6.5a}$$

$$\boldsymbol{B}(\boldsymbol{r},t)=\widetilde{\boldsymbol{B}}(\boldsymbol{k},\omega)\,e^{i\boldsymbol{k}\cdot\boldsymbol{r}-i\omega t} \tag{6.5b}$$

で表される**単色平面波**を取り上げ，電磁波が伝搬していく様子を明らかにしよう．ここで，$\widetilde{\boldsymbol{E}}(\boldsymbol{k},\omega)$ と $\widetilde{\boldsymbol{B}}(\boldsymbol{k},\omega)$ は振動の振幅で，$\boldsymbol{k}$ は**波数ベクトル**，ω は**角振動数**と呼ばれる．以下では $\omega\geq 0$ の場合を考察してゆくが，$\omega<0$ の平面波も可能で，符号の入れ換えで対応する結果が得られることを指摘しておく．

❶ 単色平面波とその重ね合わせ

まず，単色平面波のいくつかの性質，および，単色平面波を考察する理由について概説する．単色平面波の「平面波」とは，空間・時間依存性が指数関数 $e^{i\boldsymbol{k}\cdot\boldsymbol{r}-i\omega t}$ で表される波を表す．また，「単色」とは単一の角振動数 ω を持つ波のことで，特に角振動数が光の領域にある場合には，単一の色を持った光の波を表す．オイラーの公式 (5.26) より，単色平面波は，余弦波と正弦波の重ね合わせであることがわかる．

以下の (6.7) 式ですぐ見るように，**波数** $k\equiv|\boldsymbol{k}|$ と角振動数 ω との間には，$\omega=ck$ という**分散関係**が成立する．また，波数ベクトル $\boldsymbol{k}$ は波の伝搬方向のベクトルである．このことを見るために，$\boldsymbol{k}$ を z 軸方向に選ぶと，時刻 t における位置 z での電場は，$\widetilde{\boldsymbol{E}}(\boldsymbol{k},\omega)\,e^{ikz-i\omega t}$ と表せる．この電場が微小時間 Δt (>0) 後に移動した位置 z_1 は，等式

$$kz_1-\omega(t+\Delta t)=kz-\omega t$$

より，$z_1=z+\frac{\omega}{k}\Delta t$ と得られる．すなわち，距離 $\frac{\omega}{k}\Delta t=c\Delta t$ だけ z 軸方向に光速 c で移動したことがわかる．余弦波の場合には，時刻 t における位置 z での電場の振幅 $\widetilde{\boldsymbol{E}}(\boldsymbol{k},\omega)\cos(kz-\omega t)$ が，Δt 後に位置 $z_1=z+c\Delta t$ で観測されるのである．これより，$\boldsymbol{k}$ が波の伝搬方向を向いており，波の進む速さが光速 c であることがわかる．

マクスウェル方程式では重ね合わせの原理が成立するため，より一般的な電磁波は，(6.5) 式を $(\boldsymbol{k}, \omega)$ について重ね合わせた式

$$\boldsymbol{E}(\boldsymbol{r}, t) = \int \frac{d^3k}{(2\pi)^3} \int_{-\infty}^{\infty} \frac{d\omega}{2\pi} \widetilde{\boldsymbol{E}}(\boldsymbol{k}, \omega)\, e^{i\boldsymbol{k}\cdot\boldsymbol{r} - i\omega t}, \tag{6.6a}$$

$$\boldsymbol{B}(\boldsymbol{r}, t) = \int \frac{d^3k}{(2\pi)^3} \int_{-\infty}^{\infty} \frac{d\omega}{2\pi} \widetilde{\boldsymbol{B}}(\boldsymbol{k}, \omega)\, e^{i\boldsymbol{k}\cdot\boldsymbol{r} - i\omega t} \tag{6.6b}$$

で表すことができる．例えば余弦波 $\cos(\boldsymbol{k}_1 \cdot \boldsymbol{r} - \omega_1 t)$ の電場を表すには，オイラーの公式 (5.26) より，$\widetilde{\boldsymbol{E}}(\boldsymbol{k}, \omega) = \widetilde{\boldsymbol{E}}(-\boldsymbol{k}, -\omega) \propto \delta^3(\boldsymbol{k} - \boldsymbol{k}_1)\delta(\omega - \omega_1)$ と選べば良い．重み $\widetilde{\boldsymbol{E}}(\boldsymbol{k}, \omega)$ を変えることで情報を区別できるので，(6.6a) 式は光通信の理論的基礎となっている．(6.6) 式より，構成単位である単色平面波 (6.5) の伝搬が解明できれば，その重ね合わせで多彩な電磁波を作り出せることがわかる．

構成単位である (6.5) 式が指数関数の形に選ばれているのは，波動方程式 (6.2) の形と関連がある．すなわち，(6.2) 式が $(\boldsymbol{r}, t)$ についての線形微分方程式で，かつ，その係数が定数であるためである．5.3 節❸で扱った一変数の定数係数常微分方程式の場合と同じように，波動方程式の一般解は，微分が容易な指数関数の重ね合わせで表せるのである．

❷単色平面波の伝搬

(6.5a) 式を (6.2a) 式に代入すると，微分演算子 $\boldsymbol{\nabla}$ と $\frac{\partial}{\partial t}$ が指数関数に作用してそれぞれ $i\boldsymbol{k}$ と $-i\omega$ に置き換わり，

$$\left\{ i\boldsymbol{k} \cdot i\boldsymbol{k} - \frac{(-i\omega)^2}{c^2} \right\} \boldsymbol{E}(\boldsymbol{r}, t) = \boldsymbol{0}$$

が得られる．この式より，有限の振幅を持つ単色平面波が，**分散関係**

$$\omega = ck \tag{6.7}$$

を満たすことがわかる．一方，(6.5) 式を，湧き出しなしの条件式である (6.1a) 式と (6.1b) 式に代入すると，電磁場の振動方向についての条件

$$\boldsymbol{k} \cdot \widetilde{\boldsymbol{E}}(\boldsymbol{k}, \omega) = 0, \quad \boldsymbol{k} \cdot \widetilde{\boldsymbol{B}}(\boldsymbol{k}, \omega) = 0 \tag{6.8a}$$

が得られる．すなわち，電磁波は，振動電磁場が進行方向 $\boldsymbol{k}$ に垂直な**横波**である．また，(6.5) 式を (6.1c) 式に代入して (6.7) 式を用いると，電磁場の振幅間

の関係式

$$\widetilde{\boldsymbol{B}}(\boldsymbol{k},\omega) = \frac{1}{c}\,\widehat{\boldsymbol{k}} \times \widetilde{\boldsymbol{E}}(\boldsymbol{k},\omega), \quad \widehat{\boldsymbol{k}} \equiv \frac{\boldsymbol{k}}{k} \tag{6.8b}$$

が導かれる．すなわち，振動磁場は振動電場に垂直である．より具体的には，$(\widetilde{\boldsymbol{E}}, \widetilde{\boldsymbol{B}}, \boldsymbol{k})$ は右手系の基底直交ベクトルを構成し，それらに沿って (x, y, z) 座標を選ぶことができる．なお，(6.8b) 式は，(6.1c) 式のかわりに，(6.1d) 式を用いても導出できる（演習問題 6.1）．

(6.8b) 式を (6.5b) 式に代入した後，$\widetilde{\boldsymbol{E}}(\boldsymbol{k},\omega) \equiv \boldsymbol{E}_0$ を実数に選んで (6.5) 式の実部をとると，単色余弦波

$$\begin{cases} \boldsymbol{E}(\boldsymbol{r},t) = \boldsymbol{E}_0 \cos(\boldsymbol{k}\cdot\boldsymbol{r} - \omega t) \\ \boldsymbol{B}(\boldsymbol{r},t) = \dfrac{1}{c}\widehat{\boldsymbol{k}} \times \boldsymbol{E}_0 \cos(\boldsymbol{k}\cdot\boldsymbol{r} - \omega t) \end{cases} \tag{6.9}$$

が得られる．一方，虚部をとると，$\sin(\boldsymbol{k}\cdot\boldsymbol{r} - \omega t)$ に比例する単色正弦波が得られるが，余弦波と正弦波は位相が $\frac{\pi}{2}$ だけ違うのみである．$\boldsymbol{k}$ と $\boldsymbol{E}$ をそれぞれ z 軸方向と x 軸方向に選び，単色余弦波のある時刻 t における伝搬の様子を描くと，図 6.1 のようになる．このように，電場がある決まった方向（図 6.1 では x 軸方向）に振動する波を，**直線偏光**という．

分散関係 (6.7) を，**振動数** $f \equiv \frac{\omega}{2\pi}$ と**波長** $\lambda \equiv \frac{2\pi}{k}$ を用いて表すと，

$$f = \frac{c}{\lambda} \tag{6.10}$$

という見慣れた式になる．人間の目が識別できる**可視光線**は，波長が約 380 nm $= 3.8 \times 10^{-7}$ m（紫色）から 780 nm（赤色）の間にある．波長が可視光よりも長く 780 nm〜1 mm の間にある電磁波を**赤外線**，可視光よりも短い 10 nm〜380 nm の領域の光を**紫外線**と呼ぶ．

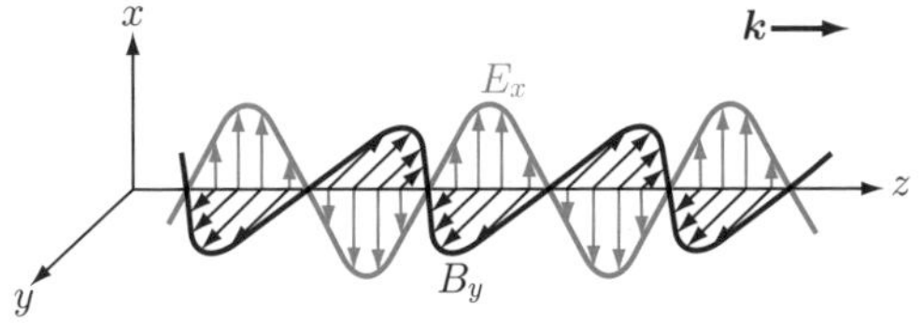

図 6.1　**直線偏光の余弦電磁波**

❸偏光

(6.5a) 式の振幅 $\widetilde{\boldsymbol{E}}(\boldsymbol{k},\omega)$ としては，実定数ベクトル $\boldsymbol{E}_0$ と $\boldsymbol{E}_1$ の複素線形結合

$$\widetilde{\boldsymbol{E}}(\boldsymbol{k},\omega)=\boldsymbol{E}_0+i\boldsymbol{E}_1 \tag{6.11}$$

も可能で，この場合にも (6.8) 式はそのまま成立する．(6.8b) 式と (6.11) 式を (6.5) 式に代入して実部をとると，(6.9) 式のかわりに

$$\begin{cases}\boldsymbol{E}(\boldsymbol{r},t)=\boldsymbol{E}_0\cos(\boldsymbol{k}\cdot\boldsymbol{r}-\omega t)-\boldsymbol{E}_1\sin(\boldsymbol{k}\cdot\boldsymbol{r}-\omega t)\\ \boldsymbol{B}(\boldsymbol{r},t)=\dfrac{1}{c}\widehat{\boldsymbol{k}}\times\{\boldsymbol{E}_0\cos(\boldsymbol{k}\cdot\boldsymbol{r}-\omega t)-\boldsymbol{E}_1\sin(\boldsymbol{k}\cdot\boldsymbol{r}-\omega t)\}\end{cases} \tag{6.12}$$

が得られる．特に，

$$\boldsymbol{E}_1=\pm\widehat{\boldsymbol{k}}\times\boldsymbol{E}_0$$

と選んだ波は，**円偏光**と呼ばれている．その場合の電場は，$\widehat{\boldsymbol{k}}$ を z 方向に，$\boldsymbol{E}_0$ を x 方向に選ぶことで，

$$\boldsymbol{E}(\boldsymbol{r},t)=(E_0\cos(\boldsymbol{k}\cdot\boldsymbol{r}-\omega t),\mp E_0\sin(\boldsymbol{k}\cdot\boldsymbol{r}-\omega t),0) \tag{6.13}$$

と表すことができる．この式より，円偏光では，電場の振動面が，波の伝搬方向に垂直な面内で，角速度 ω で円を描いて回転することがわかる．また，位置 $\boldsymbol{r}$ を決めたとき，y 成分が $-$ 符号（$+$ 符号）の場合には，時間の経過と共に電場が反時計回り（時計回り）に回転することがわかる．これを，**左回り円偏光**（**右回り円偏光**）という．

より一般的な波は，$\boldsymbol{E}_1$ を，ある定数 $a\neq 0$ を用いて

$$\boldsymbol{E}_1=\pm a(\widehat{\boldsymbol{k}}\times\boldsymbol{E}_0)$$

と表すことで得られる．その場合の電場は，(6.13) 式の y 成分が a 倍された**楕円偏光**となる．

6.3　ポインティングベクトル

電磁波がエネルギーをどのように運ぶのかを明らかにしよう．電磁場のエネルギー密度は，(1.8) 式で与えられる．以下の例題 6.2 で示すように，その時間微分は，**連続の方程式**

$$\frac{\partial \rho_{\mathrm{E}}}{\partial t} + \mathrm{div}\,\boldsymbol{S} = 0 \tag{6.14}$$

を満たす．ここで $\boldsymbol{S}$ は

$$\boldsymbol{S}(\boldsymbol{r},t) \equiv \frac{1}{\mu_0}\boldsymbol{E}(\boldsymbol{r},t) \times \boldsymbol{B}(\boldsymbol{r},t) \tag{6.15}$$

で定義され，次元 $[\boldsymbol{S}] = \mathrm{kg}\cdot\mathrm{s}^{-3}$ を持ち，「単位時間に $\boldsymbol{r}$ 近傍の単位面積を通過するエネルギー密度流」であることがわかる．このベクトル $\boldsymbol{S}$ は，考案者の名前を冠して，**ポインティングベクトル**（Poynting vector）と呼ばれている．

(6.14) 式の証明には，恒等式

$$\boldsymbol{\nabla}\cdot(\boldsymbol{b}\times\boldsymbol{c}) = \boldsymbol{c}\cdot(\boldsymbol{\nabla}\times\boldsymbol{b}) - \boldsymbol{b}\cdot(\boldsymbol{\nabla}\times\boldsymbol{c}) \tag{6.16}$$

を用いる．この恒等式は，(1.12b) 式の $\boldsymbol{a}$ が演算子 $\boldsymbol{\nabla}$ で置き換わった場合の式であり，次のように証明できる．

$$\begin{aligned}\boldsymbol{\nabla}\cdot(\boldsymbol{b}\times\boldsymbol{c}) &= \nabla_x(b_y c_z - b_z c_y) + \nabla_y(b_z c_x - b_x c_z) + \nabla_z(b_x c_y - b_y c_x)\\ &= c_x(\nabla_y b_z - \nabla_z b_y) + c_y(\nabla_z b_x - \nabla_x b_z) + c_z(\nabla_x b_y - \nabla_y b_x)\\ &\quad - (\boldsymbol{b}\leftrightarrow\boldsymbol{c}) \qquad \text{第一式で } b \text{ と } c \text{ を入れ換えた項}\\ &= \boldsymbol{c}\cdot(\boldsymbol{\nabla}\times\boldsymbol{b}) - \boldsymbol{b}\cdot(\boldsymbol{\nabla}\times\boldsymbol{c}).\end{aligned}$$

第二項が余分に現れるのは，$\boldsymbol{\nabla}$ が演算子のためである．より具体的に，まず (1.12b) 式を

$$\boldsymbol{a}\cdot(\boldsymbol{b}\times\boldsymbol{c}) = \boldsymbol{c}\cdot(\boldsymbol{a}\times\boldsymbol{b}) = -\boldsymbol{b}\cdot(\boldsymbol{a}\times\boldsymbol{c})$$

と二通りに表現する．第二の等式は，最右辺を $-\boldsymbol{b}\cdot(\boldsymbol{a}\times\boldsymbol{c}) = \boldsymbol{b}\cdot(\boldsymbol{c}\times\boldsymbol{a})$ と書き換えれば，最初の等式で $(\boldsymbol{a},\boldsymbol{b},\boldsymbol{c}) \to (\boldsymbol{c},\boldsymbol{a},\boldsymbol{b})$ の置き換えをした式に他ならない．ここで，$\boldsymbol{a}$ を微分演算子 $\boldsymbol{\nabla}$ で置き換えると，$\boldsymbol{\nabla}$ が $\boldsymbol{b}$ に作用する項と $\boldsymbol{c}$ に作用する項が現れ，それぞれの寄与が第二の表式と第三の表式に対応し，(6.16) 式が得られるのである．

例題 6.2

以下の問いに答えよ．

(1) (6.1) 式と (6.16) 式を用いて，(1.8) 式で定義された電磁場のエネルギー密度が，(6.14) 式を満たすことを示せ．

(2) ポインティングベクトルの次元を (6.14) 式に基づいて明らかにせよ．

【解答】 (1) (1.8) 式を時間 t で微分した式は，(6.1) 式と (6.16) 式を用いて，次のように変形できる．

$$
\begin{aligned}
\frac{\partial \rho_{\mathrm{E}}}{\partial t} &= \frac{\partial}{\partial t}\left(\frac{\varepsilon_0}{2}\boldsymbol{E}\cdot\boldsymbol{E} + \frac{1}{2\mu_0}\boldsymbol{B}\cdot\boldsymbol{B}\right) \\
&= \varepsilon_0 \boldsymbol{E}\cdot\frac{\partial \boldsymbol{E}}{\partial t} + \frac{1}{\mu_0}\boldsymbol{B}\cdot\frac{\partial \boldsymbol{B}}{\partial t} && \textbf{(6.1c) 式と (6.1d) 式を用いる} \\
&= \varepsilon_0 \boldsymbol{E}\cdot(c^2\boldsymbol{\nabla}\times\boldsymbol{B}) + \frac{1}{\mu_0}\boldsymbol{B}\cdot(-\boldsymbol{\nabla}\times\boldsymbol{E}) && \varepsilon_0 c^2 = \frac{1}{\mu_0} \\
&= -\frac{\boldsymbol{B}\cdot(\boldsymbol{\nabla}\times\boldsymbol{E}) - \boldsymbol{E}\cdot(\boldsymbol{\nabla}\times\boldsymbol{B})}{\mu_0} && \textbf{(6.16) 式を用いる} \\
&= -\frac{\boldsymbol{\nabla}\cdot(\boldsymbol{E}\times\boldsymbol{B})}{\mu_0} \\
&= -\boldsymbol{\nabla}\cdot\boldsymbol{S}.
\end{aligned}
$$

(2) エネルギー密度 ρ_{E} の次元は，エネルギーの次元 $[U] = \mathrm{kg}\cdot\mathrm{m}^2\cdot\mathrm{s}^{-2}$ を体積の次元 m^3 で割った

$$[\rho_{\mathrm{E}}] = \mathrm{kg}\cdot\mathrm{m}^{-1}\cdot\mathrm{s}^{-2} \tag{6.17a}$$

である．また，時間微分と空間微分の次元は，それぞれ s^{-1} および m^{-1} である．従って，(6.14) 式より，ポインティングベクトルの次元が

$$[\boldsymbol{S}] = [\rho_{\mathrm{E}}]\cdot\mathrm{s}^{-1}\cdot\mathrm{m} = \mathrm{kg}\cdot\mathrm{s}^{-3} \tag{6.17b}$$

と得られる．■

6.4　電磁場の運動量密度

電磁場から作られるベクトル場であるポインティングベクトル $\boldsymbol{S}$ は，連続の方程式 (6.14) で電磁場のエネルギー密度 ρ_{E} と結びついている．そのポインティングベクトルからは，また，運動量密度の次元を持つベクトルが，次元解析により

$$
\begin{aligned}
\boldsymbol{g} &\equiv \frac{1}{c^2}\boldsymbol{S} \\
&= \frac{1}{c^2\mu_0}\boldsymbol{E}\times\boldsymbol{B} \\
&= \varepsilon_0\boldsymbol{E}\times\boldsymbol{B}
\end{aligned}
\tag{6.18}
$$

と構成できる．この $\boldsymbol{g}$ は，比例定数部分も含めて，まさに電磁場の**運動量密度**であることがわかっている．

例題 6.3

ポインティングベクトルの次元 (6.17b) を用いて，(6.18) 式が，運動量密度の次元を持つベクトルであることを示せ．

【解答】 運動量は，力学において質量と速度の積で定義され，次元 $\mathrm{kg}\cdot\mathrm{m}\cdot\mathrm{s}^{-1}$ を持つ．それを体積の次元で割ることで，運動量密度 $\boldsymbol{g}$ の次元が

$$
[\boldsymbol{g}] = \mathrm{kg}\cdot\mathrm{m}^{-2}\cdot\mathrm{s}^{-1} \tag{6.19}
$$

と得られる．(6.17b) 式と (6.19) 式の比をとると，

$$
\frac{[\boldsymbol{S}]}{[\boldsymbol{g}]} = \mathrm{m}^2\cdot\mathrm{s}^{-2}
$$

となり，速さの次元 m/s の 2 乗が出てくる．そこで，ポインティングベクトルを電磁波の速さである光速 c の 2 乗で割ったベクトル (6.18) を定義すると，それは運動量密度の次元を持つことになる．■

6.5 マクスウェルの応力テンソル

流体力学では，運動量密度の時間微分が連続の方程式に従い，その湧き出し部分から，応力テンソルを定義できることが知られている．同様に，電磁場の運動量密度は，**連続の方程式**

$$\frac{\partial g_j}{\partial t} = \frac{\partial T_{jx}}{\partial x} + \frac{\partial T_{jy}}{\partial y} + \frac{\partial T_{jz}}{\partial z} \quad (j = x, y, z) \tag{6.20}$$

を満たす．対応する応力テンソル $T_{jj'}$ は，電磁場を用いて

$$T_{jj'} = \varepsilon_0 \left(E_j E_{j'} - \frac{\delta_{jj'}}{2} \boldsymbol{E} \cdot \boldsymbol{E} \right) + \frac{1}{\mu_0} \left(B_j B_{j'} - \frac{\delta_{jj'}}{2} \boldsymbol{B} \cdot \boldsymbol{B} \right) \tag{6.21}$$

と表せる（例題 6.4）．ただし，$\delta_{jj'}$ は

$$\delta_{jj'} \equiv \begin{cases} 1 & : j = j' \\ 0 & : j \neq j' \end{cases} \tag{6.22}$$

で定義された**クロネッカーのデルタ**である．(6.21) 式を**マクスウェルの応力テンソル**という．

例題 6.4

自由空間のマクスウェル方程式 (6.1) を用いて，運動量密度 (6.18) の時間微分が，連続の方程式 (6.20) を満たすことを示せ．

【解答】 (6.18) 式を時間で微分した式は，次のように変形できる．

$$\begin{aligned} \frac{\partial \boldsymbol{g}}{\partial t} &= \varepsilon_0 \left(\boldsymbol{E} \times \frac{\partial \boldsymbol{B}}{\partial t} + \frac{\partial \boldsymbol{E}}{\partial t} \times \boldsymbol{B} \right) \quad \textbf{(6.1c) 式と (6.1d) 式を用いる} \\ &= \varepsilon_0 \left\{ \boldsymbol{E} \times (-\boldsymbol{\nabla} \times \boldsymbol{E}) + c^2 (\boldsymbol{\nabla} \times \boldsymbol{B}) \times \boldsymbol{B} \right\} \quad \textbf{(1.12c) 式を用いる} \\ &= \varepsilon_0 \left\{ -\frac{1}{2} \boldsymbol{\nabla}(\boldsymbol{E} \cdot \boldsymbol{E}) + (\boldsymbol{E} \cdot \boldsymbol{\nabla}) \boldsymbol{E} \right\} + \frac{1}{\mu_0} \left\{ (\boldsymbol{B} \cdot \boldsymbol{\nabla}) \boldsymbol{B} - \frac{1}{2} \boldsymbol{\nabla}(\boldsymbol{B} \cdot \boldsymbol{B}) \right\}. \end{aligned} \tag{6.23}$$

ただし，関係式 $c^2 = (\varepsilon_0 \mu_0)^{-1}$ と等式

$$\boldsymbol{E} \cdot (\nabla_j \boldsymbol{E}) = \frac{1}{2} \nabla_j (\boldsymbol{E} \cdot \boldsymbol{E})$$

を用いた（$j = x, y, z$）．$(\boldsymbol{E} \cdot \boldsymbol{\nabla}) \boldsymbol{E}$ 項の x 成分は，$\boldsymbol{\nabla} \cdot \boldsymbol{E} = 0$ を用いて，次のように変形できる．

$$\begin{aligned}\boldsymbol{E}\cdot\boldsymbol{\nabla}E_x &= \boldsymbol{E}\cdot\boldsymbol{\nabla}E_x + E_x\boldsymbol{\nabla}\cdot\boldsymbol{E}\\ &= E_x\frac{\partial E_x}{\partial x} + E_y\frac{\partial E_x}{\partial y} + E_z\frac{\partial E_x}{\partial z} + E_x\left(\frac{\partial E_x}{\partial x} + \frac{\partial E_y}{\partial y} + \frac{\partial E_z}{\partial z}\right)\\ &= \frac{\partial(E_xE_x)}{\partial x} + \frac{\partial(E_yE_x)}{\partial y} + \frac{\partial(E_zE_x)}{\partial z}.\end{aligned}$$

同様に，

$$\boldsymbol{B}\cdot\boldsymbol{\nabla}B_x = \frac{\partial(B_xB_x)}{\partial x} + \frac{\partial(B_yB_x)}{\partial y} + \frac{\partial(B_zB_x)}{\partial z}$$

を示せる．これら二式を (6.23) 式の x 成分に代入すると，(6.20) 式の x 成分が得られる．y, z 成分についても同様に証明できる．■

力学でのニュートンの運動方程式

$$\frac{d\boldsymbol{p}}{dt} = \boldsymbol{F}$$

によると，運動量 $\boldsymbol{p}$ の時間変化は，力 $\boldsymbol{F}$ によってもたらされる．同様に，(6.20) 式をある領域 V で体積積分すると，その左辺は電磁場の運動量の時間変化を表す．従って，(6.20) 式右辺の体積積分

$$F_j^{\mathrm{em}} \equiv \int_V \left(\frac{\partial T_{jx}}{\partial x} + \frac{\partial T_{jy}}{\partial y} + \frac{\partial T_{jz}}{\partial z}\right) d^3r \quad (j = x, y, z) \tag{6.24}$$

は，領域 V 内の電磁波によりもたらされる力という意味を持つ．

この考察を基に，(6.20) 式を次元解析で見直すと，左右の次元が，$\boldsymbol{g}$ の次元 $[\boldsymbol{g}]$ と力の次元 $\mathrm{N} = \mathrm{kg}\cdot\mathrm{m}\cdot\mathrm{s}^{-2}$ を用いて，

$$[\boldsymbol{g}]\cdot\mathrm{s}^{-1} = \mathrm{N}\cdot\mathrm{m}^{-3}$$

と表せることがわかる．これより，圧力の次元 $\mathrm{N}\cdot\mathrm{m}^{-2}$ が，$[\boldsymbol{g}]$ を用いて

$$\mathrm{N}\cdot\mathrm{m}^{-2} = [\boldsymbol{g}]\cdot\mathrm{m}\cdot\mathrm{s}^{-1}$$

と構成できる．すなわち，$\boldsymbol{g}$ に電磁波の速さ c を掛けると，圧力の次元を持つ量

$$P_{\mathrm{em}} \equiv cg = \frac{S}{c} = \frac{|\boldsymbol{E}\times\boldsymbol{B}|}{c\mu_0} \tag{6.25}$$

が構成できる．これは，電磁波が $\boldsymbol{g}$ 方向に及ぼす圧力であることがわかっている．例えば，太陽から降り注ぐ光は，地表に電磁場のエネルギーを与えると共に，圧力 P_{em} も及ぼしているのである．

演習問題

6.1 (6.5) 式を (6.1d) 式に代入し，(6.8b) 式が成り立っていることを確認せよ．ただし，(6.7) 式と (6.8a) 式は既知とする．

6.2 単色余弦波 (6.9) のポインティングベクトル $\boldsymbol{S}$ を計算し，その方向を明らかにせよ．また，その時間平均 $\langle \boldsymbol{S} \rangle$ を求めよ．

6.3 **太陽定数**とは，地球大気の上端に垂直に入射する，単位面積・単位時間当りの太陽エネルギーである．その値は，人工衛星による測定により，約 $1.37\,\mathrm{kW/m^2}$ と得られている．(6.8b) 式の関係と $\mu_0 = 4\pi \times 10^{-7}\,\mathrm{m \cdot kg/C^2}$ を用いて，以下の問いに答えよ．

(1) 地球大気の上端での電磁場の平均振幅 $\sqrt{\langle E^2 \rangle}$ と $\sqrt{\langle B^2 \rangle}$ を，有効数字 2 桁で求めよ．

(2) 上記の太陽エネルギーが全て地表に届くものとして，太陽光の電磁場が地表に及ぼす圧力 P_{em} を，有効数字 2 桁で求めよ．

第7章　電流と回路

本章では，電流と回路について考察していく．まず，回路の主な素子について概説したのち，オームの法則とジュール熱の微視的導出，キルヒホフの法則とそれを用いた電流の計算，RLC 回路の電流電圧特性の解明へと進み，最後に超伝導電流の特性について議論する．

7.1　回路の主な素子

電気回路，略して**回路**は，電流が流れる閉曲線のことで，電気を輸送したり利用したりするのに用いられる．以下で回路を構成する主な素子を挙げる．

❶電池

ボルタ（1745～1827）による**電池**の発明（1800 年）により，電流を継続的に流すことが初めて可能になった．**ボルタ電池**は，塩水（電解質）に浸した厚紙またはフェルトを銅と亜鉛の円板で挟み，その基本構造を積み重ねて作られた．酸化還元反応によって生じるその起電力は，約 1 V であった．ボルタ電池の発明は，自然科学に革命をもたらした[1]．早くもその年には，水に電流を流し，酸素と水素への電気分解が行われた．さらに，1800 年代の初頭には，様々な金属化合物の溶液が電気分解され，K, Na, Ca など，多数の元素が発見されていった．また，1820 年には，電流が磁気作用を持つことがエルステッド（1777～1851）により発見され，アンペール（1775～1836）やファラデー（1791～1867）などによる，電流と磁気に関する詳細な研究へとつながっていった．電池は一定方向に一定の大きさを持って流れる**直流電流**を生み出す．今日では，リチウムイオン電池など，充電が可能な優れた電池が多数開発されている．

❷ 交流電源

交流電源の原理は，5.1 節で扱った電磁誘導にある．一定磁場中でコイルを回転させると，周期的に大きさと方向が変化する誘導起電力が得られる．コイルを回す動力源の観点からは，水の位置エネルギーを用いる水力発電，石炭や石油の燃焼から得られる熱エネルギーを利用する火力発電，原子核分裂のエネルギーを利用する原子力発電などがある．交流電源は，例えば夜でも街を明るく保つことを可能にし，現代社会の基礎となっている．

❸ 導線

電流を流すと，一般に，その運動エネルギーの一部が熱エネルギーへと変換されて失われる現象，すなわち，**電気抵抗**が生じる．**導線**とは，電気抵抗の小さい材料である**導体**でできた細い線のことで，電流を効率良く，すなわち，熱エネルギーへの変換を小さくして流すのに用いられる．導体としては，既存の銅やアルミニウムなどの金属の他に，電気抵抗がゼロの**超伝導体**を利用する研究も行われている．回路の理論において，導線の電気抵抗は，通常無視される．

❹ 抵抗器

電気抵抗が大きい素材を，抵抗器あるいは単に**抵抗**という．抵抗器は，回路における発熱素子などとして用いられている．電気抵抗が大きく耐性がある物質として，ニッケルクロム合金（ニクロム線の材料）など，数多くのものが開発されている．抵抗器は，その両端にかかる電圧 V と電流 I の関係により特徴づけられる．その代表的なものの一つとして，比例関係

$$V = RI \tag{7.1a}$$

を満たす一群がある．(7.1a) 式を**オームの法則**，比例定数 R を**電気抵抗**という．その導出は次節で行う．電気抵抗 R の単位 V/A には，法則の発見者オーム（1789～1854）にちなんで，Ω（**オーム**）という新たな記号と呼称が与えられている．

❺コンデンサ

コンデンサ（蓄電器）は，電荷を蓄えたり放出したりすることができる回路素子である（3.5 節❷参照）．要求される周波数帯域の信号を取り出す回路の実現など，幅広い用途に用いられている．(3.24) 式で定義された C は，**静電容量**と呼ばれ，コンデンサを特徴づける定数である．例えば，真空中にある平行板コンデンサの静電容量は，(3.27) 式のように得られている．この C を用いると，コンデンサに蓄えられた電荷 Q が，コンデンサを構成する二つの金属間の電位差 V を用いて，

$$Q = CV \tag{7.1b}$$

と表せる．なお，コンデンサはドイツ語起源であり，英語では**キャパシタ**（capacitor）と呼ばれている．

❻コイル

コイルは，電流により磁場を作り出したり，要求される周波数帯域の信号を取り出す回路を制作したりするのに用いられる．コイルを流れる電流が変化するときの誘導起電力は，(5.6) 式，すなわち

$$\phi_{\mathrm{em}} = -L\frac{dI}{dt} \tag{7.1c}$$

のように表せる．比例係数 L は**自己インダクタンス**と呼ばれる．

7.2 オームの法則とジュール熱

❶ オームの法則

オームの法則 (7.1a) は，次のような力学的考察から微視的に導ける．長さ ℓ の抵抗器の両端に，電圧 $V>0$ が掛けられたとき，抵抗器内には，$E=\frac{V}{\ell}$ の電場ができる．この電場の下で，抵抗器内の自由電子は，(1.9) 式の電場成分

$$\boldsymbol{F}_{\mathrm{E}} \equiv -e\boldsymbol{E} \tag{7.2}$$

の力を受けて加速される．一方，抵抗器内には，格子振動・不純物・他の電子などの様々な散乱体があり，自由電子はそれらによる抵抗を受けて減速される．その抵抗力 $\boldsymbol{F}_{\mathrm{r}}$ が，自由電子の速度 $\boldsymbol{v}_{\mathrm{f}}$ に比例するとするモデル

$$\boldsymbol{F}_{\mathrm{r}} = -m\frac{\boldsymbol{v}_{\mathrm{f}}}{\tau} \tag{7.3}$$

を採用しよう．ここで m は電子の質量で，下記の運動方程式 (7.4) の左辺に合わせて便宜上掛けた．すると，残る定数 $\tau>0$ は，物質固有で時間の次元を持つことになり，**緩和時間**と呼ばれている．上記の二つの力を受ける電子の運動方程式は，

$$m\frac{d\boldsymbol{v}_{\mathrm{f}}}{dt} = -e\boldsymbol{E} - m\frac{\boldsymbol{v}_{\mathrm{f}}}{\tau} \tag{7.4}$$

と書き下せる．これを**ドルーデモデル**の運動方程式という．この式と電流密度の表式 (1.4) より，オームの法則 (7.1a) における抵抗 R が，抵抗器の長さ ℓ と断面積 S を用いて，

$$R = \frac{\ell}{\sigma_0 S}, \quad \sigma_0 \equiv \frac{n_{\mathrm{f}}e^2\tau}{m} \tag{7.5}$$

と表せることがわかる（例題 7.1）．このように，抵抗値 R は，抵抗器の長さに比例し，断面積に反比例する．定数 σ_0 を**電気伝導率**，その逆数

$$\rho_0 \equiv \sigma_0^{-1}$$

を**抵抗率**という．

例題 7.1

(7.4) 式と (1.4) 式に基づいて，(7.5) 式を導出せよ．

【解答】 電流が一定となった定常状態では，(7.4) 式左辺の加速度はゼロに落ち着き，電子は平均的に一定の速度

$$\boldsymbol{v}_{\mathrm{f}} = -\frac{e\tau}{m}\boldsymbol{E} \tag{7.6}$$

で運動する．対応する電流密度 (1.4) は，電場に比例する形

$$\begin{aligned}\boldsymbol{j} &= \frac{n_{\mathrm{f}}e^2\tau}{m}\boldsymbol{E}\\ &= \sigma_0\boldsymbol{E}\end{aligned} \tag{7.7}$$

に求まる．電流 I は，電流密度の大きさ $j = |\boldsymbol{j}|$ に抵抗器の断面積 S を掛けて，

$$I \equiv jS$$

で定義される．その右辺に (7.7) 式を代入し，電場の大きさ $E = |\boldsymbol{E}|$ を，電圧 V と抵抗器の長さ ℓ を用いて

$$E = \frac{V}{\ell}$$

と表すと，電流の表式

$$I = \frac{\sigma_0 S}{\ell}V$$

が得られる．この式より，抵抗値 R が，(7.5) 式のように求まる．■

オームの法則 (7.1a) は，1827 年にオームが発表した論文の成果に基づいて名づけられた．しかしその結果は，3.3 節でも言及したキャベンディッシュが，既に 1781 年に見出していたことが知られている．

❷ジュール熱

(7.4) 式を用いると，オームの法則 (7.1a) に従う電流が抵抗器を流れるとき，大きさ

$$\dot{Q}_{\mathrm{J}} = RI^2 \tag{7.8}$$

の熱量が単位時間に発生することを示せる（例題 7.2）．これを**ジュール熱**という．

例題 7.2

(7.4) 式，(1.4) 式，(7.5) 式に基づいて，(7.8) 式を導出せよ．

【解答】 (7.4) 式と $\boldsymbol{v}_{\mathrm{f}}$ との内積をとり，左辺を $m\frac{d\boldsymbol{v}_{\mathrm{f}}}{dt} \cdot \boldsymbol{v}_{\mathrm{f}} = \frac{d}{dt}\left(\frac{1}{2}m\boldsymbol{v}_{\mathrm{f}}^2\right)$ と書き換えると，

$$\frac{d}{dt}\left(\frac{1}{2}m\boldsymbol{v}_{\mathrm{f}}^2\right) = -e\boldsymbol{E} \cdot \boldsymbol{v}_{\mathrm{f}} - m\frac{\boldsymbol{v}_{\mathrm{f}}^2}{\tau}$$

が得られる．左辺は運動エネルギーの時間微分で，右辺第一項は単位時間に電場が電子にする仕事である．これら二項のみの式は，仕事が運動エネルギーを増減させるという力学的エネルギー保存則を表している．しかし，右辺第二項の抵抗力があると，運動エネルギーの増加はある段階で飽和し，その後の定常状態では，左辺がゼロとなる条件

$$n_{\mathrm{f}}S\ell(-eEv_{\mathrm{f}}) = n_{\mathrm{f}}S\ell\left(m\frac{v_{\mathrm{f}}^2}{\tau}\right)$$

が成立する．ただし，$\boldsymbol{E}$ と $\boldsymbol{v}_{\mathrm{f}}$ の方向が同じであるものとして，ベクトルの内積をスカラー量で置き換え，電子数 $n_{\mathrm{f}}S\ell$ を両辺に掛けた．この式の左辺は，電場による抵抗器内の自由電子への単位時間当りの仕事を表し，右辺は単位時間当りの熱エネルギー生成量である．この式に，電圧と電場の関係式 $V = E\ell$，(1.4) 式，および (7.5) 式からの関係式

$$E = \frac{V}{\ell}, \quad v_{\mathrm{f}} = \frac{j_{\mathrm{f}}}{-n_{\mathrm{f}}e} = \frac{I}{-n_{\mathrm{f}}eS}, \quad \frac{1}{\tau} = \frac{n_{\mathrm{f}}e^2}{m\sigma_0} = \frac{n_{\mathrm{f}}e^2S}{m\ell}R$$

を代入すると，

$$\begin{aligned} VI &= n_{\mathrm{f}}S\ell m\frac{I^2}{n_{\mathrm{f}}^2e^2S^2}\frac{n_{\mathrm{f}}e^2S}{m\ell}R \\ &= RI^2 \end{aligned}$$

が得られる．すなわち，抵抗器における単位時間当りの熱エネルギーの生成量が，(7.8) 式で与えられることがわかった．■

7.3　キルヒホフの法則

❶ キルヒホフの法則

回路を流れる電流は，**キルヒホフの法則**（1845 年）により理解できる．この法則は，次の二つの項目から成っている．

第一法則：　回路内の導線の接続点において，流入する電流の総和は流出する電流の総和に等しい．

第二法則：　回路内の任意の閉じた方向つき閉曲線において，起電力の総和は，抵抗などによる電圧降下の総和に等しい．

第一法則は，回路の接続点における電荷の保存則を表している．第二法則では，閉曲線の方向と逆向きの起電力や電圧降下は，負符号をつけて総和するものとする．

例題 7.3

図 7.1 のように，電圧 V の直流電源と 5 個の抵抗を導線でつないだ回路がある．抵抗値 R の抵抗を下向きに流れる電流の大きさ I を，5 個の抵抗値（R, R_1, R_2, R_3, R_4）と電圧 V を用いて表せ．ただし，5 個の抵抗はオームの法則 (7.1a) に従い，また，導線上での抵抗は無視できるものとする．

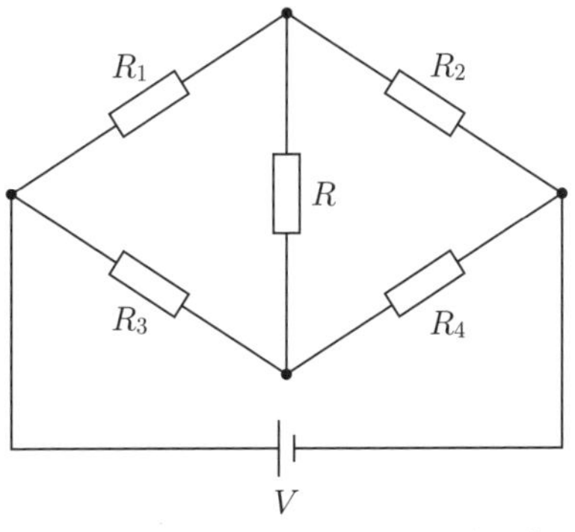

図 7.1　5 個の抵抗と直流電源からなる回路．線は導線を，黒丸は接続点を表す．

【解答】 R_1 と R_3 を右方向に流れる電流を，それぞれ I_1 と I_3 とすると，第一法則より，R_2 と R_4 を右方向に流れる電流が，それぞれ $I_1 - I$ および $I_3 + I$ と表せる．三つの未知変数 (I, I_1, I_3) を求めるための三つの方程式は，第二法則に基づいて書き下せる．まず，(R_1, R, R_3) の三つの抵抗を時計回りに回る閉曲線についての第二法則は，

$$I_1R_1 + IR - I_3R_3 = 0 \tag{7.9a}$$

と表せる．第二に，(R_2, R_4, R) の三つの抵抗を時計回りに回る閉曲線に関して，

$$(I_1 - I)R_2 - (I_3 + I)R_4 - IR = 0 \tag{7.9b}$$

が成立する．第三に，電源と (R_3, R_4) を時計回りに回る閉曲線についての第二法則が，左辺に電圧降下を，右辺に起電力を集めて，

$$I_3R_3 + (I_3 + I)R_4 = V \tag{7.9c}$$

と表せる．

(I_1, I_3) を未知変数とみなして (7.9a) 式と (7.9b) 式を解くと，

$$I_1 = \frac{R(R_3 + R_4) + R_3(R_2 + R_4)}{R_2R_3 - R_1R_4} I,$$
$$I_3 = \frac{R(R_1 + R_2) + R_1(R_2 + R_4)}{R_2R_3 - R_1R_4} I$$

が得られる．これらを (7.9c) 式に代入すると，I が

$$I = \frac{R_2R_3 - R_1R_4}{R(R_1 + R_2)(R_3 + R_4) + R_1R_3(R_2 + R_4) + R_2R_4(R_1 + R_3)} V$$

と求まる．■

特に，$R_2R_3 = R_1R_4$ が成立するとき，$I = 0$ となる．この関係は，未知の抵抗値の大きさを測定するのに用いることができる．例えば，R_1 と R_2 が既知の抵抗，R_4 が未知の抵抗の場合に，R_3 を可変抵抗にして，その値を $I = 0$ が成立するように調節すれば，$R_4 = \frac{R_2R_3}{R_1}$ により求める抵抗値が得られる．図 7.1 の回路を，考案者の名前をとって，**ホイートストンブリッジ**という．

7.4 RLC 回路

RLC 回路は，抵抗器 R，コイル L，コンデンサ C を接続した回路で，ある周波数帯の信号を選択的に取り出す，あるいは，発振回路として用いるなど，様々な目的に使われている．ここでは，図 7.2 のような電圧 V の交流電源を組み込んだ直列 RLC 回路を考察し，その電流電圧特性を明らかにする．

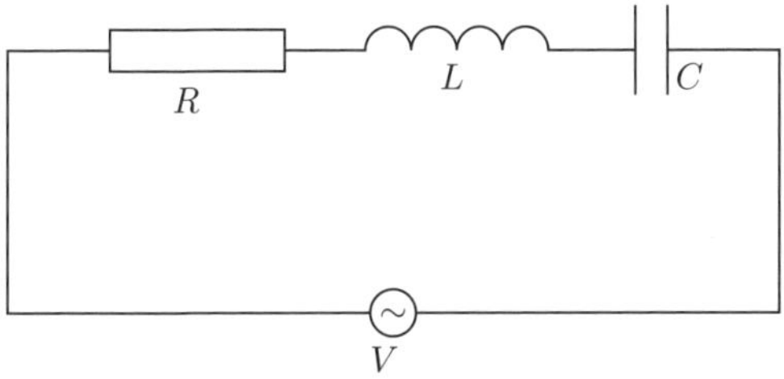

図 7.2　**交流電源 V を組み込んだ直列 RLC 回路**

❶ RLC 回路の電流電圧特性

抵抗値 R の抵抗を右向きに流れる電流を I とする．(7.1) 式を用い，この回路にキルヒホフの第二法則を時計回りに適用すると，

$$IR + \frac{Q}{C} = V - L\frac{dI}{dt} \tag{7.10}$$

が得られる．ただし，左辺には電圧降下を，右辺には起電力を集めた．(5.9) 式によると，電流 I は，コンデンサにたまった電荷 Q と

$$I = \frac{dQ}{dt} \tag{7.11}$$

の関係がある．これを (7.10) 式に代入すると，

$$L\frac{d^2Q}{dt^2} + R\frac{dQ}{dt} + \frac{1}{C}Q = V \tag{7.12}$$

という Q についての微分方程式が得られる．

ここでは，電源の電圧が，振幅 $V_0 > 0$ と角振動数 $\omega > 0$ を用いて，

$$V(t) = V_0 \sin \omega t \tag{7.13}$$

と表せる場合を考察する．この形の起電力は，一様磁場中で，コイルを角速度 $\omega > 0$

で回転することで得られる（(5.4) 式参照）．対応する (7.12) 式の解を，未知の振幅 $Q_0 > 0$ と位相 α を用いた形

$$Q(t) = -Q_0 \cos(\omega t - \alpha) \tag{7.14}$$

に選ぶ．わざわざこの形にしたのは，(7.11) 式により得られる電流を，電圧と同じ正弦波で位相遅れを持つ形にするためである．実際，(7.14) 式を (7.12) 式に代入して Q_0 と α を決定し，それらを用いた (7.14) 式を (7.11) 式に代入すると，電流が

$$I(t) = I_0 \sin(\omega t - \alpha_0) \tag{7.15}$$

の形に得られ，その振幅と位相が

$$I_0 = \frac{V_0}{\sqrt{R^2 + \left(\omega L - \frac{1}{\omega C}\right)^2}}, \tag{7.16a}$$

$$\alpha_0 = \arctan \frac{\omega L - \frac{1}{\omega C}}{R} \tag{7.16b}$$

と表せることがわかる（例題 7.4）．

例題 7.4

(7.13) 式と (7.14) 式を (7.12) 式に代入して Q_0 と α を決定し，(7.11) 式を用いて電流の表式 (7.15) を導出せよ．

【解答】 (7.14) 式を (7.12) 式に代入すると，左辺は，三角関数の合成則を用いて，

$$\begin{aligned} &\omega R Q_0 \sin(\omega t - \alpha) + \left(\omega^2 L - \frac{1}{C}\right) Q_0 \cos(\omega t - \alpha) \\ &= \omega Q_0 \sqrt{R^2 + \left(\omega L - \frac{1}{\omega C}\right)^2} \sin(\omega t - \alpha + \alpha_0) \end{aligned} \tag{7.17}$$

と変形できる．ただし α_0 は (7.16b) 式で定義されている．(7.17) 式と (7.13) 式を等号で結ぶことで，振動する電荷 Q の振幅 Q_0 と位相 α が，

$$Q_0 = \frac{V_0}{\omega\sqrt{R^2 + \left(\omega L - \frac{1}{\omega C}\right)^2}}, \quad \alpha = \alpha_0 \tag{7.18}$$

と得られる．(7.18) 式を代入した電荷 (7.14) に対応する電流は，(7.11) 式より，(7.15) 式のように求まる．■

振幅 (7.16a) は

$$\omega_0 = \frac{1}{\sqrt{LC}} \tag{7.19}$$

の所にピークを持つ．ピーク値は $R \to 0$ で発散するので，抵抗値 R を小さく選んで発振回路として用いることができる．また，R を調整することで，ある ω_0 周りの角振動数を選択的に取り出すことも可能になる．

最後に，(7.12) 式の数学的側面についてコメントする．微分方程式論では，この形の方程式を「定数係数 2 階常微分方程式」，右辺の V を「**非斉次項**」と呼んでいる．その解は，V をゼロと置いた場合の「**一般解**」に，V が有限の場合の「**特解**」を一つ付け加えた形に求まることが知られている．(7.12) 式の一般解は，電源のスイッチを入れたり切ったりしたときの過渡応答を記述するのに必要となる．しかしその効果は，抵抗 R による「散逸」により，短い時間で消えることを確認できる（演習問題 7.3）．従って，上記の議論では，特解のみを扱った．

❷複素インピーダンス

(7.13) 式を非斉次項とする (7.12) 式の特解は，複素数を用いることで，より簡潔に求めることができる．オイラーの公式 (5.26) によると，(7.13) 式は

$$V(t) \equiv V_0\, e^{i\omega t} \tag{7.20}$$

の虚部である．これより，まず (7.20) 式を右辺に持つ (7.12) 式を解き，次にその解の虚部をとることで，非斉次項が (7.13) 式の場合の解が得られることがわかる．第一段階の解の形としては，(7.20) 式と同じ形

$$Q(t) = Q_0\, e^{i\omega t} \tag{7.21}$$

を採用する．ただし，係数 Q_0 は複素数とする．この解法の利点は，求める関数が指数関数の形となっているので，微分が容易に実行できる点にある．実際に，(7.20) 式と (7.21) 式を (7.12) 式に代入すると，微分演算子 $\frac{d}{dt}$ が未知定数 $i\omega$ へと置き換わり，代数方程式

$$\left\{(i\omega)^2 L + i\omega R + \frac{1}{C}\right\} Q_0 = V_0 \tag{7.22}$$

を得る．その両辺に $e^{i\omega t}$ を掛けると，Q が

$$Q = \frac{V}{i\omega R - \omega^2 L + \frac{1}{C}} \tag{7.23}$$

と求まる．この式に (7.20) 式を代入して (7.11) 式の微分を実行すると，複素数に拡張した電流が，

$$I = \frac{V}{R + i\left(\omega L - \frac{1}{\omega C}\right)} \tag{7.24}$$

と得られる．(7.24) 式の虚部をとると，(7.15) 式が再現される．抵抗の概念を拡張した角振動数の複素関数

$$Z \equiv \frac{V}{I} = R + i\left(\omega L - \frac{1}{\omega C}\right) \tag{7.25}$$

を，（直列 RLC 回路の）**複素インピーダンス**，その虚部を**リアクタンス**という．複素インピーダンスは，電気回路の理論や設計において，標準的に用いられている．実際，コイルとコンデンサの “抵抗” を，それぞれ

$$Z_{\mathrm{L}} \equiv i\omega L, \quad Z_{\mathrm{C}} \equiv \frac{1}{i\omega C} \tag{7.26}$$

で定義すると，直列 RLC 回路の “全抵抗” である (7.25) 式は，

$$Z = R + Z_{\mathrm{L}} + Z_{\mathrm{C}} \tag{7.27}$$

と表せ，三つの抵抗器からなる直列回路の全抵抗と同じ関係が成立していることがわかる．この主張は一般的に成立する．そしてこの点が，電気回路理論で複素インピーダンスを用いる大きな利点となっている．すなわち，抵抗器のみで構成された回路の知識から，その素子を入れ替えた交流回路の電流応答が，容易に計算できるのである．章末の演習問題 7.2 も参照されたい．

7.5 超伝導電流

❶超伝導電流とアンペールの法則

水銀やアルミニウム，また銅酸化物など，金属や化合物を冷やすことで発現する**超伝導**状態は，量子力学に従う巨視的波動関数の出現により特徴づけられ，電気抵抗なしに電流を流し続けることが可能である．これは，電流密度の表式が，通常の金属とは異なるものになるためである．さらに，磁場に対して特異な応答をすることが知られている．

超伝導状態の波動関数は，複素数のスカラー場で，振幅 $|\Psi|$ と位相 χ を用いて，$\Psi = |\Psi| \, e^{i\chi}$ と表すことができる．その電流密度は，最も表現が単純になる**ロンドン型超伝導体**の場合，自由電子の (1.4) 式と同じ形

$$\boldsymbol{j}_{\mathrm{s}} = -en_{\mathrm{s}}\boldsymbol{v}_{\mathrm{s}} \tag{7.28}$$

に表すことができる．ここで n_{s} は超伝導電子密度，$\boldsymbol{v}_{\mathrm{s}}$ は超伝導電子の速度である．金属状態と大きく異なるのは $\boldsymbol{v}_{\mathrm{s}}$ の表式で，電場に比例する (7.6) 式のかわりに，波動関数の位相 χ とベクトルポテンシャル $\boldsymbol{A}$ を用いた式

$$\boldsymbol{v}_{\mathrm{s}} = \frac{\hbar\boldsymbol{\nabla}\chi + 2e\boldsymbol{A}}{2m} \tag{7.29}$$

で表すことができる．ただし $\hbar$ は，**国際単位系**の定義値の一つである**プランク定数**

$$h \equiv 6.62607015 \times 10^{-34}\ \mathrm{J \cdot s} \tag{7.30}$$

を用いて $\hbar = \frac{h}{2\pi}$ で定義され，また，m は電子の質量である．(7.29) 式を用いた電流密度 (7.28) を，アンペールの法則 (4.1) の右辺に代入すると，

$$\boldsymbol{\nabla} \times \boldsymbol{B} = -\mu_0 e n_{\mathrm{s}} \frac{\hbar\boldsymbol{\nabla}\chi + 2e\boldsymbol{A}}{2m} \tag{7.31}$$

が得られる．

電流密度の表式にベクトルポテンシャルがあるため，このアンペールの法則は，超伝導体に，金属とは全く異なる磁場応答をもたらす．具体的に，(7.31) 式に $\mathrm{rot} \equiv \boldsymbol{\nabla}\times$ を作用すると，

$$\boldsymbol{\nabla} \times (\boldsymbol{\nabla} \times \boldsymbol{B}) = -\mu_0 e n_{\mathrm{s}} \frac{\hbar\boldsymbol{\nabla} \times (\boldsymbol{\nabla}\chi) + 2e\boldsymbol{B}}{2m} \tag{7.32}$$

となる．ただし (4.8) 式を用いた．その左辺は，(6.4a) 式と同様に変形して (1.5b) 式を代入し，右辺では (2.40) 式を用いる．すると，**ロンドン方程式**

$$-\nabla^2 \boldsymbol{B} = -\frac{1}{\lambda_{\mathrm{L}}^2}\boldsymbol{B}, \quad \lambda_{\mathrm{L}} \equiv \left(\frac{\mu_0 e^2 n_{\mathrm{s}}}{m}\right)^{-\frac{1}{2}} \tag{7.33}$$

が得られる．右辺の λ_{L} は長さの次元を持ち，**ロンドンの磁場侵入長**と呼ばれている．その典型的な値は 10^{-6} m で，格子定数の長さのスケール 10^{-10} m よりははるかに長いが，日常的なスケール 1 m からは無視できる長さである．このように，磁場の方程式に，特徴的な長さのスケール λ_{L} が現れた．

❷ マイスナー効果

方程式 (7.33) を解いて，超伝導体から磁場が排斥される**マイスナー効果**が起こることを確かめよう．具体例として，$x < 0$ の真空領域に一様な磁束密度 B_0 が z 方向に掛けられ，$x \geq 0$ を超伝導体が占めている場合を考える．超伝導体内の磁束密度は，対称性から，$\boldsymbol{B}(\boldsymbol{r}) = (0, 0, B(x))$ と表せるであろう．その場合の (7.33) 式は，

$$\frac{d^2 B(x)}{dx^2} = \frac{1}{\lambda_{\mathrm{L}}^2} B(x)$$

に簡略化される．この方程式の一般解は，5.3 節❸の方法によって求めることができ，定数 C_1 と C_2 を用いて

$$B(x) = C_1\, e^{-\frac{x}{\lambda_{\mathrm{L}}}} + C_2\, e^{\frac{x}{\lambda_{\mathrm{L}}}}$$

と表せる．$x = 0$ での磁束密度の連続性から，条件 $B(0) = C_1 + C_2 = B_0$ が出る．また，$x \to \infty$ でも磁場が有限であるとする物理的条件を置くと，$C_2 = 0$ が結論づけられる．従って，方程式の解が，

$$B(x) = B_0\, e^{-\frac{x}{\lambda_{\mathrm{L}}}} \tag{7.34}$$

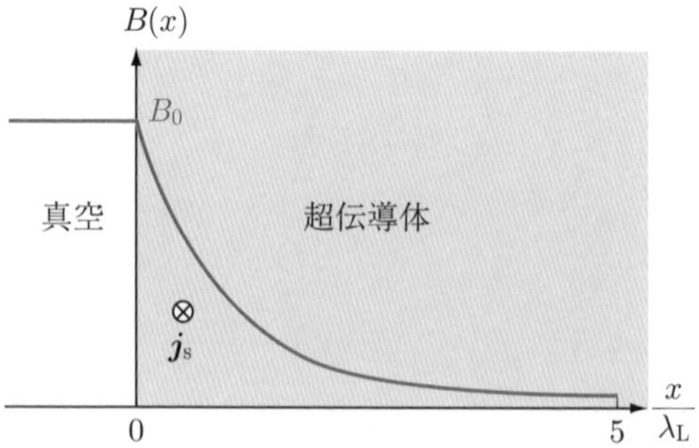

図 7.3　超伝導体表面近傍での磁束密度

と求まる．このように，磁場は，表面から λ_{L} 程度の距離で減衰し，超伝導体内部には侵入できない．対応する超伝導電流は，アンペールの法則 (4.1) より，$\boldsymbol{j}_{\mathrm{s}}(\boldsymbol{r}) = \left(0, \frac{B(x)}{\mu_0 \lambda_{\mathrm{L}}}, 0\right)$ と表され，やはり表面近傍のみを y 方向に流れることがわかる（図 7.3 参照）．このマイスナー効果は，超伝導体が，外部磁場に対して，体系内での磁場エネルギーと運動エネルギーを共に低くするように応答したものとして理解できる．

❸磁束量子化

次に，ドーナツ形の超伝導体を考え，中心の空洞部に弱い磁場が存在する場合を考える（図 7.4）．円環の内径 R_1 と外径 R_2 の差が $R_2 - R_1 \gg \lambda_{\mathrm{L}}$ を満たす場合には，マイスナー効果から，磁場は円環の奥深くには侵入できない．その領域にある閉曲線 C に沿ってアンペールの法則 (7.31) を線積分すると，左辺は $\boldsymbol{B} = \boldsymbol{0}$ よりゼロとなる．残る右辺の積分は，ストークスの定理 (2.29)，波動関数の一価性，および (4.8) 式を用いて，次のように変形できる．

$$
\begin{aligned}
0 &= \oint_C \left(\boldsymbol{\nabla}\chi + \frac{2e}{\hbar}\boldsymbol{A}\right) \cdot d\boldsymbol{r} \\
&= \oint_C \boldsymbol{\nabla}\chi \cdot d\boldsymbol{r} + \frac{2e}{\hbar}\int_S (\boldsymbol{\nabla} \times \boldsymbol{A}) \cdot \boldsymbol{n}\, dS \\
&= -2\pi\nu + \frac{2e}{\hbar}\int_S \boldsymbol{B} \cdot \boldsymbol{n}\, dS \\
&= -2\pi\nu + \frac{2e}{\hbar}\Phi.
\end{aligned}
\tag{7.35}
$$

ただし，Φ は，積分路 C 内の全磁束で，実質的に中空内に閉じ込められている全磁束である．また，$-2\pi\nu$ は，勾配 $\boldsymbol{\nabla}\chi$ の一周積分による積分定数であり，波動関数の一

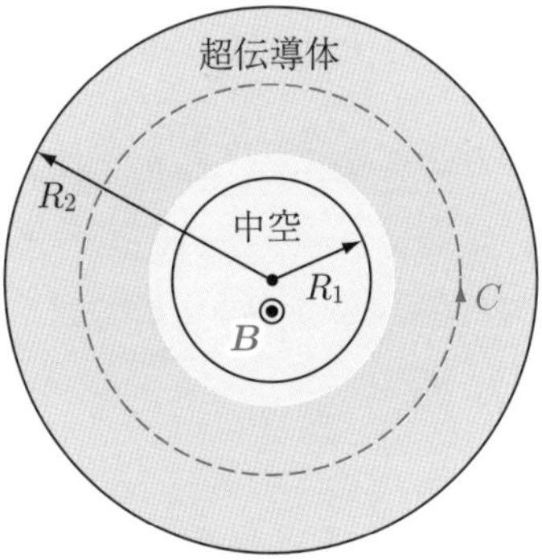

図 7.4　中空に弱い磁場のあるドーナツ形の超伝導体

価性により，ν は整数とならなければならないことが結論づけられる．これより，中空内の全磁束が，

$$\Phi_0 \equiv \frac{h}{2e} = 2.068 \times 10^{-15}\,\mathrm{Wb} \tag{7.36}$$

で定義される**磁束量子**を基本単位として，

$$\Phi = \Phi_0 \nu \quad (\nu = 0, \pm 1, \pm 2, \cdots) \tag{7.37}$$

と量子化されることがわかる．これを**磁束の量子化**という．ちなみに，(7.36) 式の分母の $2e$ は，超伝導状態にある電子が，2 個ずつ束縛状態を作って運動することを表している．この束縛状態を**クーパー対**という．

上で述べた磁束の量子化は，超伝導体の外部に捕捉された磁束に関するものであった．一方，**第二種超伝導体**と呼ばれる一群では，磁束量子が超伝導体内部に侵入できることがわかっている．しかし，標準的なロンドン方程式 (7.33) では，この可能性が排除されている．それを取り込むためには，ベクトル解析の "恒等式" (2.40) を修正し，

$$\boldsymbol{\nabla} \times (\boldsymbol{\nabla} \chi) = 2\pi\nu \boldsymbol{e}_z \delta^2(\boldsymbol{r} - \boldsymbol{r}_0) \tag{7.38}$$

で置き換える必要がある．ここで，$\boldsymbol{e}_z$ は z 軸方向（= 磁場方向）の単位ベクトル，また，$\delta^2(\boldsymbol{r}) \equiv \delta(x)\delta(y)$ は 2 次元のデルタ関数である．さらに，$\boldsymbol{r}_0$ は分岐点と呼ばれる $\chi(\boldsymbol{r})$ の特異点で，xy 平面上で $\boldsymbol{r}_0$ の周りに反時計回りに一周すると，$\chi(\boldsymbol{r})$ が $2\pi\nu$ だけ変化する．より具体的には，$\boldsymbol{r}_0$ 近傍で

$$\chi(\boldsymbol{r}) = \nu \arctan \frac{y - y_0}{x - x_0}$$

と表せる．(7.38) 式が正しいことを見るには，$\boldsymbol{e}_z$ とのスカラー積をとった後，$\boldsymbol{r}_0$ を含む xy 平面内の任意の領域 R について面積分を実行し，左辺をストークスの定理 (2.29) を用いて書き換えれば良い．(7.38) 式を (7.32) 式に代入すると，拡張ロンドン方程式

$$-\lambda_{\mathrm{L}}^2 \nabla^2 \boldsymbol{B}(\boldsymbol{r}) + \boldsymbol{B}(\boldsymbol{r}) = -\nu \Phi_0 \boldsymbol{e}_z \delta^2(\boldsymbol{r} - \boldsymbol{r}_0) \tag{7.39}$$

が得られる．この方程式は，$\boldsymbol{r} = \boldsymbol{r}_0$ に特異点を持つが，そこでは $\Psi(\boldsymbol{r})$ の振幅がゼロとなり，$\Psi(\boldsymbol{r})$ は特異性を持たないことを指摘しておく．

演習問題

7.1 x 軸上に長さ ℓ の抵抗器が置かれ，その両端に電圧が掛けられて抵抗器内の $+x$ 方向に電場が生じている．また，$+z$ 方向には，一様な磁束密度 $\boldsymbol{B}=(0,0,B)$ の磁場が掛けられている．(7.4) 式にローレンツ力 (1.9) の磁場成分を加えた運動方程式

$$m\frac{d\boldsymbol{v}_{\mathrm{f}}}{dt}=-e(\boldsymbol{E}+\boldsymbol{v}_{\mathrm{f}}\times\boldsymbol{B})-m\frac{\boldsymbol{v}_{\mathrm{f}}}{\tau} \tag{7.40}$$

に基づき，定常状態での電場 $\boldsymbol{E}$ を電流密度 (1.4) の関数として求めよ．

7.2 下図のような並列 RLC 回路を考察する．R は抵抗器の抵抗値，L はコイルの自己インダクタンス，C はコンデンサの静電容量を表し，また，時刻 t における交流電源の電圧 V は，定数 V_0 と角振動数 $\omega>0$ を用いて，$V=V_0\,e^{i\omega t}$ と表せるものとする．この回路の複素インピーダンスを求めよ．

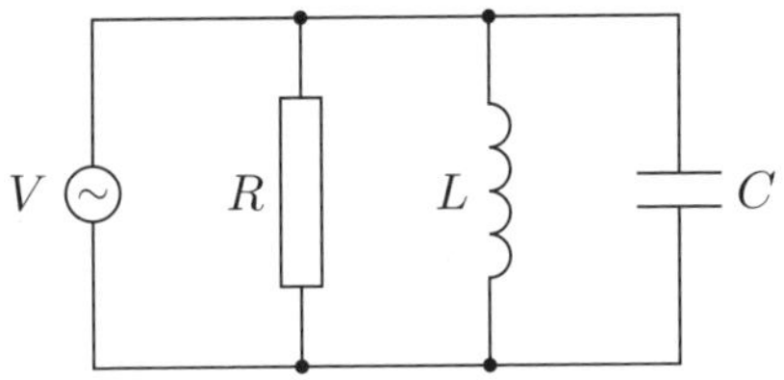

7.3 5.3 節❸の解法を用いて，非斉次項 (7.13) を持つ微分方程式 (7.12) に関する以下の問いに答えよ．

(1) $V=0$ の場合の解を二つの積分定数を用いて表せ．

(2) V が (7.13) 式の場合の解 $Q(t)$ と電流 $I(t)$ の表式を書き下せ．ただし，例題 7.4 の結果を既知とする．

(3) 初期条件として，「時刻 $t=0$ におけるコンデンサの電荷と回路を流れる電流が共にゼロ」という条件を採用する．対応する電流 $I(t)$ の表式を書き下せ．

(4) (3) の解が $t\to\infty$ で (7.15) 式となることを示せ．

第8章 物質中の電磁気学

本章では，固体内や液体内など，物質中の電磁場について考察する．外から電場もしくは磁場が掛けられたとき，物質内では，電気双極子モーメントもしくは磁気双極子モーメントが，外場の方向に沿って作り出されたり揃ったりする．「分極」と呼ばれるこのモーメントの整列は，新たな電磁場を作り出し，元の電磁場を変化させる．その記述を簡便に行うために，電束密度 $\boldsymbol{D}$ と磁場 $\boldsymbol{H}$ という二つの補助的ベクトル場を導入し，分極の効果を誘電率と透磁率に繰り込む作業を行う．この繰り込みにより得られる現象論的なマクスウェル方程式を提示し，異なる物質の境界面での接続条件を導出する．また，分極を用いて，コンデンサやコイルの性能を高めることができることを示す．

8.1 物質の分極

❶電気分極

電場を掛けた場合の物質の応答には，大きく分けて2種類ある．一つは，金属などの**自由電子**（free electrons）の応答で，電場の影響を受けて加速され，(7.4) 式のような運動方程式に従って運動する．しかし，自由電子は，構成原子の最外殻電子など，金属を構成する電子のごく一部のみから構成されている．また，絶縁体など，自由電子の全く存在しない物質も多数存在する．つまり，金属中の内殻電子や絶縁体中の電子など，自由に動けない電子が，自然界にある物質中の大部分を占めているのである．自由電子以外の電子は，しばしば，**束縛電子**（bound electrons）の名で呼ばれている．

しかし，自由電子以外の電子が電場に全く反応しないかというと，そうではない．具体的には，電場による力を受けてその安定位置が移動し，元の位置付近に負電荷の欠損から生じる正の帯電を残す．この正負電荷の偏りは，**電気双極子モーメント**として働き，(3.21) 式の双極子電場を遠方に作り出す．また，水分子 H_2O のように，分子に折れ曲がりがあって，元々，個々の分子内に正負電荷の偏り，すなわち電気双極子モーメントがある場合には，電場が掛かることで，それら多数の電気双極子モーメントの向きが揃い，より大きな双極子電場を生成する．このように，電場方向に電荷の偏りが生じることを，**電気分極**あるいは**誘電分極**という（図 8.1 参照）．電気分極は，多くの場合，電場下でのみ生じる副次的な効果である．

以上の事実に基づき，物質内の電場を，次のように記述することにする．まず，ガウスの法則 (1.5a) における右辺の電荷密度を，自由電荷密度 ρ_{f} と束縛電荷密度 ρ_{b} の和として，

$$\rho = \rho_{\mathrm{f}} + \rho_{\mathrm{b}} \tag{8.1}$$

と表す．ρ_{f} には，帯電が生じた場合のように，外から持ち込まれた電荷の寄与も含まれる．一方 ρ_{b} は，電気的中性条件から，大きな領域で積分するとゼロになることで特徴づけられる．次に，(8.1) 式の分割を用いて，**電束密度 $\boldsymbol{D}$** と**分極ベクトル $\boldsymbol{P}$** を，

$$\mathrm{div}\,\boldsymbol{D} = \rho_{\mathrm{f}}, \tag{8.2a}$$

$$\mathrm{div}\,\boldsymbol{P} = -\rho_{\mathrm{b}} \tag{8.2b}$$

で定義する．これら二式の差をとって右辺に (8.1) 式を代入し，ガウスの法則 (1.5a) と比較すると，$\boldsymbol{D}$ と $\boldsymbol{P}$ の間に

$$\boldsymbol{D} - \boldsymbol{P} = \varepsilon_0 \boldsymbol{E} \tag{8.3}$$

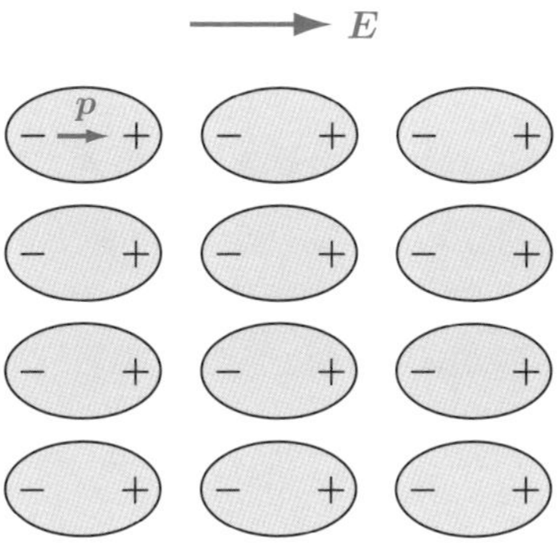

図 8.1　電気分極

の関係があることがわかる．ここで，物理的条件「$\boldsymbol{E} = \boldsymbol{0}$ で $\boldsymbol{D} = \boldsymbol{P} = \boldsymbol{0}$」を採用して div を積分した．さて，実験によると，分極ベクトル $\boldsymbol{P}$ は，多くの場合，電場 $\boldsymbol{E}$ と

$$\boldsymbol{P} = \chi_{\mathrm{e}} \varepsilon_0 \boldsymbol{E} \tag{8.4}$$

の比例関係にある．比例係数 χ_{e} を**電気感受率**という．(8.4) 式を (8.3) 式に代入すると，電束密度 $\boldsymbol{D}$ が，比例定数

$$\varepsilon \equiv (1 + \chi_{\mathrm{e}}) \varepsilon_0 \tag{8.5}$$

と電場 $\boldsymbol{E}$ を用いて，

$$\boldsymbol{D} = \varepsilon \boldsymbol{E} \tag{8.6}$$

と表せる．この ε を**誘電率**という．表 8.1 には，実験で得られたいくつかの物質の**比誘電率** $\frac{\varepsilon}{\varepsilon_0}$ を示した．水やチタン酸バリウム $\mathrm{BaTiO_3}$ のように，誘電率の値が温度によって大きく変わる物質も多い．また，電磁波のように電場が時間変化するときには，次章の 9.2 節❶で見るように，その角振動数にも依存して値が変化する．大きな誘電率を持つ $\mathrm{BaTiO_3}$ は，コンデンサなどに広く用いられている．

表 8.1 いくつかの物質の比誘電率 $\frac{\varepsilon}{\varepsilon_0}$ の値 [3]

物質	空気	水（20°C, 100°C）	ガラス	$\mathrm{BaTiO_3}$（20°C〜120°C）
$\frac{\varepsilon}{\varepsilon_0}$	1.00	80.2, 55.5	3.7〜10	1200〜10000

上記の変形の要点をまとめると，次のようになる．束縛電荷に関する (8.2b) 式は，原理的には積分可能である．しかし，それよりも，(8.4) 式の比例係数を実験で求め，自由電荷のみの (8.2a) 式を考察する方が，はるかに効率的かつ実際的である．すなわち，(8.2b) 式を解く手間を省き，(8.5) 式についての実験結果で代用しようというのである．

❷ 磁気分極

磁場は主に電流によって作られるが，その電流も 2 種類に大別できる．一つは金属などの自由電子の作る電流である．この電流は，電気回路に流すことで，夜に街を明るくする，ストーブで部屋を暖める，磁場を作り出す，電気分解による化学反応に使用するなど，様々な目的に用いることができる．この使える電流は，しばしば**自由電流**と呼ばれる．一方，物質内には，原子核に束縛された内殻電子の作る軌道電流や，電子の内部自由度であるスピンなど，使える電流としては取り出せない電流も存在し，**束縛電流**とも呼ばれている．束縛電流は，(4.23) 式で表される**磁気双極子モーメント**として働き，遠方で (4.22b) 式の磁束密度を作り出す．物質内におけるこの束縛電流の集まりは，磁場が掛かることで向きが揃い，有限の双極子磁場を生成する．このように，磁場方向に磁気双極子モーメントの偏りが生じることを，**磁気分極**あるいは**磁化**という（図 8.2 参照）．磁気分極は，多くの場合，磁場下でのみ生じる副次的な効果である．

以上の事実に基づき，物質内の磁場を，次のように記述することにする．まず，アンペール–マクスウェルの法則 (1.5d) に現れる電流密度を，自由電子による電流密度 $\boldsymbol{j}_{\mathrm{f}}$ と束縛電流による寄与 $\boldsymbol{j}_{\mathrm{b}}$ の和として，

$$\boldsymbol{j} = \boldsymbol{j}_{\mathrm{f}} + \boldsymbol{j}_{\mathrm{b}} \tag{8.7}$$

と表す．次に，(8.7) 式の分割を用いて，**磁場** $\boldsymbol{H}$ と**磁化** $\boldsymbol{M}$ を，

$$\mathrm{rot}\,\boldsymbol{H} = \boldsymbol{j}_{\mathrm{f}} + \frac{\partial \boldsymbol{D}}{\partial t}, \tag{8.8a}$$

$$\mathrm{rot}\,\boldsymbol{M} = \boldsymbol{j}_{\mathrm{b}} - \frac{\partial \boldsymbol{P}}{\partial t} \tag{8.8b}$$

により定義する．これら二式の和をとって右辺に (8.3) 式と (8.7) 式を代入し，

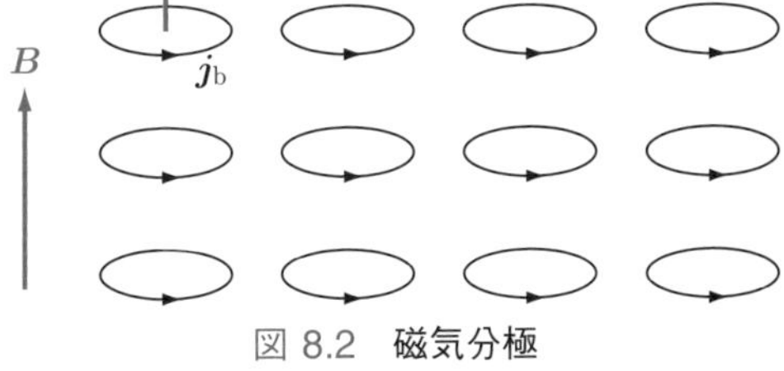

図 8.2　磁気分極

アンペール–マクスウェルの法則 (1.5d) と比較すると，$\boldsymbol{H}$ と $\boldsymbol{M}$ の間に

$$\boldsymbol{H}+\boldsymbol{M}=\frac{1}{\mu_0}\boldsymbol{B} \tag{8.9}$$

の関係があることがわかる．ここで，物理的条件「$\boldsymbol{B}=\boldsymbol{0}$ で $\boldsymbol{H}=\boldsymbol{M}=\boldsymbol{0}$」を採用して rot を積分した．さて，実験によると，磁化 $\boldsymbol{M}$ は，多くの場合，磁場 $\boldsymbol{H}$ と

$$\boldsymbol{M}=\chi_{\mathrm{m}}\boldsymbol{H} \tag{8.10}$$

の比例関係にある．比例係数 χ_{m} を**磁化率**という．(8.10) 式を (8.9) 式に代入すると，磁場 $\boldsymbol{H}$ が，比例定数

$$\mu\equiv(1+\chi_{\mathrm{m}})\mu_0 \tag{8.11}$$

と磁束密度 $\boldsymbol{B}$ を用いて，

$$\boldsymbol{H}=\frac{1}{\mu}\boldsymbol{B} \tag{8.12}$$

と表せる．この μ を**透磁率**という．表 8.2 に，実験で得られたいくつかの物質の**比透磁率** $\frac{\mu}{\mu_0}$ を示した．透磁率は，多くの物質で

$$\mu\approx\mu_0$$

と近似できる．しかし，鉄やニッケルなどのように，$\frac{\mu}{\mu_0}$ が極めて大きな値を持つ場合もある．一方，超伝導体では，7.5 節❷で議論したマイスナー効果のため，磁束密度が超伝導体内に侵入できず $\mu=0$ となる．

上記の変形の要点をまとめると，次のようになる．束縛電流に関する (8.8b) 式は，原理的には積分可能である．しかし，それよりも，(8.10) 式の比例係数を実験で求め，自由電流のみの式 (8.8a) を考察する方が，はるかに効率的かつ実際的である．すなわち，(8.8b) 式を解く手間を省き，(8.11) 式についての実験結果で代用しようというのである．

表 8.2　いくつかの物質の比透磁率 $\frac{\mu}{\mu_0}$ の値 [4]

物質	空気	水	銅	鉄	ニッケル	超伝導体
$\frac{\mu}{\mu_0}$	1.00	1.00	1.00	200000	100〜600	0

最後に，(8.8a) 式で導入された磁場 $\boldsymbol{H}$ の物理的意味を説明しておく．その生成源は，右辺の自由電流密度 $\boldsymbol{j}_\mathrm{f}$ で，より具体的には，磁場を物質に掛けるための外部電流である．例えば 4.3 節❹で扱ったヘルムホルツコイルに流す電流がそれで，その場合の物質は，図 4.3 の点 O に置かれる．これより，$\frac{\boldsymbol{H}}{\mu_0}$ は，外部電流が，物質を取り除いた位置に作る仮想的な磁束密度と見なすことができる．一方，物質が置かれている場合の真の磁束密度 $\boldsymbol{B}$ には，外部電流による寄与 $\frac{\boldsymbol{H}}{\mu_0}$ に加えて，分極した物質内の束縛電流による寄与が付け加わる．(8.10) 式の χ_m が $\boldsymbol{H}$ を用いて定義されているのも，$\boldsymbol{H}$ が外部電流によって制御できるからであり，物質の応答分も含まれる $\boldsymbol{B}$ は，制御変数として採用しづらいのである．

コラム　**線形近似**

(8.4) 式では誘起された分極ベクトル $\boldsymbol{P}$ が電場 $\boldsymbol{E}$ に比例し，(8.10) 式では誘起された磁化 $\boldsymbol{M}$ が磁場 $\boldsymbol{H}$ に比例するとされている．このような扱いを線形近似といい，電場 $\boldsymbol{E}$ や磁場 $\boldsymbol{H}$ が弱い場合には，一般に良い精度で成立する．しかし，物質にレーザー光を照射した場合のように，強い電場や磁場が物質に掛けられた場合には，線形近似は成り立たないことも多い．また，$\boldsymbol{P}$ や $\boldsymbol{M}$ が自発的に出現する強誘電体や強磁性体と呼ばれる物質群に対しても，(8.4) 式や (8.10) 式はそのままでは適用できない．このように，(8.4) 式や (8.10) 式には適用限界があり，それらを拡張する研究が現在も活発に行われている．従って，(8.4) 式や (8.10) 式に基づいて導出される以下の現象論的マクスウェル方程式 (8.14) についても，同じ適用限界があることになる．このことはしっかりと認識しておくべきである．

8.2 現象論的マクスウェル方程式

8.1 節の結果をまとめ，対応する物質中のマクスウェル方程式を書き下そう．新たな補助場 $\boldsymbol{D}$ と $\boldsymbol{H}$ を，

$$\boldsymbol{D} = \varepsilon \boldsymbol{E}, \tag{8.13a}$$

$$\boldsymbol{H} = \frac{1}{\mu} \boldsymbol{B} \tag{8.13b}$$

により導入する．比例定数 ε と μ は，それぞれ**誘電率**および**透磁率**と呼ばれ，表 8.1 と表 8.2 のように，物質ごとに固有の値を持ち，実験からその値を引き出すことができる現象論的パラメータである．これらを用いると，マクスウェル方程式中の (1.5a) 式と (1.5d) 式を，それぞれ，(8.2a) 式と (8.8a) 式で置き換えることが可能になる．すなわち，マクスウェル方程式が，全ての電荷・電流を用いた (1.5) 式から，自由電荷 ρ_{f} と自由電流 $\boldsymbol{j}_{\mathrm{f}}$ のみを源とする現象論的方程式

現象論的マクスウェル方程式 指 南

$$\mathrm{div}\, \boldsymbol{D} = \rho_{\mathrm{f}}, \tag{8.14a}$$

$$\mathrm{div}\, \boldsymbol{B} = 0, \tag{8.14b}$$

$$\mathrm{rot}\, \boldsymbol{E} = -\frac{\partial \boldsymbol{B}}{\partial t}, \tag{8.14c}$$

$$\mathrm{rot}\, \boldsymbol{H} = \boldsymbol{j}_{\mathrm{f}} + \frac{\partial \boldsymbol{D}}{\partial t} \tag{8.14d}$$

へと簡略化される．(8.13) 式で導入した $\boldsymbol{D}$ と $\boldsymbol{H}$ は，あくまで，物質中の電磁場を効率的に記述するための補助場にすぎず，物理的に実在するのは $\boldsymbol{E}$ と $\boldsymbol{B}$ であることを強調しておく．

空気と水のように，異なる物質 1 と 2 が接しているとき，境界面での電磁場の接続条件は，次のように求められる．境界面で，湧き出し法則である (8.14a) と (8.14b) にガウスの定理 (2.21) を，また渦法則である (8.14c) 式と (8.14d) 式にストークスの定理 (2.29) を適用すると，境界条件が，

$$(\boldsymbol{D}_1 - \boldsymbol{D}_2) \cdot \boldsymbol{n}_1 = \sigma, \tag{8.15a}$$

$$(\boldsymbol{B}_1 - \boldsymbol{B}_2) \cdot \boldsymbol{n}_1 = 0, \tag{8.15b}$$

$$(\boldsymbol{E}_1 - \boldsymbol{E}_2) \cdot \boldsymbol{t}_1 = 0, \tag{8.15c}$$

$$(\boldsymbol{H}_1 - \boldsymbol{H}_2) \cdot \boldsymbol{t}_1 = j_\sigma \tag{8.15d}$$

と得られる（例題 8.1）．ここで，$\boldsymbol{n}_1$ と $\boldsymbol{t}_1$ は，それぞれ，境界面から領域 1 への単位法線ベクトル，および，領域 1 における境界面に平行な単位ベクトルを表し，また，σ と j_σ は，それぞれ，表面電荷密度と表面電流密度である．

例題 8.1

(8.14) 式に基づき (8.15) 式を証明し，σ と j_σ の表式を書き下せ．

【解答】 (8.14a) 式を，図 8.3(a) のような底面積 $S_{\rm b}$，厚さ $\ell_{\rm n}$ の境界面をまたぐ円柱領域で体積積分する．その左辺は，ガウスの定理 (2.21) により面積分に変換でき，

$$\int_S \boldsymbol{D} \cdot \boldsymbol{n}\, dS = \int_V \rho_{\rm f}\, d^3 r$$

を得る．さらにこの左辺は，$\ell_{\rm n} \to 0$ の極限で

$$(\boldsymbol{D}_1 \cdot \boldsymbol{n}_1 + \boldsymbol{D}_2 \cdot \boldsymbol{n}_2) S_{\rm b} = (\boldsymbol{D}_1 - \boldsymbol{D}_2) \cdot \boldsymbol{n}_1 S_{\rm b}$$

と表せる．ただし，$\boldsymbol{n}_j$（$j = 1, 2$）は，境界面から領域 j への単位法線ベクトルである．これより，$(\boldsymbol{D}_1 - \boldsymbol{D}_2) \cdot \boldsymbol{n}_1$ が，

$$\sigma \equiv \lim_{\ell_{\rm n} \to 0} \frac{1}{S_{\rm b}} \int_V \rho_{\rm f}\, d^3 r \tag{8.16a}$$

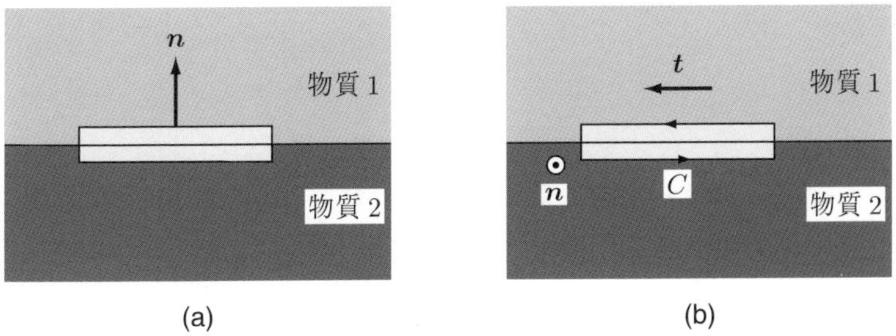

図 8.3　電磁場の境界条件．(a) 底面積が $S_{\rm b}$ で厚さが $\ell_{\rm n}$ の薄い円柱．(b) 二辺の長さが $(\ell_{\rm n}, \ell_{\rm t})$ の長方形の閉曲線 C．

で定義された表面電荷密度を用いて，(8.15a) 式のように表せる．(8.15b) 式についても同様に示せる．

次に，(8.15d) 式を，図 8.3(b) のような，境界に平行方向の長さ ℓ_{t}，垂直方向の長さ ℓ_{n} の境界面をまたぐ長方形領域で，紙面から手前垂直方向の単位法線ベクトル $\boldsymbol{n}$ との内積をとって，面積分する．その左辺は，ストークスの定理 (2.29) により線積分に変換でき，

$$\int_C \boldsymbol{H} \cdot d\boldsymbol{r} = \int_S \boldsymbol{j}_{\mathrm{f}} \cdot \boldsymbol{n}\, dS + \int_S \frac{\partial \boldsymbol{D}}{\partial t} \cdot \boldsymbol{n}\, dS$$

を得る．さらにこの左辺は，$\ell_{\mathrm{n}} \to 0$ の極限で，

$$(\boldsymbol{H}_1 \cdot \boldsymbol{t}_1 + \boldsymbol{H}_2 \cdot \boldsymbol{t}_2)\ell_{\mathrm{t}} = (\boldsymbol{H}_1 - \boldsymbol{H}_2) \cdot \boldsymbol{t}_1 \ell_{\mathrm{t}}$$

と表せる．ただし，$\boldsymbol{t}_j$（$j = 1, 2$）は，領域 j における，境界面に平行で閉曲線 C 方向の単位ベクトルである．一方，右辺第二項の変位電流からの寄与は，通常，第一項と比べて無視できる．これより，$(\boldsymbol{H}_1 - \boldsymbol{H}_2) \cdot \boldsymbol{t}_1$ が，

$$j_\sigma \equiv \lim_{\ell_{\mathrm{n}} \to 0} \frac{1}{\ell_{\mathrm{t}}} \int_S \boldsymbol{j}_{\mathrm{f}} \cdot \boldsymbol{n}\, dS \tag{8.16b}$$

で定義された表面電流密度を用いて，(8.15d) 式のように表せる．(8.15c) 式についても同様に示せる．■

(8.16) 式は，微視的な長さ，すなわち固体の格子間隔程度の長さ（10^{-10} m）ではゼロになる．しかし，格子間隔よりも十分に長く，かつ，物質の大きさのスケールよりも十分短いある長さ λ（10^{-8}〜10^{-4} m）を 0 の極限と見なすと，有限の値を持つことになる．例えば，金属表面での帯電については，**トーマス–フェルミの遮蔽長** λ_{TF} がその長さである．また，7.5 節で考察した超伝導体表面での磁場と電流については，**ロンドンの磁場侵入長** λ_{L} を 0 の極限と見ることができる．

8.3 誘 電 体

誘電体とは，自由電子を持たず，電場の存在下で電気分極を起こす物質群のことである．誘電率 ε が大きい物質は，コンデンサ間に挿入し，たまる電荷量 Q を大きくするのに用いられる．図 8.4 のように，間隔 d の金属平行板コンデンサの間に，誘電率 ε $(> \varepsilon_0)$ の誘電体を挿入する．その後，金属板表面に $\pm Q$ の電荷を与えると，誘電体内に図 8.1 で示した電気分極が生じ，金属板に隣接した表面に，金属板の電荷とは逆符号の電荷がたまる．この誘起された電荷により，誘電体内の電場は遮蔽されて小さくなる．その大きさは，次のように導出できる．3.5 節❶の議論を，ガウスの法則 (1.5a) を (8.14a) 式に置き換えて繰り返すと，誘電体内における金属板に垂直方向の電束密度の大きさが，

$$D = \frac{Q}{S} \tag{8.17}$$

と求まる．この式を (8.13a) 式に代入すると，誘電体内の電場が，

$$E = \frac{Q}{\varepsilon S} \tag{8.18}$$

と得られる．すなわち，誘電体を挿入することで，コンデンサ間の電場 E と電位差 $V = Ed$ が，(3.25) 式と比べて $\frac{\varepsilon_0}{\varepsilon}$ だけ小さくなり，コンデンサの静電容量 $C = \frac{Q}{V}$ が，

$$C = \frac{\varepsilon S}{d} \tag{8.19}$$

のように，(3.27) 式と比べて $\frac{\varepsilon}{\varepsilon_0}$ 倍になった．これより，コンデンサにかかる電圧 V が同じであれば，$\frac{\varepsilon}{\varepsilon_0}$ 倍の電荷を蓄えられることがわかる．

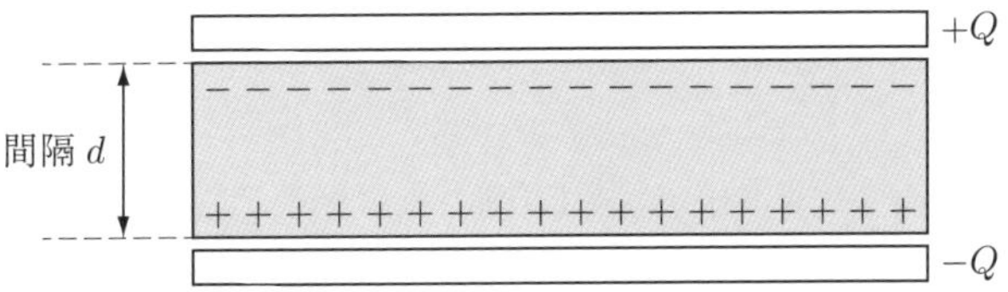

図 8.4　誘電体を挿入した平行板コンデンサ

例題 8.2

図 8.5 のように，間隔 d の平行板コンデンサの間に，誘電体 1 と誘電体 2 を，コンデンサ間の空間に占める体積比が，

(a)　$x : (d-x)$ となるように直列に，

(b)　$x : (\ell-x)$ となるように並列に

挿入した．平行板の面積を S，誘電体 1 と誘電体 2 の誘電率をそれぞれ ε_1 と ε_2 とする．コンデンサの静電容量 C を，(a) と (b) それぞれの場合について求めよ．

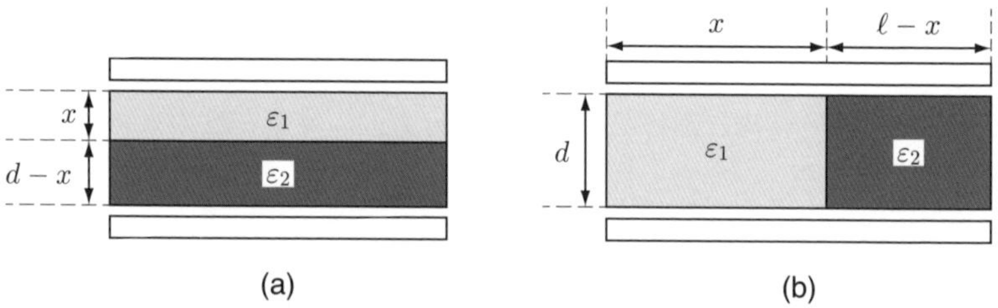

図 8.5　二つの誘電体を挿入した平行板コンデンサ

【解答】 (a)　平行板に電荷 Q が蓄えられているときの誘電体 j（$j=1,2$）内での電場は，(8.18) 式より

$$E_j = \frac{Q}{\varepsilon_j S}$$

である．平行板間の電位差は $E_1 x + E_2(d-x)$ なので，コンデンサの静電容量が

$$C = \frac{Q}{E_1 x + E_2(d-x)} = \frac{1}{\frac{x}{\varepsilon_1 S} + \frac{d-x}{\varepsilon_2 S}}$$

と得られる．この結果は，誘電体 1 と誘電体 2 の厚さ $(d_1, d_2) \equiv (x, d-x)$ を用いて，

$$\frac{1}{C} = \frac{1}{C_1} + \frac{1}{C_2}, \quad C_1 \equiv \frac{\varepsilon_1 S}{d_1}, \quad C_2 \equiv \frac{\varepsilon_2 S}{d_2} \tag{8.20a}$$

と表せる．

(b)　(8.17) 式より，誘電体 j の直上の平行板における電束密度 D_j は，そこでの表面電荷密度 σ_j を用いて $D_j = \sigma_j$ と表せる．この結果と (8.13a) 式より，誘電体 j 内での電場が $E_j = \frac{\sigma_j}{\varepsilon_j}$ と求まる．一方，(8.15c) 式によると，誘電体 1 内と誘電体 2 内の電場は等しく，

$$\frac{\sigma_1}{\varepsilon_1} = \frac{\sigma_2}{\varepsilon_2}$$

が成立する．また，σ_1 と σ_2 は，金属板にたまった電荷 Q との間に，電荷の保存則

$$\sigma_1 \frac{x}{\ell} S + \sigma_2 \frac{\ell - x}{\ell} S = Q$$

を満たす．上の連立方程式を解くと，σ_j $(j = 1, 2)$ と対応する電場 E_j が

$$\sigma_j = \frac{\ell \varepsilon_j}{x\varepsilon_1 + (\ell - x)\varepsilon_2} \frac{Q}{S}, \quad E_j = \frac{\ell}{x\varepsilon_1 + (\ell - x)\varepsilon_2} \frac{Q}{S}$$

と得られる．平行板間の電位差は $E_1 d$ $(= E_2 d)$ なので，コンデンサの静電容量が

$$C = \frac{Q}{E_1 d} = \frac{x\varepsilon_1 + (\ell - x)\varepsilon_2}{\ell} \frac{S}{d}$$

と求まる．この結果は，誘電体 1 と誘電体 2 の面積

$$(S_1, S_2) \equiv \left(S\frac{x}{\ell}, S\frac{\ell - x}{\ell} \right)$$

を用いて，

$$C = C_1 + C_2, \quad C_1 \equiv \frac{\varepsilon_1 S_1}{d}, \quad C_2 \equiv \frac{\varepsilon_2 S_2}{d} \tag{8.20b}$$

と表せる．■

(8.20) 式は，図 8.6 のように，二つのコンデンサを (a) 直列，あるいは，(b) 並列に接続した場合の合成静電容量の式が成り立っているものとして理解できる（演習問題 8.1）．

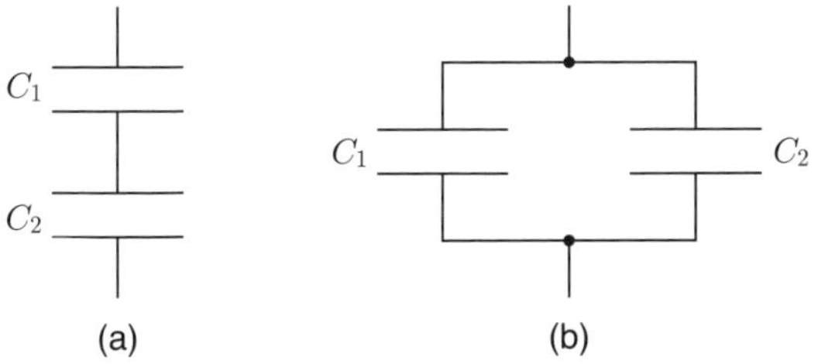

図 8.6　二つのコンデンサの接続．(a) 直列．(b) 並列．

8.4 磁　性　体

磁性体とは，磁場の存在下で磁気分極を起こす物質群のことである．例えば鉄は，表 8.2 に与えられているように，非常に大きい透磁率 μ を有する．一般に，μ が大きい物質は，コイルの芯として，大きな磁束 Φ と起電力 ϕ_{em} を得るのに用いられる．

例題 8.3

図 8.7 のように，断面積 πa^2 と透磁率 μ（$\gg \mu_0$）を持つドーナツ型磁性体に，コイル 1 とコイル 2 が巻かれている．コイル 1 に時間変化する電流 I_1 を流したとき，巻き数 N_1 のコイル 1 と巻き数 N_2 のコイル 2 に生じる誘導起電力を求めよ．ただし，ドーナツの中心から円環の中心軸への距離 R について，$R \gg a$ が成立し，磁性体内の磁束密度は一様と見なせるものとする．

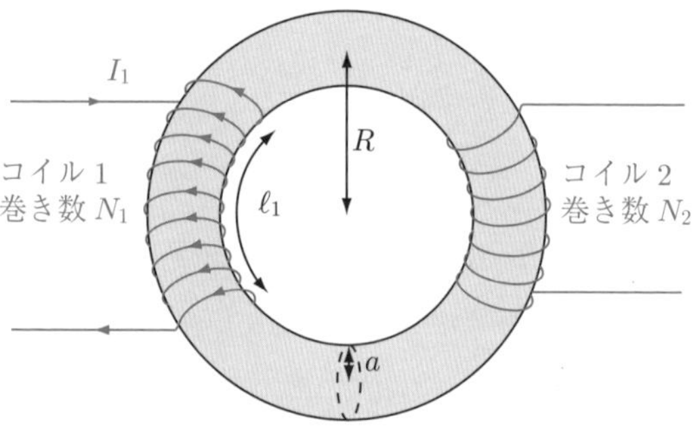

図 8.7　磁性体を芯とする二つのコイル

【解答】 (8.14d) 式で右辺第二項を落とした式に，図 8.7 における紙面から手前方向の単位法線ベクトル $\boldsymbol{n}$ を掛け，磁性体の円環の中心軸を縁とする平面領域 S で面積分すると，

$$\oint_C \boldsymbol{H} \cdot d\boldsymbol{r} = \int_S \boldsymbol{j}_{\mathrm{f}} \cdot \boldsymbol{n} \, dS \tag{8.21}$$

を得る．ただし，左辺は，ストークスの定理 (2.29) を用いて，円環の中心軸に沿った反時計回りの線積分に書き換えた．電流の方向とドーナツ型磁性体の対称性を考慮すると，磁場 $\boldsymbol{H}$ は反時計回りに円周方向を向いていると結論できるので，左辺は $2\pi RH$

と計算できる．一方，右辺は，S を貫く電流 $N_1 I_1$ に等しい．これより，磁性体内の中心軸に沿った磁場の大きさが，

$$H = \frac{N_1 I_1}{2\pi R} \tag{8.22}$$

と求まる．また，$R \gg a$ のとき，円環内で H は一様であるとみなせる．従って，磁性体内の磁束 $\varPhi = \pi a^2 B$ が，(8.13b) 式を用いて

$$\varPhi = \pi a^2 \mu H = \frac{a^2 \mu N_1 I_1}{2R} \tag{8.23}$$

と得られる．このように，磁性体内の磁束は，真空に比べて $\frac{\mu}{\mu_0}$ 倍に増幅される．電流 I_1 が時間変化する場合には，例題 5.2 の議論を繰り返すことで，コイル 1 内に

$$\phi_{\mathrm{em}}^{(1)} = -N_1 \frac{d\varPhi}{dt} = -L_{11} \frac{dI_1}{dt}, \quad L_{11} \equiv \frac{\mu N_1^2 a^2}{2R} \tag{8.24a}$$

の誘導起電力が生じることがわかる．また，その起源であるコイル 1 内の大きな磁束変化は，磁性体内を周回し，右側のコイル 2 にも誘導起電力をもたらす．その大きさは，コイル 2 の巻き数 N_2 を用いて，

$$\phi_{\mathrm{em}}^{(2)} = -N_2 \frac{d\varPhi}{dt} = -L_{21} \frac{dI_1}{dt}, \quad L_{21} \equiv \frac{\mu N_2 N_1 a^2}{2R} \tag{8.24b}$$

と表せる．■

(8.24a) 式は，コイル 1 を流れる電流の時間変化が，コイル 1 自身に作り出す誘導起電力である．この現象を**自己誘導**，比例係数 L_{11} を**自己インダクタンス**という．一方，(8.24b) 式は，コイル 1 を流れる電流の時間変化が，別のコイル 2 に作り出す誘導起電力である．この現象を**相互誘導**，比例係数 L_{21} を**相互インダクタンス**という．

(8.24) 式の結果は，**変圧器**の原理として用いられている．コイル 1 が交流電源 V_1 と繋がれているとすると，キルヒホフの第二法則より，$V_1 + \phi_{\mathrm{em}}^{(1)} = 0$ が成立する．従って，交流電源の振幅は，図 8.7 の二つのコイルを用いることにより，$\frac{N_2}{N_1}$ 倍にすることができる．

ちなみに，図 8.7 の二つのコイルの配置は，ファラデーが最初に電磁誘導を見出した実験（1831 年）での配置と同じである．ファラデーは，コイル 2 のそばに磁針を配置し，コイル 1 に電流を流す瞬間に，その磁針が振れるのを確認して，電磁誘導を発見したのである．驚くべきことに，その実験は，開始したその日に成功した．しかし，それに先立つ数年間，ファラデーは，コイルを巻

いた鉄芯をウェストコートのポケットに入れ，時々それをポケットから出して，じっと見つめていたそうである．たった 1 日で成功した実験の裏には，実験方法に関する長い熟成期間があったことが窺える，興味深い逸話である [1]．

最後に，図 8.7 において，磁性体から漏れ出す磁束密度を評価しよう．コイル 1 のみに電流 I_1 が流れているとき，コイル 2 のすぐ外側での磁束密度 $B_{\mathrm{out}}^{(2)}$ は，境界条件 (8.15d) に (8.13b) 式と (8.22) 式を代入して，

$$B_{\mathrm{out}}^{(2)} = \frac{\mu_0 N_1 I_1}{2\pi R} \tag{8.25}$$

と得られ，コイルの内側に比べて $\frac{\mu_0}{\mu}$ の大きさであることがわかる．一方，コイル 1 のすぐ外側での磁束密度 $B_{\mathrm{out}}^{(1)}$ は，ドーナツ内径の電流を含まない円について (8.21) 式を計算することで，

$$\ell_1 B_{\mathrm{out}}^{(1)} + \{2\pi(R-a) - \ell_1\} B_{\mathrm{out}}^{(2)} = 0 \quad \longleftrightarrow \quad B_{\mathrm{out}}^{(1)} \approx -\frac{\ell_1}{2\pi R - \ell_1} B_{\mathrm{out}}^{(2)}$$

と評価できる．ここで ℓ_1 は，コイル 1 の巻かれている領域の内径に沿った長さである．$B_{\mathrm{out}}^{(1)}$ と $B_{\mathrm{out}}^{(2)}$ の符号が違う原因，すなわち，$B_{\mathrm{out}}^{(2)}$ が円周に沿って反時計回りであるのに対し，$B_{\mathrm{out}}^{(1)}$ が逆向きの時計回りとなったのは，コイル 1 の両端から漏れ出した磁束によるものと理解できる．

演習問題

8.1　二つのコンデンサを，図 8.6 のように，(a) 直列と (b) 並列に繋いだ場合のそれぞれについて，合成静電容量を求めよ．

8.2　下図のように，間隔 d と面積 S を持つ長方形平行板コンデンサの間に，厚さ d，面積 S，誘電率 ε を持つ誘電体が，長さ $\ell - x$ だけ挿入されている．平行板に電荷 Q がたまっている状態で，コンデンサに蓄えられたエネルギー，および誘電体に働く力の大きさと方向を求めよ．ただし，$\varepsilon > \varepsilon_0$ とする．

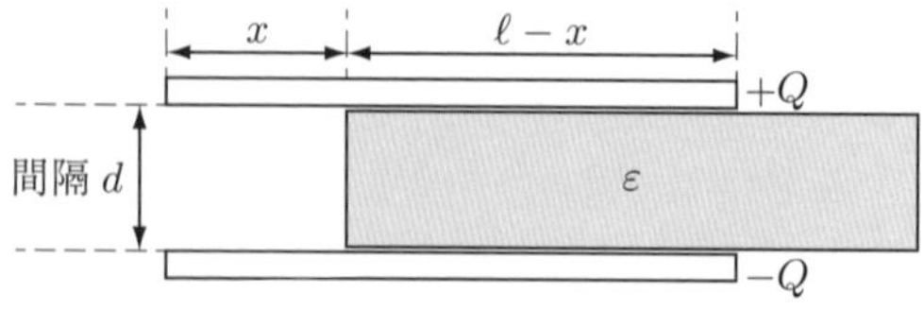

第9章　物質中の電磁波

本章では，物質中を伝搬する電磁波について考察する．扱う題材は，誘電体中の電磁波の伝搬，異なる誘電体の境界面での反射・屈折に関するスネルの法則とフレネルの公式，誘電体内での電磁波の速さが振動数に依存することから生じる光の分散，金属の誘電関数と表面反射などである．身近な現象である虹の形成や金属光沢の原因が明らかになる．

9.1　誘電体中の電磁波と反射・屈折

❶ 誘電体中の電磁波

物質中を伝搬する電磁波を考察する際の基礎は，現象論的なマクスウェル方程式 (8.14) である．特に誘電体中では，自由電荷も自由電流もなく，方程式が

$$\mathrm{div}\,\boldsymbol{E} = 0, \tag{9.1a}$$

$$\mathrm{div}\,\boldsymbol{B} = 0, \tag{9.1b}$$

$$\mathrm{rot}\,\boldsymbol{E} = -\frac{\partial \boldsymbol{B}}{\partial t}, \tag{9.1c}$$

$$\mathrm{rot}\,\boldsymbol{B} = \frac{1}{c_{\mathrm{d}}^2}\frac{\partial \boldsymbol{E}}{\partial t} \tag{9.1d}$$

へと簡略化される．ここで，(9.1a) 式と (9.1d) 式は，まず，(8.13) 式により $(\boldsymbol{D}, \boldsymbol{H})$ を $(\boldsymbol{E}, \boldsymbol{B})$ に変換し，定数

$$c_{\mathrm{d}} \equiv \frac{1}{\sqrt{\varepsilon\mu}} \tag{9.2}$$

を用いて表した．(9.1) 式は (6.1) 式と同じ形をしている．従って，6.1 節と 6.2 節の議論を繰り返すことにより，c_{d} が誘電体（dielectric）中を伝搬する電磁波の速さであることがわかる．誘電率 ε が一般に $\varepsilon > \varepsilon_0$ を満たす一方で，透磁率 μ は多くの物質で μ_0 で近似できるので，$c_{\mathrm{d}} < c$ が成立する．また，誘電率が大きくなるにつれ，光の速さが遅くなることもわかる．

特に単色平面波は，真空での (6.5) 式と (6.8b) 式と同様に，

$$\boldsymbol{E}(\boldsymbol{r},t) = \widetilde{\boldsymbol{E}}\, e^{i\boldsymbol{k}\cdot\boldsymbol{r}-i\omega t}, \tag{9.3a}$$

$$\boldsymbol{B}(\boldsymbol{r},t) = \frac{\widehat{\boldsymbol{k}} \times \widetilde{\boldsymbol{E}}}{c_{\mathrm{d}}}\, e^{i\boldsymbol{k}\cdot\boldsymbol{r}-i\omega t} \tag{9.3b}$$

と表され，分散関係

$$\omega = c_{\mathrm{d}} k \tag{9.4}$$

に従う．(9.3) 式で $\widetilde{\boldsymbol{E}}$ は振動の振幅，$\widehat{\boldsymbol{k}}$ は $\boldsymbol{k}$ 方向の単位ベクトルである．

❷ 反射・屈折の法則

図 9.1 のように，誘電体 1 から誘電体 2 へと電磁波が入射する場合の反射・屈折の法則を明らかにしよう．例えば，光が空気中から水中へ，あるいは水中から空気中へと入射する場合がこれに当たる．6.2 節で議論したように，一般の電磁波は，直線偏光の単色平面波の重ね合わせとして表せる．そこで，以下では，直線偏光の単色平面波が入射する場合を考察する．**入射波** (incident wave) の波数ベクトルを $\boldsymbol{k}_1^{\mathrm{i}}$，**反射波** (reflected wave) の波数ベクトルを $\boldsymbol{k}_1^{\mathrm{r}}$，**透過波** (transmitted wave) の波数ベクトルを $\boldsymbol{k}_2$ とし，境界面が $z = 0$ となるように座標軸を選ぶ．境界面に平行な電場成分についての境界条件は，(8.15c) 式と (9.3a) 式より，

$$\begin{aligned} &\widetilde{\boldsymbol{E}}_1^{\mathrm{i}} \cdot \boldsymbol{t}_1\, e^{i(k_{1x}^{\mathrm{i}}x + k_{1y}^{\mathrm{i}}y - \omega_1^{\mathrm{i}}t)} + \widetilde{\boldsymbol{E}}_1^{\mathrm{r}} \cdot \boldsymbol{t}_1\, e^{i(k_{1x}^{\mathrm{r}}x + k_{1y}^{\mathrm{r}}y - \omega_1^{\mathrm{r}}t)} \\ &= \widetilde{\boldsymbol{E}}_2 \cdot \boldsymbol{t}_1\, e^{i(k_{2x}x + k_{2y}y - \omega_2 t)} \end{aligned} \tag{9.5}$$

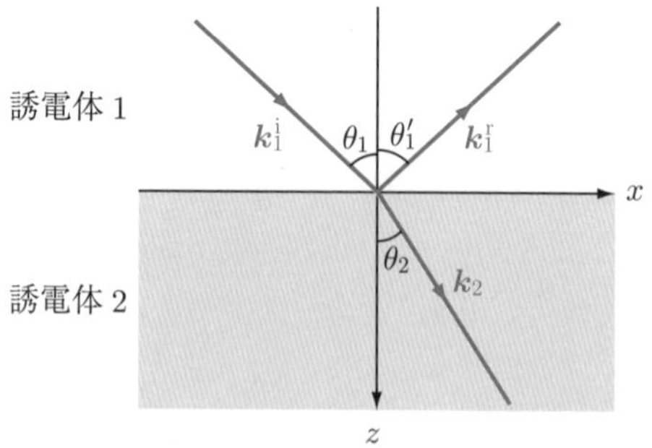

図 9.1　誘電体 1 から誘電体 2 への電磁波の入射

と表せる．この等式が，任意の時刻 t に境界面 $z=0$ の任意の点 (x,y) で成立するためには，

$$\omega_1^{\mathrm{i}} = \omega_1^{\mathrm{r}} = \omega_2 \equiv \omega, \tag{9.6a}$$

$$k_{1x}^{\mathrm{i}} = k_{1x}^{\mathrm{r}} = k_{2x} \equiv k_x, \tag{9.6b}$$

$$k_{1y}^{\mathrm{i}} = k_{1y}^{\mathrm{r}} = k_{2y} \equiv k_y \tag{9.6c}$$

が成立している必要がある．これより，$\boldsymbol{k}_1^{\mathrm{i}} = (k_x, k_y, k_{1z}^{\mathrm{i}})$, $\boldsymbol{k}_1^{\mathrm{r}} = (k_x, k_y, k_{1z}^{\mathrm{r}})$, $\boldsymbol{k}_2 = (k_x, k_y, k_{2z})$ が，一つの平面上にあることがわかる．そこで，

$$k_y = 0$$

となるように座標系を選び，境界面の法線と $(\boldsymbol{k}_1^{\mathrm{i}}, \boldsymbol{k}_1^{\mathrm{r}}, \boldsymbol{k}_2)$ とのなす角 $(\theta_1, \theta_1', \theta_2)$ を図 9.1 のように選ぶと，三つの波数ベクトルが，

$$\boldsymbol{k}_1^{\mathrm{i}} = \begin{pmatrix} k_1^{\mathrm{i}} \sin\theta_1 \\ 0 \\ k_1^{\mathrm{i}} \cos\theta_1 \end{pmatrix}, \quad \boldsymbol{k}_1^{\mathrm{r}} = \begin{pmatrix} k_1^{\mathrm{r}} \sin\theta_1' \\ 0 \\ -k_1^{\mathrm{r}} \cos\theta_1' \end{pmatrix}, \quad \boldsymbol{k}_2 = \begin{pmatrix} k_2 \sin\theta_2 \\ 0 \\ k_2 \cos\theta_2 \end{pmatrix} \tag{9.7}$$

と表せる．また，(9.6b) 式も

$$k_1^{\mathrm{i}} \sin\theta_1 = k_1^{\mathrm{r}} \sin\theta_1' = k_2 \sin\theta_2 \tag{9.8}$$

へと簡略化できる．さらに，誘電体 $j=1,2$ 中の光速 c_j が，分散関係

$$c_1 = \frac{\omega_1^{\mathrm{i}}}{k_1^{\mathrm{i}}} = \frac{\omega_1^{\mathrm{r}}}{k_1^{\mathrm{r}}}, \quad c_2 = \frac{\omega_2}{k_2}$$

を満たすことを考慮すると，(9.6a) 式より，

$$k_1^{\mathrm{i}} = k_1^{\mathrm{r}} \equiv k_1 \tag{9.9}$$

が成立することがわかり，(9.8) 式も，$k_j = \frac{\omega}{c_j}$ を代入して，

$$\frac{\sin\theta_1}{c_1} = \frac{\sin\theta_1'}{c_1} = \frac{\sin\theta_2}{c_2}$$

へと書き換えられる．すなわち，**反射・屈折の法則**

$$\theta_1' = \theta_1, \quad \frac{\sin\theta_1}{\sin\theta_2} = \frac{c_1}{c_2} \equiv \frac{n_2}{n_1} \equiv n_{12} \tag{9.10}$$

が得られた．ここで，n_j $(j = 1, 2)$ は，

$$n_j \equiv \frac{c}{c_j} = \sqrt{\frac{\varepsilon_j \mu_j}{\varepsilon_0 \mu_0}} \tag{9.11}$$

で定義された**屈折率**，また，$n_{12} \equiv \frac{n_2}{n_1}$ は**相対屈折率**である．屈折率で表された (9.10) 式は，**スネルの法則**として知られている．

特に，水中から空気中へ入射する光のように，誘電率が大きい物質から小さい物質へと電磁波が入射する場合には，

$$\sin\theta_1 = n_{12} \sin\theta_2 \leq n_{12} < 1$$

が成立する．従って，

$$\sin\theta_{\mathrm{c}} = n_{12} \tag{9.12}$$

を満たす**臨界角** θ_{c} より大きい角度で入射した電磁波は，**全反射**されることがわかる．

❸フレネルの公式

次に，反射・屈折の境界面で，電磁波の振幅がどのように接続されるのかを明らかにしよう．電場に関する境界条件 (8.15c) を用いて導出された (9.6) 式は，(8.15) 式の他の条件を用いても導出できる．ただし，誘電体では $(\sigma, j_\sigma) = (0, 0)$ である．従って，(8.15) 式の全てを (9.5) 式のように書き表し，(8.13), (9.3), (9.6) 式を代入することで，境界面での電磁波の振幅に関する接続条件

$$\varepsilon_1(\widetilde{\boldsymbol{E}}_1^{\mathrm{i}} + \widetilde{\boldsymbol{E}}_1^{\mathrm{r}}) \cdot \boldsymbol{n}_1 = \varepsilon_2 \widetilde{\boldsymbol{E}}_2 \cdot \boldsymbol{n}_1, \tag{9.13a}$$

$$\frac{\widehat{\boldsymbol{k}}_1 \times (\widetilde{\boldsymbol{E}}_1^{\mathrm{i}} + \widetilde{\boldsymbol{E}}_1^{\mathrm{r}})}{c_1} \cdot \boldsymbol{n}_1 = \frac{\widehat{\boldsymbol{k}}_2 \times \widetilde{\boldsymbol{E}}_2}{c_2} \cdot \boldsymbol{n}_1, \tag{9.13b}$$

$$(\widetilde{\boldsymbol{E}}_1^{\mathrm{i}} + \widetilde{\boldsymbol{E}}_1^{\mathrm{r}}) \cdot \boldsymbol{t}_1 = \widetilde{\boldsymbol{E}}_2 \cdot \boldsymbol{t}_1, \tag{9.13c}$$

$$\frac{\widehat{\boldsymbol{k}}_1 \times (\widetilde{\boldsymbol{E}}_1^{\mathrm{i}} + \widetilde{\boldsymbol{E}}_1^{\mathrm{r}})}{\mu_1 c_1} \cdot \boldsymbol{t}_1 = \frac{\widehat{\boldsymbol{k}}_2 \times \widetilde{\boldsymbol{E}}_2}{\mu_2 c_2} \cdot \boldsymbol{t}_1 \tag{9.13d}$$

を得る．また，電場は (6.8a) 式を満たす横波なので，その振幅は，(9.10) 式を満たす波数ベクトル (9.7) と直交するように，

$$\widetilde{\boldsymbol{E}}_1^{\mathrm{i}} = \begin{pmatrix} \widetilde{E}_{1\mathrm{p}}^{\mathrm{i}} \cos\theta_1 \\ \widetilde{E}_{1\mathrm{s}}^{\mathrm{i}} \\ -\widetilde{E}_{1\mathrm{p}}^{\mathrm{i}} \sin\theta_1 \end{pmatrix}, \quad \widetilde{\boldsymbol{E}}_1^{\mathrm{r}} = \begin{pmatrix} -\widetilde{E}_{1\mathrm{p}}^{\mathrm{r}} \cos\theta_1 \\ \widetilde{E}_{1\mathrm{s}}^{\mathrm{r}} \\ -\widetilde{E}_{1\mathrm{p}}^{\mathrm{r}} \sin\theta_1 \end{pmatrix}, \quad \widetilde{\boldsymbol{E}}_2 = \begin{pmatrix} \widetilde{E}_{2\mathrm{p}} \cos\theta_2 \\ \widetilde{E}_{2\mathrm{s}} \\ -\widetilde{E}_{2\mathrm{p}} \sin\theta_2 \end{pmatrix} \tag{9.14}$$

とパラメータ表示できる．ここで下付き添字（p, s）は，入・反射面に平行（parallel）および垂直（senkrecht，ドイツ語）な成分であることを表している．これらを (9.13) 式に代入すると，p 偏光に関する反射・透過電場の入射電場に対する相対振幅が，物質パラメータ

$$a \equiv \frac{\cos\theta_2}{\cos\theta_1}, \quad b \equiv \frac{c_1\mu_1}{c_2\mu_2} \approx \frac{c_1}{c_2} = \frac{\sin\theta_1}{\sin\theta_2} = n_{12} \tag{9.15}$$

を用いた式

$$\frac{\widetilde{E}_{1\mathrm{p}}^{\mathrm{r}}}{\widetilde{E}_{1\mathrm{p}}^{\mathrm{i}}} = \frac{b-a}{b+a} \approx \frac{\tan(\theta_1 - \theta_2)}{\tan(\theta_1 + \theta_2)}, \tag{9.16a}$$

$$\frac{\widetilde{E}_{2\mathrm{p}}}{\widetilde{E}_{1\mathrm{p}}^{\mathrm{i}}} = \frac{2}{b+a} \approx \frac{2\sin\theta_2\cos\theta_1}{\sin(\theta_1 + \theta_2)\cos(\theta_1 - \theta_2)} \tag{9.16b}$$

にまとめられ，s 偏光についても

$$\frac{\widetilde{E}_{1\mathrm{s}}^{\mathrm{r}}}{\widetilde{E}_{1\mathrm{s}}^{\mathrm{i}}} = \frac{1-ab}{1+ab} \approx -\frac{\sin(\theta_1 - \theta_2)}{\sin(\theta_1 + \theta_2)}, \tag{9.16c}$$

$$\frac{\widetilde{E}_{2\mathrm{s}}}{\widetilde{E}_{1\mathrm{s}}^{\mathrm{i}}} = \frac{2}{1+ab} \approx \frac{2\sin\theta_2\cos\theta_1}{\sin(\theta_1 + \theta_2)} \tag{9.16d}$$

と表せることがわかる（例題 9.1）．各々の近似式は，$\mu_1 \approx \mu_2 \approx \mu_0$ として得られる式で，**フレネルの公式**と呼ばれる．

例題 9.1

(9.14) 式を (9.13) 式に代入し，(9.16) 式を導出せよ．ただし波数ベクトルは (9.7) 式で与えられ，(9.9) 式と (9.10) 式を満たす．

【解答】 (9.13) 式のベクトル積は，(9.7), (9.9), (9.10), (9.14) 式を用いて，

$$\widehat{\boldsymbol{k}}_1 \times \widetilde{\boldsymbol{E}}_1^{\mathrm{i}} = \begin{pmatrix} -\widetilde{E}_{1\mathrm{s}}^{\mathrm{i}} \cos\theta_1 \\ \widetilde{E}_{1\mathrm{p}}^{\mathrm{i}} \\ \widetilde{E}_{1\mathrm{s}}^{\mathrm{i}} \sin\theta_1 \end{pmatrix}, \quad \widehat{\boldsymbol{k}}_1 \times \widetilde{\boldsymbol{E}}_1^{\mathrm{r}} = \begin{pmatrix} \widetilde{E}_{1\mathrm{s}}^{\mathrm{r}} \cos\theta_1 \\ \widetilde{E}_{1\mathrm{p}}^{\mathrm{r}} \\ \widetilde{E}_{1\mathrm{s}}^{\mathrm{r}} \sin\theta_1 \end{pmatrix},$$

$$\widehat{\boldsymbol{k}}_2 \times \widetilde{\boldsymbol{E}}_2 = \begin{pmatrix} -\widetilde{E}_{2\mathrm{s}} \cos\theta_2 \\ \widetilde{E}_{2\mathrm{p}} \\ \widetilde{E}_{2\mathrm{s}} \sin\theta_2 \end{pmatrix}$$

と表せる．これらと (9.14) 式を (9.13) 式に代入し，$\boldsymbol{n}_1 = (0,0,-1)$ および $\boldsymbol{t}_1 = (1,0,0), (0,1,0)$ に注意すると，

$$(\widetilde{E}^{\mathrm{i}}_{1\mathrm{p}} + \widetilde{E}^{\mathrm{r}}_{1\mathrm{p}})\varepsilon_1 \sin\theta_1 = \widetilde{E}_{2\mathrm{p}}\varepsilon_2 \sin\theta_2, \tag{9.17a}$$

$$-(\widetilde{E}^{\mathrm{i}}_{1\mathrm{s}} + \widetilde{E}^{\mathrm{r}}_{1\mathrm{s}})\frac{\sin\theta_1}{c_1} = -\widetilde{E}_{2\mathrm{s}}\frac{\sin\theta_2}{c_2}, \tag{9.17b}$$

$$(\widetilde{E}^{\mathrm{i}}_{1\mathrm{p}} - \widetilde{E}^{\mathrm{r}}_{1\mathrm{p}})\cos\theta_1 = \widetilde{E}_{2\mathrm{p}}\cos\theta_2, \tag{9.17c1}$$

$$\widetilde{E}^{\mathrm{i}}_{1\mathrm{s}} + \widetilde{E}^{\mathrm{r}}_{1\mathrm{s}} = \widetilde{E}_{2\mathrm{s}}, \tag{9.17c2}$$

$$-(\widetilde{E}^{\mathrm{i}}_{1\mathrm{s}} - \widetilde{E}^{\mathrm{r}}_{1\mathrm{s}})\frac{\cos\theta_1}{c_1\mu_1} = -\widetilde{E}_{2\mathrm{s}}\frac{\cos\theta_2}{c_2\mu_2}, \tag{9.17d1}$$

$$(\widetilde{E}^{\mathrm{i}}_{1\mathrm{p}} + \widetilde{E}^{\mathrm{r}}_{1\mathrm{p}})\frac{1}{c_1\mu_1} = \widetilde{E}_{2\mathrm{p}}\frac{1}{c_2\mu_2} \tag{9.17d2}$$

が得られる．ここで (9.10) 式を考慮すると，(9.17b) 式は (9.17c2) 式と等価であることがわかる．また，(9.17a) 式も，(9.10) 式と $c_j\mu_j = (\varepsilon_j c_j)^{-1}$（$j = 1,2$）を用いて

$$\widetilde{E}^{\mathrm{i}}_{1\mathrm{p}} + \widetilde{E}^{\mathrm{r}}_{1\mathrm{p}} = \widetilde{E}_{2\mathrm{p}}\frac{\varepsilon_2\sin\theta_2}{\varepsilon_1\sin\theta_1} = \widetilde{E}_{2\mathrm{p}}\frac{\varepsilon_2 c_2}{\varepsilon_1 c_1} = \widetilde{E}_{2\mathrm{p}}\frac{\mu_1 c_1}{\mu_2 c_2}$$

と書き換えられ，(9.17d2) 式と等価である．従って，解くべき連立方程式は，(9.17c1) 式と (9.17d2) 式，すなわち，(9.15) 式の (a,b) を用いて簡略化された二式

$$\widetilde{E}^{\mathrm{r}}_{1\mathrm{p}} + a\widetilde{E}_{2\mathrm{p}} = \widetilde{E}^{\mathrm{i}}_{1\mathrm{p}}, \tag{9.18a}$$

$$-\widetilde{E}^{\mathrm{r}}_{1\mathrm{p}} + b\widetilde{E}_{2\mathrm{p}} = \widetilde{E}^{\mathrm{i}}_{1\mathrm{p}} \tag{9.18b}$$

および，(9.17c2) 式と (9.17d1) 式，すなわち，

$$-\widetilde{E}^{\mathrm{r}}_{1\mathrm{s}} + \widetilde{E}_{2\mathrm{s}} = \widetilde{E}^{\mathrm{i}}_{1\mathrm{s}}, \tag{9.19a}$$

$$\widetilde{E}^{\mathrm{r}}_{1\mathrm{s}} + ab\widetilde{E}_{2\mathrm{s}} = \widetilde{E}^{\mathrm{i}}_{1\mathrm{s}} \tag{9.19b}$$

である．これらを解くと (9.16) 式が得られる．■

図 9.2 は，(a) 空気中（$n_1 = 1.00$）からダイヤモンド（$n_2 = 2.42$）へ，(b) ダイヤモンドから空気中へと入射した p 偏光と s 偏光の反射率

$$R_{\mathrm{p}}(\theta_1, n_{12}) \equiv \left|\frac{\widetilde{E}^{\mathrm{r}}_{1\mathrm{p}}}{\widetilde{E}^{\mathrm{i}}_{1\mathrm{p}}}\right|^2 \approx \frac{\tan^2(\theta_1 - \theta_2)}{\tan^2(\theta_1 + \theta_2)},$$

$$R_{\mathrm{s}}(\theta_1, n_{12}) \equiv \left|\frac{\widetilde{E}^{\mathrm{r}}_{1\mathrm{s}}}{\widetilde{E}^{\mathrm{i}}_{1\mathrm{s}}}\right|^2 \approx \frac{\sin^2(\theta_1 - \theta_2)}{\sin^2(\theta_1 + \theta_2)} \tag{9.20a}$$

を，入射角 θ_1 の関数として描いた図である．ただし，(9.10) 式より，

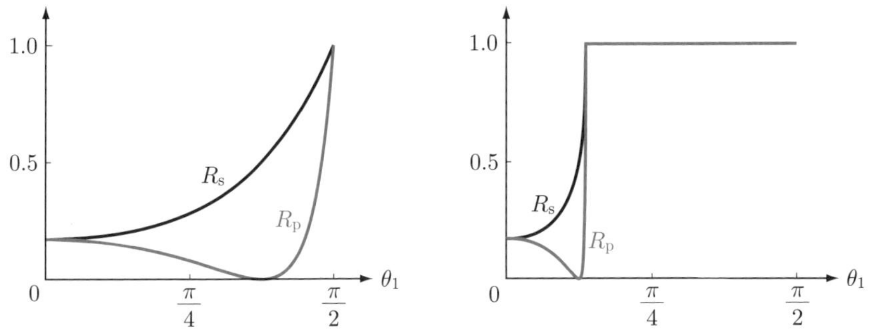

(a)　$(n_1,\ n_2) = (1.00,\ 2.42)$　　(b)　$(n_1,\ n_2) = (2.42,\ 1.00)$

図 9.2　p 偏光と s 偏光の反射率の入射角依存性．(a) $(n_1, n_2) = (1.00, 2.42)$ の場合．(b) $(n_1, n_2) = (2.42, 1.00)$ の場合．

$$\theta_2 = \arcsin\left(\frac{\sin\theta_1}{n_{12}}\right)$$

が成り立つことに注意されたい．垂直入射（$\theta_1 = 0$）の場合の反射率は，p 偏光と s 偏光で等しく，(9.16a) 式と (9.16c) 式で $(a, b) = (1, n_{12})$ とした式より，$\frac{(n_{12}-1)^2}{(n_{12}+1)^2}$ のように相対屈折率 n_{12} に依存することがわかる．p 偏光については，反射が全く起こらなくなる角度 θ_B があり，**ブリュースター角**と呼ばれている（演習問題 9.1）．また，(b) $n_1 > n_2$ の場合には，(9.12) 式で定義された臨界角 θ_c 以上の入射角で，全反射が起こっていることが見てとれる．

(9.20a) 式は，(6.15) 式と (6.8b) 式からも明らかなように，エネルギー反射率に等しい．この点に関しては，演習問題 6.2 も参照されたい．一方，(9.16b) 式と (9.16d) 式の絶対値を 2 乗したものは，媒質が異なるため，エネルギー透過率とはならない．しかし，その補正を行った後のエネルギー透過率 $T_{p,s}$ は，自明の等式

$$T_{p,s}(\theta_1, n_{12}) = 1 - R_{p,s}(\theta_1, n_{12}) \qquad (9.20b)$$

を満たすことが確認されている．

9.2　光の分散と虹

雨上がりの朝夕に空を見上げると，虹が架かっているのを見ることがある．この虹は，物質中を通過する光の速度が，光の振動数によって異なることにより生じる．これを**光の分散**という．

❶ 分散の起源

光の分散を記述するために，誘電体中を電磁波が通過するとき，誘電体中の各束縛電子が，電場からの力を受け，平衡位置の周りで単振動すると考える**ローレンツモデル**

$$m\frac{d^2\boldsymbol{r}_{\mathrm{b}}(t)}{dt^2}+\frac{m}{\tau}\frac{d\boldsymbol{r}_{\mathrm{b}}(t)}{dt}+m\omega_0^2\,\boldsymbol{r}_{\mathrm{b}}(t)=-e\boldsymbol{E}(t) \tag{9.21}$$

を採用する．ここで，$\boldsymbol{r}_{\mathrm{b}}(t)$ は，ある代表的な束縛電子の平衡位置からの変位ベクトル，m は電子の質量，$-e$ は電子の電荷である．(9.21) 式は，力学の強制振動の方程式に他ならず，左辺第二項が減衰項で τ は緩和時間を表し，第三項の $m\omega_0^2$ がバネ定数に相当する．$\omega_0>0$ は**固有振動数**と呼ばれ，物質ごとに異なる値を持つ**物質定数**である．

電磁波の電場 $\boldsymbol{E}(t)$ が，角振動数 ω を用いて，

$$\boldsymbol{E}(t)=\boldsymbol{E}_0\,e^{-i\omega t} \tag{9.22}$$

のように振動する場合を考察する．対応する (9.21) 式の特解は，7.4 節❷の手続きに従って得ることができる．具体的に，$\boldsymbol{r}_{\mathrm{b}}(t)$ を

$$\boldsymbol{r}_{\mathrm{b}}(t)=\boldsymbol{r}_0\,e^{-i\omega t} \tag{9.23}$$

と置いて (9.21) 式に代入すると，$e^{-i\omega t}$ の係数より，

$$\left(-\omega^2-\frac{i\omega}{\tau}+\omega_0^2\right)m\boldsymbol{r}_0=-e\boldsymbol{E}_0 \quad\longleftrightarrow\quad \boldsymbol{r}_0=-\frac{\frac{e}{m}}{\omega_0^2-\omega^2-\frac{i\omega}{\tau}}\boldsymbol{E}_0$$

を得る．この $\boldsymbol{r}_0$ を振幅とする束縛電子の平衡位置からの変位 $\boldsymbol{r}_{\mathrm{b}}(t)$ は，誘電体内に，時間変動する電荷の偏り，すなわち，有限の分極ベクトル $\boldsymbol{P}(t)$ を作り出す．その大きさは，束縛電子の密度を n_{b} として，

$$\boldsymbol{P}(t)=-en_{\mathrm{b}}\boldsymbol{r}_{\mathrm{b}}(t)=\frac{\frac{n_{\mathrm{b}}e^2}{m}}{\omega_0^2-\omega^2-\frac{i\omega}{\tau}}\boldsymbol{E}(t)\equiv\frac{\omega_{\mathrm{p}}^2}{\omega_0^2-\omega^2-\frac{i\omega}{\tau}}\varepsilon_0\boldsymbol{E}(t) \tag{9.24}$$

と評価できる．ここで導入された

$$\omega_{\mathrm{p}} \equiv \sqrt{\frac{n_{\mathrm{b}}e^2}{\varepsilon_0 m}} \tag{9.25}$$

は，誘電体の**プラズマ角振動数**と呼ばれている．

(9.24) 式の右辺を (8.4) 式の左辺に用いると，電気感受率が

$$\chi_{\mathrm{e}}(\omega) = \frac{\omega_{\mathrm{p}}^2}{\omega_0^2 - \omega^2 - \frac{i\omega}{\tau}}$$

と得られ，それを (8.5) 式に代入することで，角振動数 ω に依存する誘電率，すなわち，**誘電関数**が，

$$\varepsilon(\omega) = \varepsilon_0 \left(1 + \frac{\omega_{\mathrm{p}}^2}{\omega_0^2 - \omega^2 - \frac{i\omega}{\tau}}\right) \tag{9.26}$$

と求まる．その虚部は，光の吸収･減衰に関係する．対応する屈折率 (9.11) は，$\mu_j \approx \mu_0$ と近似して，

$$n(\omega) = \left(1 + \frac{\omega_{\mathrm{p}}^2}{\omega_0^2 - \omega^2 - \frac{i\omega}{\tau}}\right)^{\frac{1}{2}} \tag{9.27}$$

と得られる．図 9.3 は，$\left(\frac{\omega_{\mathrm{p}}}{\omega_0}, (\omega_0\tau)^{-1}\right) = (1.0, 0.1)$ と選んだ場合の誘電関数 (9.26) と屈折率 (9.27) の ω 依存性を描いたグラフである．$(\omega_0\tau)^{-1} = 0$ が振動に減衰のない場合で，ここで選んだ値 $(\omega_0\tau)^{-1} = 0.1$ は，振動の減衰が小さい領域にある．$\omega < \omega_0$ での屈折率の実部が，ω と共に増大しているのがわかる．

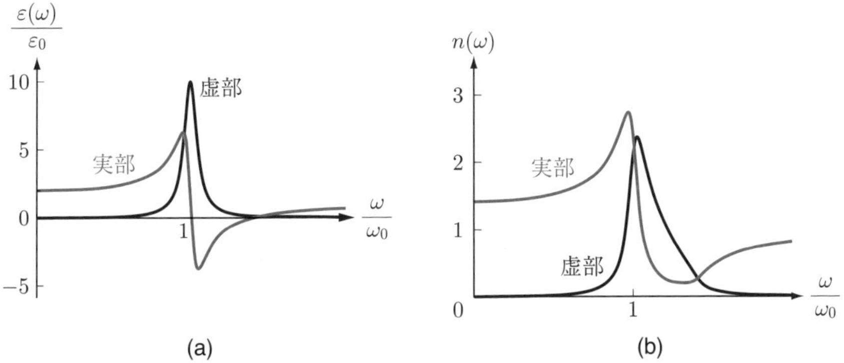

図 9.3　$\left(\frac{\omega_{\mathrm{p}}}{\omega_0}, (\omega_0\tau)^{-1}\right) = (1.0, 0.1)$ と選んだ場合の (a) 誘電関数と (b) 屈折率

❷虹の形成

図 9.3(b) のグラフより，虹の形成が理解できる．人間の目が識別できる**可視光線**は，電磁波の一種で，波長が約 $380\,\mathrm{nm} = 3.8 \times 10^{-7}\,\mathrm{m}$（紫色）から $780\,\mathrm{nm}$（赤色）の間にある．比誘電率がほぼ 1 の空気中を進んできた光は，比誘電率が約 80 の微小な水滴内に入射し，屈折・反射・屈折の過程を経て，再び空気中へと出てくる（図 9.4(a) 参照）．その際の屈折率は，図 9.3(b) の $\frac{\omega}{\omega_0} < 1$ の領域にあり，ω が大きいほど，すなわち (6.10) 式より，波長 λ が短いほど大きくなる．実際に，水の屈折率の測定値は，赤色光の約 1.32 から，紫色光の約 1.34 へと増大する．従って，水滴内での光は，図 9.4(a) のような波長に依存した軌道を描くことがわかる．

虹の見える方向は，太陽を背にして，太陽からの直接光から約 42° 傾いた方向で，観測者を頂点とする円錐の側面方向で光輪を形成する．より具体的に，虹が目に入る過程をフィルムを逆回しにして辿ると，観測者の目から出た光は，背後から来る直接光の軸から約 42° 傾いた方向へと円錐状に進んで行き，各方向の水滴に入射した後，屈折・反射・屈折の過程を経て，平行な光線となって太陽へともどっていく．その角度 42° は，太陽から地表へと降り注ぐ光が，様々な入射角で水滴内に入った後，どの方向に最も強い強度で散乱されるかによって決まっている．

この点を明らかにするために，図 9.4(b) のように，球状の表面から入射角 θ_1 で水滴内に入った光が，光の入射方向から角度 ϕ だけ傾いて出てくる過程を考察する．この図より，それら二つの角は，三角形の内角の和に関する等式

$$\theta_1 + (\pi - 2\theta_2) + \frac{\phi}{2} = \pi$$

すなわち，

$$\phi = 4\theta_2 - 2\theta_1$$

を満たすことがわかる．さらに，スネルの法則 (9.10) を用いると，ϕ が θ_1 の関数として，

$$\phi = f(\theta_1), \quad f(\theta_1) \equiv 4 \arcsin\left(\frac{\sin\theta_1}{n_{12}}\right) - 2\theta_1 \tag{9.28}$$

と表せる．空気の屈折率を $n_1 = 1.00$ とし，水の屈折率を可視光線の中央値 $n_2 = 1.33$ に選んで，関数 $\phi = f(\theta_1)$ を描いたのが図 9.4(c) である．この図より，散乱角 ϕ が，入射角が $\theta_1 = \theta_{\max} \approx 60.2^\circ$ の所で最大値 $\phi_{\max} \approx 42.5^\circ$ をとるのがわかる．

一方，角度 θ_1 で入射した光が，図 9.4(b) で示された水滴内での一度の反射を経て出てくるとき，その相対強度 $\widetilde{I}(\theta_1)$ は，p 偏光と s 偏光が同じ重みであるとして，

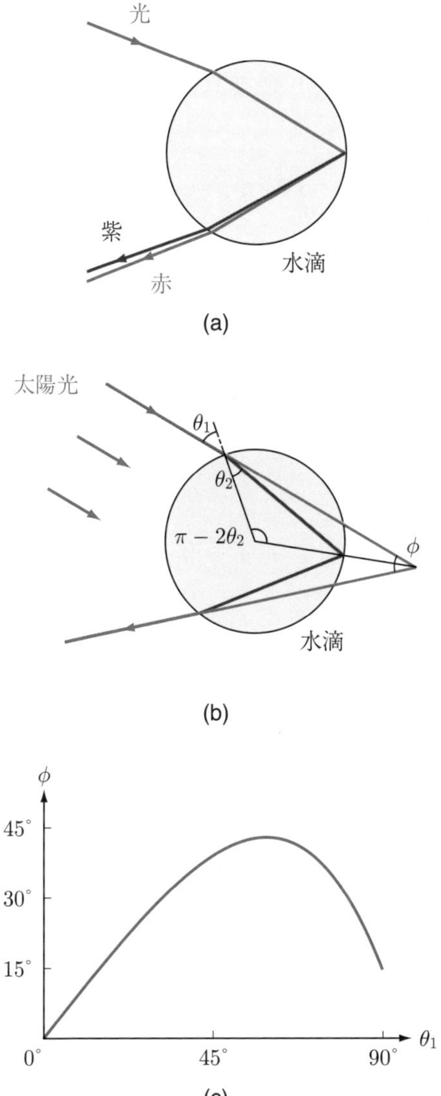

図 9.4　水滴内での光の分散

(9.20) 式を用いて，

$$\widetilde{I}(\theta_1) = \frac{1}{2}\sum_{i=\mathrm{p,s}} T_i(\theta_1, n_{12})R_i(\theta_2, n_{21})T_i(\theta_2, n_{21}) \tag{9.29}$$

と表せる．ϕ 方向に散乱される光の相対強度は，(9.29) 式に (9.28) 式の条件を考慮した式

$$\begin{aligned} I(\phi) &= \int_0^{\frac{\pi}{2}} \widetilde{I}(\theta_1)\,\delta(\phi - f(\theta_1))\,d\theta_1 \\ &= \sum_{\nu} \frac{\widetilde{I}(\theta_{1\nu})}{|f'(\theta_{1\nu})|} \end{aligned} \tag{9.30}$$

となる．第二の表式は，与えられた ϕ に対し，$\phi = f(\theta_{1\nu})$ を満たす入射角 $\theta_{1\nu}$ の周りで

$$f(\theta_1) = \phi + f'(\theta_{1\nu})(\theta_1 - \theta_{1\nu})$$

と展開し，変数変換

$$x = |f'(\theta_{1\nu})|(\theta_1 - \theta_{1\nu})$$

を行うことで得られた．より具体的に，$\theta_{1\nu}$ は，図 9.4(c) で θ_1 軸に平行に引いた切片 ϕ の直線が，曲線 $\phi = f(\theta_1)$ と交わる点の θ_1 座標で，$\phi \lesssim 15^\circ$ と $\phi = \phi_{\mathrm{max}} \approx 42.5^\circ$ で一つの解（$\nu = 1$）を，$15^\circ \lesssim \phi < \phi_{\mathrm{max}}$ で二つの解（$\nu = 1, 2$）を持つ．

(9.30) 式は，$f'(\theta_1) = 0$ となる角度，すなわち，$\phi = \phi_{\mathrm{max}} \approx 42.5^\circ$ で発散する．実際には，水滴が球から外れた様々な形状をとることもあり，発散は抑えられるが，散乱される光の強度が，$\phi = \phi_{\mathrm{max}} \approx 42.5^\circ$ のところでピークを持つことに変わりはない．虹は，この 42.5° の周りの $\pm$ 約 1.5° の範囲に，約 380 nm（紫）から 780 nm（赤）の波長の光が分散することにより生じる．そして，最も大きな ϕ_{max} を持つ赤が最上部の光輪を形成する．また，一般に太陽光線は地表に斜めに入射するが，その方向から角度 42.5° の方向が地表に現れるためには，太陽の高度は低くなければならない．従って，虹が多く見られるのは，1 日の中では朝夕に，また季節は秋から春にかけてとなる．

9.3　金属中の電磁波

次に，金属における電磁波の伝搬を考察しよう．金の黄金色や銀の銀色などの金属光沢は，金属を特徴づける自由電子が，電磁波である光に応答することで生じる．3.5節❶では，定常状態の金属内部では帯電が起こらず，電荷は表面のみに分布することを明らかにした．一方，電磁波の伝搬は，時間変動する現象である．従って，金属内部における電磁波の伝搬を議論する際には，金属が振動電場にどのように応答するかを明らかにする必要がある．

❶ 金属の誘電関数

まず，金属の誘電関数を求めよう．出発点は，ドルーデモデルの運動方程式 (7.4) である．その電場 $\boldsymbol{E}$ が，電磁波の電場成分として，角振動数 ω で

$$\boldsymbol{E} = \boldsymbol{E}_0\, e^{-i\omega t} \tag{9.31}$$

と振動するものとしよう．この電場を非斉次項とする微分方程式 (7.4) の特解は，7.4節❷での手順に従って得られる．その解を用いて，例題 7.1 におけるオームの法則 (7.5) の導出を繰り返すと，次の結果が導かれる（例題 9.2）．第一に，振動電場 (9.31) の下での電流密度が，(7.7) 式と同じ形

$$\boldsymbol{j}(t) = \sigma(\omega)\boldsymbol{E}(t) \tag{9.32}$$

に表せ，その係数が

$$\sigma(\omega) = \frac{\sigma_0}{1 - i\omega\tau}, \quad \sigma_0 \equiv \frac{n_{\mathrm{f}} e^2 \tau}{m} \tag{9.33a}$$

と得られる（例題 9.2(1)）．第二に，対応する**誘電関数** (8.5) が，誘電体に関する (9.24) 式から (9.26) 式への考察を繰り返すことで，

$$\frac{\varepsilon(\omega)}{\varepsilon_0} = 1 + i\frac{\sigma(\omega)}{\varepsilon_0 \omega} = 1 - \frac{\omega_{\mathrm{p}}^2}{\omega^2 + \frac{i\omega}{\tau}} \tag{9.33b}$$

と求まる（例題 9.2(2)）．ここで

$$\omega_{\mathrm{p}} \equiv \sqrt{\frac{n_{\mathrm{f}} e^2}{\varepsilon_0 m}} \tag{9.34}$$

は，金属の**プラズマ角振動数**である．(9.33a) 式は，**電気伝導率** σ_0 を有限の角振動数の場合へと拡張した関数であり，**光学伝導度**とも呼ばれている．

例題 9.2

(9.31) 式を非斉次項とする (7.4) 式を考察する．

(1)　特解を求め，電気伝導率の表式が (9.33a) 式となることを示せ．

(2)　誘電関数の表式が (9.33b) 式となることを示せ．

【解答】(1)　7.4 節❷での考察と同様に，(7.4) 式の $\boldsymbol{v}_\mathrm{f}$ を

$$\boldsymbol{v}_\mathrm{f}(t) = \boldsymbol{v}_0\, e^{-i\omega t} \tag{9.35}$$

と置いて，(9.31) 式と共に (7.4) 式に代入すると，$e^{-i\omega t}$ の係数より，

$$(-i\omega + \tau^{-1})m\boldsymbol{v}_0 = -e\boldsymbol{E}_0 \quad \longleftrightarrow \quad \boldsymbol{v}_0 = -\frac{\frac{e\tau}{m}}{1 - i\omega\tau}\boldsymbol{E}_0$$

を得る．この $\boldsymbol{v}_0$ を用いた (9.35) 式を (1.4) 式に代入すると，電流密度が，(9.33a) 式を用いて，(9.32) 式のように表せる．

(2)　速度 (9.35) に対応する電子の位置ベクトル $\boldsymbol{r}_\mathrm{f}$ は，特解についての関係式 $\boldsymbol{v}_\mathrm{f} = \frac{d\boldsymbol{r}_\mathrm{f}}{dt} = -i\omega\boldsymbol{r}_\mathrm{f}$ より，

$$\boldsymbol{r}_\mathrm{f}(t) = i\frac{\boldsymbol{v}_\mathrm{f}(t)}{\omega} = i\frac{\boldsymbol{v}_0}{\omega}e^{-i\omega t}$$

と求まる．これを電気分極の表式 $\boldsymbol{P} = -en_\mathrm{f}\boldsymbol{r}_\mathrm{f}$ に代入すると，$\boldsymbol{P}$ が，電気伝導率 (9.33a) を用いて，

$$\boldsymbol{P}(t) = i\frac{\sigma(\omega)}{\omega}\boldsymbol{E}(t)$$

と表せる．この式の右辺を (8.4) 式の左辺に用いると，電気感受率が

$$\chi_\mathrm{e}(\omega) = i\frac{\sigma(\omega)}{\varepsilon_0\omega}$$

と求まり，それを (8.5) 式に代入することで，誘電関数が (9.33b) 式のように得られる．■

(9.33b) 式と誘電体の誘電関数 (9.26) との違いは，バネ定数に相当する ω_0^2 の項がないことにある．これは，金属中の自由電子が，誘電体中の束縛電子とは異なり，原子核に束縛されることなく電場に応答して自由に動き，電場を遮蔽できることに対応している．実際，ω_0^2 項のない (9.33b) 式は，$\omega \to 0$ の極限で $-\infty$ に発散する（図 9.5(a) 参照）．(8.13a) 式より，このことは，電場 $\boldsymbol{E} = \frac{\boldsymbol{D}}{\varepsilon}$ が，静的な極限 $\omega \to 0$ で金属内から消えることを表し，「静電場は金属内に存在しない」という 3.5 節❶で議論した内容の数学的表現となっている．

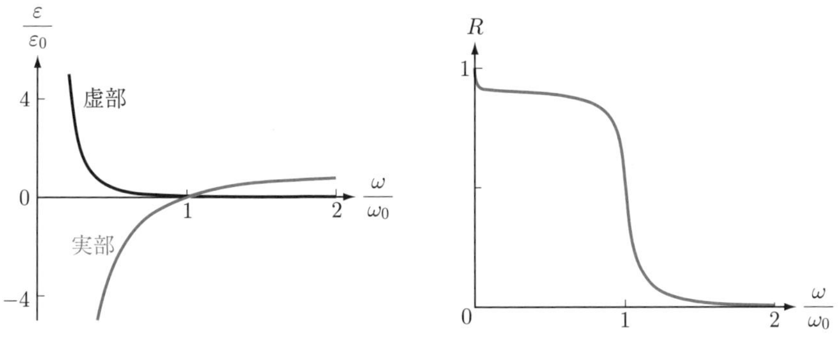

(a)　　　　(b)

図 9.5　$(\omega_\mathrm{p}\tau)^{-1} = 0.05$ と選んだ場合の金属の (a) 誘電関数と (b) 表面での電磁波の反射率 R

金属の誘電関数が $\omega \to 0$ で $-\infty$ に発散することから，金属内へ入射した低振動数の電磁波は反射され，金属内へは入れないことが結論づけられる．図 9.5(b) は，空気中から金属表面に垂直入射した電磁波の反射率

$$R = \left| \frac{1 - \sqrt{\frac{\varepsilon(\omega)}{\varepsilon_0}}}{1 + \sqrt{\frac{\varepsilon(\omega)}{\varepsilon_0}}} \right|^2 \tag{9.36}$$

の表式に (9.33b) 式を代入し，電子の散乱が小さい $(\omega_\mathrm{p}\tau)^{-1} = 0.05$ の場合に計算して得たグラフである．(9.36) 式の導出は以下の 9.3 節❷で行う．$\omega < \omega_\mathrm{p}$ の領域では，反射率が 1 に近く，また，たとえ金属内に入射しても，すぐに減衰してしまう．この減衰に関しては，次項の図 9.6 とその説明を参照されたい．反射率の急激な変化が生じる $\omega \approx \omega_\mathrm{p}$ を**プラズマ端**，また，$\omega < \omega_\mathrm{p}$ での完全反射に近い領域の反射を**プラズマ反射**という．

金の ω_p は，対応する光の波長 $\frac{2\pi c}{\omega_\mathrm{p}}$ で表すと，約 $500\,\mathrm{nm} = 5.0 \times 10^{-7}\,\mathrm{m}$ 近傍の緑色光の領域にある．そのため，金の表面では，赤・橙・黄・黄緑の光が強く反射され，黄金色に輝く．一方，銀の ω_p は，波長が約 $350\,\mathrm{nm} = 3.5 \times 10^{-7}\,\mathrm{m}$ の赤外にあり，全ての可視光が均等に反射されて色づかず，銀色に輝くことになる．このように，自由電子が関与するプラズマ角振動数の違いが，金属表面の輝く色に関係しているのである．

❷ 金属表面での反射率

金属表面での反射率の表式 (9.36) を導出しよう．前項の考察によると，金属の誘電率は $\omega \to 0$ で $-\infty$ に発散する．従って，有限の誘電率を前提とする現象論的なマクスウェル方程式 (8.14) は，扱いにくい側面がある．そこで，元のマクスウェル方程式 (1.5) に立ち戻り，電流密度に (9.32) 式を代入すると，

$$\mathrm{div}\,\boldsymbol{E} = \frac{\rho}{\varepsilon_0}, \tag{9.37a}$$

$$\mathrm{div}\,\boldsymbol{B} = 0, \tag{9.37b}$$

$$\mathrm{rot}\,\boldsymbol{E} = -\frac{\partial \boldsymbol{B}}{\partial t}, \tag{9.37c}$$

$$\mathrm{rot}\,\boldsymbol{B} = \mu_0 \sigma \boldsymbol{E} + \frac{1}{c^2}\frac{\partial \boldsymbol{E}}{\partial t} \tag{9.37d}$$

が得られる．その電場が電磁波の伝搬にともなって生じている場合には，電磁波は (6.8a) 式を満たす横波なので，

$$\mathrm{div}\,\boldsymbol{E} = 0$$

が良い精度で成立し，電荷は誘起されないことが結論づけられる．従って，(6.1) 式から (6.2a) 式を得た手続きを繰り返すことで，金属に入射した電磁波の電場成分が，方程式

$$\left(-\nabla^2 + \frac{1}{c^2}\frac{\partial^2}{\partial t^2}\right)\boldsymbol{E} = -\mu_0 \sigma \frac{\partial \boldsymbol{E}}{\partial t} \tag{9.38}$$

を満たすことが結論づけられる（演習問題 9.2）．

以上の準備のもとに，角振動数 ω を持つ直線偏光の単色平面波が，$z < 0$ の真空領域 0 から，$z \geq 0$ の金属領域 1 へと垂直入射する場合を考察する．(6.5) 式と (6.8b) 式より，入射波の電磁場を

$$\boldsymbol{E}_0^{\mathrm{i}}(\boldsymbol{r}, t) = \widetilde{\boldsymbol{E}}_0\, e^{i\boldsymbol{k}\cdot\boldsymbol{r} - i\omega t}, \quad \boldsymbol{B}_0^{\mathrm{i}}(\boldsymbol{r}, t) = \frac{\widehat{\boldsymbol{k}} \times \widetilde{\boldsymbol{E}}_0}{c}\, e^{i\boldsymbol{k}\cdot\boldsymbol{r} - i\omega t} \tag{9.39a}$$

と表す．すると，進行方向が反転した反射波の電磁場は，

$$\boldsymbol{E}_0^{\mathrm{r}}(\boldsymbol{r}, t) = \widetilde{\boldsymbol{E}}_0^{\mathrm{r}}\, e^{-i\boldsymbol{k}\cdot\boldsymbol{r} - i\omega t}, \quad \boldsymbol{B}_0^{\mathrm{r}}(\boldsymbol{r}, t) = \frac{-\widehat{\boldsymbol{k}} \times \widetilde{\boldsymbol{E}}_0}{c}\, e^{-i\boldsymbol{k}\cdot\boldsymbol{r} - i\omega t} \tag{9.39b}$$

と表現できる．さらに，金属中の電磁場は，その波数ベクトルを $\boldsymbol{k}_1$ として，(9.37c) 式を満たすように

$$\boldsymbol{E}_1(\boldsymbol{r},t)=\widetilde{\boldsymbol{E}}_1\,e^{i\boldsymbol{k}_1\cdot\boldsymbol{r}-i\omega t},\quad \boldsymbol{B}_1(\boldsymbol{r},t)=\frac{\boldsymbol{k}_1\times\widetilde{\boldsymbol{E}}_1}{\omega}\,e^{i\boldsymbol{k}_1\cdot\boldsymbol{r}-i\omega t} \tag{9.39c}$$

と表せる．ただしここでは，(9.6a) 式を導出した経験から，反射波と透過波の角振動数は，最初から入射波と同じ値に選んだ．(9.39c) 式を (9.38) 式に代入すると，$\boldsymbol{k}_1$ と ω が，等式

$$k_1^2-\frac{\omega^2}{c^2}=i\omega\mu_0\sigma$$

を満たすこと，すなわち，

$$\frac{c^2k_1^2}{\omega^2}=1+i\frac{\sigma(\omega)}{\varepsilon_0\omega}=\frac{\varepsilon(\omega)}{\varepsilon_0} \tag{9.40}$$

が成立することがわかる．ここで $\varepsilon(\omega)$ は，(9.33b) 式で定義された誘電関数である．この変形より，誘電関数 (9.33b) が，金属の自由電子が電場を遮蔽する効果を繰り込んだものとなっていることがわかる．

垂直入射の場合の電磁場は，境界面に平行である．その境界条件は，(8.15c), (8.15d), (9.39) 式より，

$$(\widetilde{\boldsymbol{E}}_0^{\mathrm{i}}+\widetilde{\boldsymbol{E}}_0^{\mathrm{r}})\cdot\boldsymbol{t}_0=\widetilde{\boldsymbol{E}}_1\cdot\boldsymbol{t}_0, \tag{9.41a}$$

$$\frac{\widehat{\boldsymbol{k}}\times(\widetilde{\boldsymbol{E}}_0^{\mathrm{i}}-\widetilde{\boldsymbol{E}}_0^{\mathrm{r}})}{c\mu_0}\cdot\boldsymbol{t}_0=\frac{(\boldsymbol{k}_1\times\widetilde{\boldsymbol{E}}_1)}{\omega\mu_0}\cdot\boldsymbol{t}_0 \tag{9.41b}$$

と得られる．ただし，金属の透磁率を μ_0 で近似した．さらに，垂直入射する直線偏光の振幅と進行方向，および，表面に平行なベクトル $\boldsymbol{t}_0$ を，

$$\begin{aligned}\widetilde{\boldsymbol{E}}_0^{\mathrm{i}}&=(E_0^{\mathrm{i}},0,0),\\ \widehat{\boldsymbol{k}}&=(0,0,1),\\ \boldsymbol{t}_0&=(1,0,0),\ (0,1,0)\end{aligned}$$

と選ぶことで，(9.41) 式が，

$$\left\{\begin{aligned}&\widetilde{E}_0^{\mathrm{i}}+\widetilde{E}_0^{\mathrm{r}}=\widetilde{E}_1\\ &\widetilde{E}_0^{\mathrm{i}}-\widetilde{E}_0^{\mathrm{r}}=\frac{ck_1}{\omega}\widetilde{E}_1\end{aligned}\right.\quad\longleftrightarrow\quad\left\{\begin{aligned}&-\widetilde{E}_0^{\mathrm{r}}+\widetilde{E}_1=\widetilde{E}_0^{\mathrm{i}}\\ &\widetilde{E}_0^{\mathrm{r}}+\sqrt{\frac{\varepsilon(\omega)}{\varepsilon_0}}\,\widetilde{E}_1=\widetilde{E}_0^{\mathrm{i}}\end{aligned}\right. \tag{9.42}$$

へと簡略化できる．ただし，最後の書き換えには (9.40) 式を用いた．この式を解くと，反射率が

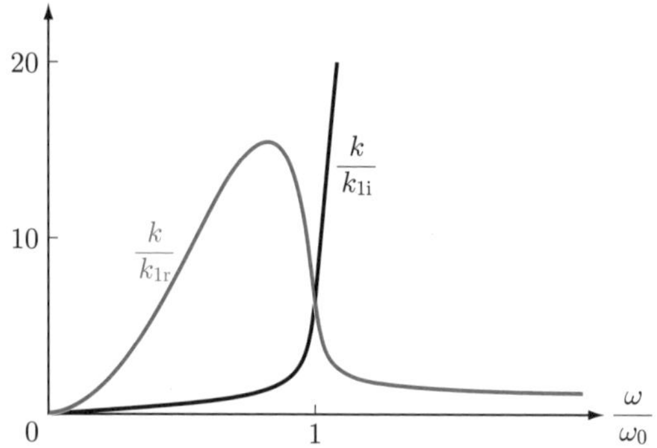

図 9.6　入射波の波長で規格化された金属内での透過波の波長 $\frac{k}{k_{1\mathrm{r}}}$ と侵入長 $\frac{k}{k_{1\mathrm{i}}}$ を，角振動数 ω の関数として，$(\omega_\mathrm{p}\tau)^{-1} = 0.05$ の場合に描いた図．

$$R \equiv \left| \frac{\widetilde{E}_0^\mathrm{r}}{\widetilde{E}_0^\mathrm{i}} \right|^2 = \left| \frac{1 - \sqrt{\frac{\varepsilon(\omega)}{\varepsilon_0}}}{1 + \sqrt{\frac{\varepsilon(\omega)}{\varepsilon_0}}} \right|^2$$

と求まる．すなわち，(9.36) 式が得られた．

さらに，$1 - R(\omega)$ の割合で金属内に入射した電磁波は，(9.40) 式で決まる k_1 を用いた表式

$$\boldsymbol{E}_1(\boldsymbol{r}, t) = \widetilde{\boldsymbol{E}}_1\, e^{ik_{1\mathrm{r}}z - k_{1\mathrm{i}}z - i\omega t} \tag{9.43}$$

に従って金属内を伝搬する．ただし，$k_{1\mathrm{r}} > 0$ と $k_{1\mathrm{i}}$ は k_1 の実部と虚部で，$\frac{2\pi}{k_{1\mathrm{r}}}$ は透過波の波長を，$\frac{1}{k_{1\mathrm{i}}}$ は金属表面から侵入できる長さ（侵入長）の目安を与える．図 9.6 は，これら二つを，$(\omega_\mathrm{p}\tau)^{-1} = 0.05$ の場合について，入射波の波数 k で規格化して描いたグラフである．$\omega < \omega_\mathrm{p}$ の長波長領域での透過波は，入射波の波長より短い距離で大きく減衰し，それと共に，波長が入射波に比べて大きく伸びるのがわかる．一方，$\omega > \omega_\mathrm{p}$ の領域の透過波は，侵入長が大きく伸びると共に，波長も入射波の波長に近づくのが見てとれる．

演習問題

9.1 フレネルの公式 (9.16) によると，p 偏光が全く反射されなくなるような入射角 $\theta_1 = \theta_{\mathrm{B}}$ が存在する．その角度 θ_{B}，すなわち，**ブリュースター角**を，相対屈折率 n_{12} を用いて表せ．

9.2 (9.37) 式に基づき，金属中を伝搬する電磁波の電場が，(9.38) 式を満たすことを示せ．

第10章 電磁ポテンシャルと双極子放射

本章では，電磁ポテンシャルを導入することにより，マクスウェル方程式の数を半分にできることを示す．また，得られた電磁ポテンシャルの方程式が，ゲージ不変性を満たすことを明らかにし，ゲージ固定での方程式の簡略化の例を挙げる．次に，ゲージ固定の一つであるローレンツゲージでの方程式の特解が，遅延・先進ポテンシャルで与えられることを示す．最後に，振動電荷に対する電磁ポテンシャルの方程式を解いて，それにより作り出される電磁場の遠方での表式を求める．

10.1 マクスウェル方程式の電磁ポテンシャルによる表現

マクスウェル方程式 (1.5) は，スカラーポテンシャル ϕ とベクトルポテンシャル $\boldsymbol{A}$ を用いることで，より簡潔に表せる．このことを以下で明らかにする．

まず，(1.5b) 式と (1.5c) 式を用いると，磁束密度 $\boldsymbol{B}$ と電場 $\boldsymbol{E}$ が，ある $(\phi, \boldsymbol{A})$ を用いて，

$$\boldsymbol{B} = \boldsymbol{\nabla} \times \boldsymbol{A}, \tag{10.1a}$$

$$\boldsymbol{E} = -\boldsymbol{\nabla}\phi - \frac{\partial \boldsymbol{A}}{\partial t} \tag{10.1b}$$

と表現できる（例題 10.1）．(10.1a) 式の $\boldsymbol{A}$ は磁束密度の渦成分を，(10.1b) 式右辺の ϕ と $\boldsymbol{A}$ は，それぞれ，電場の湧き出し成分と渦成分を記述するものと理解できる．$(\phi, \boldsymbol{A})$ を**電磁ポテンシャル**という．

例題 10.1

(1.5b) 式と (1.5c) 式を用いて，磁束密度と電場が，(10.1) 式のように表せることを示せ．

【解答】 (2.41) 式と (2.42) 式によると，湧き出しなしの条件式 (1.5b) を満たす磁束密度 $\boldsymbol{B}$ は，(10.1a) のように表すことができる．次に，ファラデーの電磁誘導の法則 (1.5c) に (10.1a) 式を代入し，右辺を移項して時間微分と空間微分の順序を入れ替えると，

$$\boldsymbol{\nabla} \times \left(\boldsymbol{E} + \frac{\partial \boldsymbol{A}}{\partial t} \right) = 0$$

が得られる．ここで，(2.36) 式から (2.39) 式への議論を思い起こすと，この渦なしの条件を満たす

$$\boldsymbol{E} + \frac{\partial \boldsymbol{A}}{\partial t}$$

が，

$$\boldsymbol{E} + \frac{\partial \boldsymbol{A}}{\partial t} = -\boldsymbol{\nabla} \phi$$

と表せることが結論づけられる．すなわち，電場 $\boldsymbol{E}$ が，スカラーポテンシャル ϕ とベクトルポテンシャル $\boldsymbol{A}$ を用いて，(10.1b) 式のように表現できた．■

電磁ポテンシャル $(\phi, \boldsymbol{A})$ を決める式は，残る 2 本のマクスウェル方程式 (1.5a) と (1.5d) から，

$$-\nabla^2 \phi - \frac{\partial}{\partial t} \boldsymbol{\nabla} \cdot \boldsymbol{A} = \frac{1}{\varepsilon_0} \rho, \tag{10.2a}$$

$$\left(-\nabla^2 + \frac{1}{c^2} \frac{\partial^2}{\partial t^2} \right) \boldsymbol{A} + \boldsymbol{\nabla} \left(\boldsymbol{\nabla} \cdot \boldsymbol{A} + \frac{1}{c^2} \frac{\partial \phi}{\partial t} \right) = \mu_0 \boldsymbol{j} \tag{10.2b}$$

のように得られる（例題 10.2）．成分で見たとき，(10.2) 式は，4 個の未知関数 $(\phi, \boldsymbol{A})$ に対する 4 本の方程式を構成している．これらを解くことで，$(\phi, \boldsymbol{A})$ を決めることができる．このようにして，$(\boldsymbol{E}, \boldsymbol{B})$ についての 8 本の方程式 (1.5) が，電磁ポテンシャル $(\phi, \boldsymbol{A})$ についての 4 本の方程式へと簡略化できた．

例題 10.2

(10.1) 式を (1.5a) 式と (1.5d) 式に代入し，(10.2) 式を導出せよ．

【解答】 まず，(10.1b) 式を (1.5a) 式に代入すると，

$$-\nabla^2\phi - \boldsymbol{\nabla}\cdot\frac{\partial \boldsymbol{A}}{\partial t} = \frac{1}{\varepsilon_0}\rho$$

となる．さらに，左辺第二項で空間微分と時間微分の順序を入れ換えると，(10.2a) 式が得られる．

次に，(10.1a) 式と (10.1b) 式を (1.5d) 式に代入し，左辺に恒等式 (1.12c) を用いると，

$$\boldsymbol{\nabla}(\boldsymbol{\nabla}\cdot\boldsymbol{A}) - \nabla^2\boldsymbol{A} = \mu_0\boldsymbol{j} - \frac{1}{c^2}\left(\frac{\partial}{\partial t}\boldsymbol{\nabla}\phi + \frac{\partial^2\boldsymbol{A}}{\partial t^2}\right)$$

となる．さらに，右辺で ϕ に関する時間微分と空間微分の順序を入れ換えると，(10.2b) 式が得られる．■

コラム 電磁ポテンシャル

マクスウェル方程式 (1.5) は，電磁ポテンシャルを用いて電磁場を (10.1) 式のように表現することで，(10.2) 式へと簡略化された．そのようにして導入された電磁ポテンシャル $(\phi, \boldsymbol{A})$ は，現在では，電磁場 $(\boldsymbol{E}, \boldsymbol{B})$ よりも基本的な場であることが明らかとなっている．例えば，7.5 節❸における超伝導体の磁束量子化の議論では，磁場のない経路上での線積分値が，その経路内の磁束量に依存して変化することが示され，その説明には $\boldsymbol{A}$ を用いた超伝導電子の速度 (7.29) が関わっていた．同じことは，量子力学に従って運動する電子一般についても成り立つことが実験的に示され，**アハラノフ–ボーム効果**として知られている．また，次章でのローレンツ不変性の議論でも，電磁ポテンシャルの方程式が中心的な役割を担っている．

10.2　ゲージ不変性とゲージ固定

❶ ゲージ不変性

磁場に関するガウスの法則 (1.5b) を満たすベクトルポテンシャルとしては，(10.1a) 式のかわりに，

$$\widetilde{\boldsymbol{A}} \equiv \boldsymbol{A} + \boldsymbol{\nabla}\chi \tag{10.3a}$$

で定義されるベクトル場 $\widetilde{\boldsymbol{A}}$ を用いても良い．実際に，右辺第二項の $\boldsymbol{B}$ への寄与は，恒等式 (2.40)，すなわち，

$$\boldsymbol{\nabla} \times (\boldsymbol{\nabla}\chi) = \boldsymbol{0}$$

より消えることがわかる．一方，(10.3a) 式を

$$\boldsymbol{A} = \widetilde{\boldsymbol{A}} - \boldsymbol{\nabla}\chi$$

と表して (10.1b) 式に代入すると，電場が

$$\boldsymbol{E} = -\boldsymbol{\nabla}\phi - \frac{\partial \widetilde{\boldsymbol{A}}}{\partial t} + \frac{\partial}{\partial t}\boldsymbol{\nabla}\chi$$

と表され，右辺第三項の追加項が現れる．しかし，この追加項は，新たなスカラーポテンシャル $\widetilde{\phi}$ を

$$\widetilde{\phi} = \phi - \frac{\partial \chi}{\partial t} \tag{10.3b}$$

により定義することで，$\boldsymbol{E}$ の表式から

$$\boldsymbol{E} = -\boldsymbol{\nabla}\widetilde{\phi} - \frac{\partial \widetilde{\boldsymbol{A}}}{\partial t}$$

のように取り去ることができる．つまり，$(\boldsymbol{B}, \boldsymbol{E})$ を表す $(\phi, \boldsymbol{A})$ には，任意関数 χ だけの不定性があり，(10.3) 式の $(\widetilde{\phi}, \widetilde{\boldsymbol{A}})$ を用いることも可能なのである．さらに，$(\widetilde{\phi}, \widetilde{\boldsymbol{A}})$ を決める方程式は，$(\phi, \boldsymbol{A})$ に対する (10.2) 式から，単なる置き換え $(\phi, \boldsymbol{A}) \to (\widetilde{\phi}, \widetilde{\boldsymbol{A}})$ により得られ，形が変わらない．(10.3) 式の変換を**ゲージ変換**，また，その変換により方程式 (10.2) の形が変わらないことを**ゲージ不変性**という．

ゲージ不変性は，電子を点電荷とみなす古典力学による記述から，複素スカラー場である波動関数 ψ を用いる量子力学の記述へと移行すると，より深い意味を持つことになる．すなわち，ゲージ変換 (10.3) は，波動関数の位相変換 $\widetilde{\psi} = \psi e^{i\chi}$ に関連し，ゲージ不変性は粒子数保存則と結びついているのである．例えば，巨視的波動関数で記述される超伝導電子の速度 (7.29) には，位相 χ とベクトルポテンシャル $\boldsymbol{A}$ が，ゲージ不変な形で現れている．

❷ ローレンツゲージの方程式

ゲージ変換の自由度を用いると，χ を適切に選んで固定し，(10.2) 式をより簡明な形にすることが可能である．そのゲージ固定の代表的な一つが，**ローレンツゲージ**と呼ばれるものである．具体的に，ローレンツゲージでの電磁ポテンシャル $(\phi_{\mathrm{L}}, \boldsymbol{A}_{\mathrm{L}})$ は，**ローレンツ条件**

$$\nabla \cdot \boldsymbol{A}_{\mathrm{L}} + \frac{1}{c^2}\frac{\partial \phi_{\mathrm{L}}}{\partial t} = 0 \tag{10.4}$$

を満たすことで特徴づけられる．それらの電磁ポテンシャルは，(10.2) 式のポテンシャル $(\phi, \boldsymbol{A})$ に，変換

$$(\phi_{\mathrm{L}}, \boldsymbol{A}_{\mathrm{L}}) = \left(\phi - \frac{\partial \chi_{\mathrm{L}}}{\partial t}, \boldsymbol{A} + \nabla \chi_{\mathrm{L}}\right)$$

を行い，その χ_{L} を，(10.4) 式を満たす条件

$$-\nabla^2 \chi_{\mathrm{L}} + \frac{1}{c^2}\frac{\partial^2 \chi_{\mathrm{L}}}{\partial t^2} = \nabla \cdot \boldsymbol{A} + \frac{1}{c^2}\frac{\partial \phi}{\partial t}$$

により決めることで求まる．対応する $(\phi_{\mathrm{L}}, \boldsymbol{A}_{\mathrm{L}})$ の方程式は，(10.2) 式で $(\phi, \boldsymbol{A}) \to (\phi_{\mathrm{L}}, \boldsymbol{A}_{\mathrm{L}})$ と置き換え，(10.4) 式を用いることで，

$$\left(-\nabla^2 + \frac{1}{c^2}\frac{\partial^2}{\partial t^2}\right)\phi_{\mathrm{L}} = \frac{1}{\varepsilon_0}\rho, \tag{10.5a}$$

$$\left(-\nabla^2 + \frac{1}{c^2}\frac{\partial^2}{\partial t^2}\right)\boldsymbol{A}_{\mathrm{L}} = \mu_0 \boldsymbol{j} \tag{10.5b}$$

と得られる．すなわち，ϕ_{L} と $\boldsymbol{A}_{\mathrm{L}}$ が同じ形の方程式に従う．これが，ローレンツゲージを用いる大きな利点の一つである．

❸ クーロンゲージの方程式

もう一つのよく使われるゲージが，**クーロンゲージ**

$$\boldsymbol{\nabla} \cdot \boldsymbol{A}_{\mathrm{C}} = 0 \tag{10.6}$$

である．これを満たす電磁ポテンシャルは，任意のポテンシャル $(\phi, \boldsymbol{A})$ に，変換

$$(\phi_{\mathrm{C}}, \boldsymbol{A}_{\mathrm{C}}) = \left(\phi - \frac{\partial \chi_{\mathrm{C}}}{\partial t}, \boldsymbol{A} + \boldsymbol{\nabla}\chi_{\mathrm{C}}\right)$$

をほどこし，その χ_{C} を，(10.6) 式を満たす条件

$$\nabla^2 \chi_{\mathrm{C}} = -\boldsymbol{\nabla} \cdot \boldsymbol{A}$$

により決めることで求まる．対応する電磁ポテンシャルの方程式は，(10.2) 式で $(\phi, \boldsymbol{A}) \to (\phi_{\mathrm{C}}, \boldsymbol{A}_{\mathrm{C}})$ と置き換え，(10.6) 式を用いることで，

$$-\nabla^2 \phi_{\mathrm{C}} = \frac{1}{\varepsilon_0}\rho, \tag{10.7a}$$

$$\left(-\nabla^2 + \frac{1}{c^2}\frac{\partial^2}{\partial t^2}\right)\boldsymbol{A}_{\mathrm{C}} = \mu_0 \boldsymbol{j} - \frac{1}{c^2}\frac{\partial(\boldsymbol{\nabla}\phi_{\mathrm{C}})}{\partial t} \tag{10.7b}$$

と得られる．このように，スカラーポテンシャルの方程式が静電場の場合と同じポアソン方程式 (3.16) に簡略化される一方で，ベクトルポテンシャルの方程式との間に非対称性が生じる．

10.3 遅延・先進ポテンシャル

❶遅延・先進ポテンシャル

静的な場合の電磁ポテンシャル $(\phi, \boldsymbol{A})$ は，共に，ポアソン方程式 (3.16) と (4.11) に従い，その解は (3.15) 式と (4.12) 式で与えられる．一方，ローレンツゲージにおける電磁ポテンシャルの方程式 (10.5) は，ポアソン方程式の拡張型をしており，その特解，すなわち，$(\rho, \boldsymbol{j})$ が有限である場合の一つの解は，

$$\phi_{\mathrm{L}}(\boldsymbol{r}, t) = \frac{1}{4\pi\varepsilon_0} \int \frac{\rho\left(\boldsymbol{r}', t \mp \frac{|\boldsymbol{r}-\boldsymbol{r}'|}{c}\right)}{|\boldsymbol{r}-\boldsymbol{r}'|} d^3r', \tag{10.8a}$$

$$\boldsymbol{A}_{\mathrm{L}}(\boldsymbol{r}, t) = \frac{\mu_0}{4\pi} \int \frac{\boldsymbol{j}\left(\boldsymbol{r}', t \mp \frac{|\boldsymbol{r}-\boldsymbol{r}'|}{c}\right)}{|\boldsymbol{r}-\boldsymbol{r}'|} d^3r' \tag{10.8b}$$

と表すことができる．証明は，以下の 10.3 節❷と 10.3 節❸で，それぞれ別の方法で行う．負符号の解を**遅延ポテンシャル**，正符号の解を**先進ポテンシャル**という．遅延ポテンシャルは，位置 $\boldsymbol{r}'$ で時刻 $t - \frac{|\boldsymbol{r}-\boldsymbol{r}'|}{c}$ に放射された電磁波を，後の時刻 t に位置 $\boldsymbol{r}$ で観測する現象を記述する．先進ポテンシャルは，ある電磁波を位置 $\boldsymbol{r}'$ で時刻 $t + \frac{|\boldsymbol{r}-\boldsymbol{r}'|}{c}$ に観測するには，それより前の時刻 t に位置 $\boldsymbol{r}$ でどのような電磁波を放射すべきかという問いに関係する．(10.8) 式は，ローレンツ条件 (10.4) を満たしていることを確認できる（演習問題 10.3）．

❷(10.8a) 式の証明 (1)

(10.8a) 式と (10.8b) 式は形が同じなので，(10.8a) 式のみを考察すれば十分である．関数 $\phi_{\mathrm{L}}(\boldsymbol{r}, t)$ は，変数

$$\boldsymbol{R} \equiv \boldsymbol{r} - \boldsymbol{r}', \quad \sigma \equiv \mp 1 \tag{10.9}$$

を用いて，

$$\phi_{\mathrm{L}}(\boldsymbol{r}, t) \equiv \frac{1}{4\pi\varepsilon_0} \int f\left(\boldsymbol{r}', t + \frac{\sigma R}{c}, R\right) d^3r', \tag{10.10a}$$

$$f\left(\boldsymbol{r}', t + \frac{\sigma R}{c}, R\right) \equiv \frac{\rho\left(\boldsymbol{r}', t + \frac{\sigma R}{c}\right)}{R} \tag{10.10b}$$

と表せる．その $\boldsymbol{r}$ 依存性は，f の $R \equiv |\boldsymbol{r} - \boldsymbol{r}'|$ のみを通して現れているので，(10.5a) 式のラプラシアン ∇^2 は，f の R 依存性のみに作用することになる．次に，(10.10a) 式の積分領域を，図 10.1 のように，被積分関数の特異点 $\boldsymbol{R} = \boldsymbol{0}$ を中心とする微小な

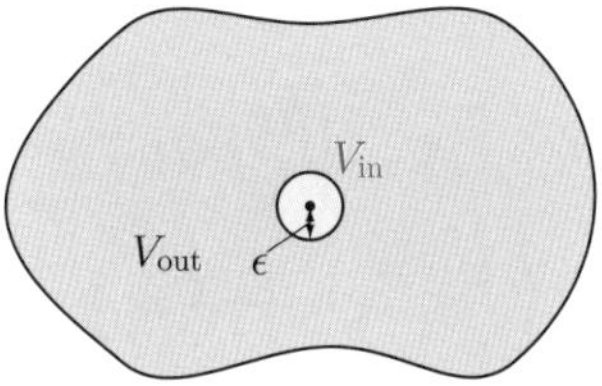

図 10.1　**(10.10a) 式の積分領域の分割**

半径 ϵ の球 V_{in} と，それ以外の領域 V_{out} に分けて，

$$\phi_{\mathrm{L}}(\boldsymbol{r},t)=\phi_{\mathrm{L}}^{\mathrm{in}}(\boldsymbol{r},t)+\phi_{\mathrm{L}}^{\mathrm{out}}(\boldsymbol{r},t) \tag{10.11}$$

と表す．まず，領域 V_{in} の (10.5a) 式への寄与は，(3.18) 式を用いて，次のように評価できる．

$$\begin{aligned}
&\left(-\nabla^2+\frac{1}{c^2}\frac{\partial^2}{\partial t^2}\right)\phi_{\mathrm{L}}^{\mathrm{in}}(\boldsymbol{r},t)\\
&=\frac{1}{4\pi\varepsilon_0}\int_{V_{\mathrm{in}}}\rho\left(\boldsymbol{r}',t+\frac{\sigma R}{c}\right)\left(-\nabla^2\frac{1}{R}\right)d^3r'\\
&\quad+\frac{1}{4\pi\varepsilon_0}\int_{V_{\mathrm{in}}}\frac{1}{R}\left(-\nabla^2+\frac{1}{c^2}\frac{\partial^2}{\partial t^2}\right)\rho\left(\boldsymbol{r}',t+\frac{\sigma R}{c}\right)d^3r'\\
&=\frac{\rho(\boldsymbol{r},t)}{\varepsilon_0}+\frac{1}{4\pi\varepsilon_0}\int_{V_{\mathrm{in}}}\frac{1}{R}\left(-\nabla^2+\frac{1}{c^2}\frac{\partial^2}{\partial t^2}\right)\rho\left(\boldsymbol{r}',t+\frac{\sigma R}{c}\right)d^3r'\\
&\xrightarrow{\epsilon\to 0}\frac{\rho(\boldsymbol{r},t)}{\varepsilon_0}.
\end{aligned} \tag{10.12a}$$

ここで，右辺第二項は被積分関数に特異性がないので，積分領域がゼロになる $\epsilon\to 0$ の極限で，その積分値がゼロになることを用いた．

第二に，$\phi_{\mathrm{L}}^{\mathrm{out}}$ の (10.5a) 式への寄与を評価する．そのラプラシアン ∇^2 の作用を簡便に計算するため，(10.10b) 式の R 依存性のみを取り出して，新たな一変数関数

$$\widetilde{f}(R)\equiv f\left(\boldsymbol{r}',t+\frac{\sigma R}{c},R\right)$$

を定義する．この関数を用いると，$\nabla^2 f$ が，微分の連鎖律，(3.10a) 式，および，積の微分公式

$$(\widetilde{f}\widetilde{g})'=\widetilde{f}'\widetilde{g}+\widetilde{f}\widetilde{g}'$$

を用いて，次のように変形できる．

$$
\begin{aligned}
\nabla^2 f &= \nabla^2 \widetilde{f} = \boldsymbol{\nabla} \cdot \boldsymbol{\nabla} \widetilde{f} \\
&= \boldsymbol{\nabla} \cdot \{(\boldsymbol{\nabla} R)\widetilde{f}'(R)\} = \boldsymbol{\nabla} \cdot \left\{ \frac{\boldsymbol{R}}{R} \widetilde{f}'(R) \right\} \\
&= \frac{\boldsymbol{R}}{R} \cdot \frac{\boldsymbol{R}}{R} \widetilde{f}''(R) + \left(\frac{\boldsymbol{\nabla} \cdot \boldsymbol{R}}{R} + \boldsymbol{R} \cdot \boldsymbol{\nabla} \frac{1}{R} \right) \widetilde{f}'(R) \\
&= \widetilde{f}''(R) + \left(\frac{3}{R} + \boldsymbol{R} \cdot \frac{-\boldsymbol{R}}{R^3} \right) \widetilde{f}'(R) = \widetilde{f}''(R) + \frac{2}{R} \widetilde{f}'(R) \\
&= \frac{1}{R} \frac{d^2}{dR^2} R \widetilde{f}(R) = \frac{1}{R} \frac{\partial^2}{\partial R^2} R f \left(\boldsymbol{r}', t + \frac{\sigma R}{c}, R \right) \qquad \textbf{(10.10b)}\ 式 \\
&= \frac{1}{R} \frac{\partial^2}{\partial R^2} \rho \left(\boldsymbol{r}', t + \frac{\sigma R}{c} \right) = \frac{1}{R} \left(\frac{\sigma}{c} \frac{\partial}{\partial t} \right)^2 \rho \left(\boldsymbol{r}', t + \frac{\sigma R}{c} \right) \\
&= \frac{1}{c^2} \frac{\partial^2}{\partial t^2} \frac{\rho \left(\boldsymbol{r}', t + \frac{\sigma R}{c} \right)}{R} = \frac{1}{c^2} \frac{\partial^2}{\partial t^2} f \left(\boldsymbol{r}', t + \frac{\sigma R}{c}, R \right).
\end{aligned}
$$

すなわち，

$$
\left(-\nabla^2 + \frac{1}{c^2} \frac{\partial^2}{\partial t^2} \right) f = 0 \quad \longleftrightarrow \quad \left(-\nabla^2 + \frac{1}{c^2} \frac{\partial^2}{\partial t^2} \right) \phi_{\mathrm{L}}^{\mathrm{out}}(\boldsymbol{r}, t) = 0 \qquad (10.12b)
$$

が成立する．(10.12a) 式と (10.12b) 式を辺々足し合わせて (10.11) 式を用いると，(10.8a) 式が (10.5a) 式を満たすことがことがわかる．■

❸ (10.8a) 式の証明 (2)

(10.8a) 式が (10.5a) 式の解であることを，前項とは別の手法，すなわち，3.6 節で用いたフーリエ変換の手法で証明する．ただし，複素積分の知識も既知として進めるので，初学者は読み飛ばして頂いても構わない．

考察するのは，(10.5a) 式の右辺をデルタ関数で置き換えた方程式

$$
\left(-\nabla^2 + \frac{1}{c^2} \frac{\partial^2}{\partial t^2} \right) G(\boldsymbol{r}, t) = \delta^3(\boldsymbol{r}) \delta(t) \qquad (10.13)
$$

である．この方程式の解が求まれば，(10.5a) 式の解は，重ね合わせ

$$
\phi_{\mathrm{L}}(\boldsymbol{r}, t) \equiv \int d^3 r' \int_{-\infty}^{\infty} dt' \, G(\boldsymbol{r} - \boldsymbol{r}', t - t') \frac{\rho(\boldsymbol{r}', t')}{\varepsilon_0} \qquad (10.14)
$$

により得られる．さて，(10.13) 式右辺のデルタ関数は，

$$
\delta^3(\boldsymbol{r}) \delta(t) = \int \frac{d^3 k}{(2\pi)^3} \int_{-\infty}^{\infty} \frac{d\omega}{2\pi} \, e^{i\boldsymbol{k} \cdot \boldsymbol{r} - i\omega t} \qquad (10.15a)
$$

とフーリエ積分で表示できる．同様に $G(\boldsymbol{r},t)$ も，

$$G(\boldsymbol{r},t)=\int\frac{d^3k}{(2\pi)^3}\int_{-\infty}^{\infty}\frac{d\omega}{2\pi}\,\widetilde{G}(\boldsymbol{k},\omega)\,e^{i\boldsymbol{k}\cdot\boldsymbol{r}-i\omega_{\pm}t} \tag{10.15b}$$

とフーリエ積分で表す．ここで，$\widetilde{G}(\boldsymbol{k},\omega)$ は未定の展開係数であり，また，$\omega_{\pm}$ は，正の無限小量 0_+ を用いて，

$$\omega_{\pm}\equiv\omega\pm i0_+$$

で定義されている．この無限小量を付け加えたのは，有限の特解を得るためで，その正負の符号が，遅延・先進の違いをもたらすことが以下で明らかになる．

(10.15) 式を (10.13) 式に代入すると，微分演算が容易に実行できて，$(\boldsymbol{k},\omega)$ 積分内で

$$\nabla^2\quad\to\quad(i\boldsymbol{k})\cdot(i\boldsymbol{k})=-k^2$$

および

$$\frac{\partial^2}{\partial t^2}\quad\to\quad(-i\omega)^2$$

へと変換される．その後，$(\boldsymbol{k},\omega)$ 積分を一つにまとめると，微分方程式 (10.13) が，展開係数 $\widetilde{G}(\boldsymbol{k},\omega)$ に関する代数方程式

$$\left(k^2-\frac{\omega_{\pm}^2}{c^2}\right)\widetilde{G}(\boldsymbol{k},\omega)=1 \tag{10.16}$$

へと変換される．その解を (10.15b) 式に代入し，$\boldsymbol{r}$ 方向を z 軸方向に選んだ後，$\boldsymbol{k}$ を (2.15) 式のように球座標

$$\boldsymbol{k}=(k\sin\theta\cos\varphi,k\sin\theta\sin\varphi,k\cos\theta)$$

で表して積分を実行する．この表示での体積素は，

$$d^3k=dkdS=k^2\sin\theta\,dkd\theta d\varphi$$

のように，(2.20a) 式の dS で

$$r\to k$$

の置き換えをしたものを用いて表せる．この球座標表示を用いると，(10.16) 式の解を被積分関数とする (10.15b) 式の積分が，次のように実行できる．

$$
\begin{aligned}
&G(\boldsymbol{r},t)\\
&=\int_{-\infty}^{\infty}\frac{d\omega}{2\pi}\,e^{-i\omega_{\pm}t}\int\frac{d^3k}{(2\pi)^3}\frac{e^{i\boldsymbol{k}\cdot\boldsymbol{r}}}{k^2-\frac{\omega_{\pm}^2}{c^2}}\\
&=\int_{-\infty}^{\infty}\frac{d\omega}{2\pi}\,e^{-i\omega_{\pm}t}\frac{1}{(2\pi)^3}\int_0^{\infty}dk\,\frac{k^2}{k^2-\frac{\omega_{\pm}^2}{c^2}}\int_0^{\pi}d\theta\,\sin\theta\,e^{ikr\cos\theta}\int_0^{2\pi}d\varphi
\end{aligned}
$$

$t=\cos\theta$

$$
=\int_{-\infty}^{\infty}\frac{d\omega}{2\pi}\,e^{-i\omega_{\pm}t}\frac{1}{(2\pi)^3}\int_0^{\infty}dk\,\frac{k^2}{k^2-\frac{\omega_{\pm}^2}{c^2}}\frac{e^{ikr}-e^{-ikr}}{ikr}2\pi
$$

e^{-ikr} 項で $k\to -k$ の変換

$$
=\int_{-\infty}^{\infty}\frac{d\omega}{2\pi}\,e^{-i\omega_{\pm}t}\frac{1}{2\pi r}\int_{-\infty}^{\infty}\frac{dk}{2\pi i}\,\frac{k}{k^2-\frac{\omega_{\pm}^2}{c^2}}e^{ikr}
$$

ジョルダンの補助定理により上半面に

積分路を加え $k=\pm\dfrac{\omega_{\pm}}{c}$ の留数を拾う

$$
\begin{aligned}
&=\frac{1}{2\pi r}\int_{-\infty}^{\infty}\frac{d\omega}{2\pi}\,e^{-i\omega_{\pm}t}\frac{\pm\frac{\omega_{\pm}}{c}}{\pm\frac{2\omega_{\pm}}{c}}e^{\pm i\omega_{\pm}\frac{r}{c}}\\
&=\frac{1}{4\pi r}\int_{-\infty}^{\infty}\frac{d\omega}{2\pi}\,e^{-i\omega_{\pm}\left(t\mp\frac{r}{c}\right)}
\end{aligned}
$$

デルタ関数のフーリエ展開式 (10.15a) 式を用いる

$$
=\frac{\delta\left(t\mp\frac{r}{c}\right)}{4\pi r}.
$$

すなわち，(10.13) 式の解が

$$
G(\boldsymbol{r},t)=\frac{\delta\left(t\mp\frac{r}{c}\right)}{4\pi r} \tag{10.17}
$$

と得られた．この解を (10.14) 式に代入すると，(10.8a) 式が得られる．■

10.4 双極子放射

電荷・電流を時間的に振動させることで，電磁波を作り出して放射することが日常的に行われている．図 10.2 は，**ダイポールアンテナ**と呼ばれるアンテナの模式図である．アンテナの長さを，作り出したい電磁波の波長 λ の半分に設計し，交流電源でアンテナ内に電流の空間的な定在波を作り出し，振動数が $\frac{c}{\lambda}$ の電磁波を放射している．

(10.8) 式の遅延解を用いて，振動する電荷・電流が遠方に作り出す電磁場を求め，電磁波が放射されることを確かめよう．まず，(10.8a) 式に注目し，電荷分布 $\rho(\boldsymbol{r}', t)$ が有限な領域の一点を原点にとり，$r \gg r'$ での振る舞いを考察する．この場合には，被積分関数の中で $|\boldsymbol{r} - \boldsymbol{r}'|$ に依存する部分が，(3.20) 式を用いて

$$|\boldsymbol{r} - \boldsymbol{r}'|^{\pm 1} = r^{\pm 1}\left(1 - \frac{2\boldsymbol{r} \cdot \boldsymbol{r}'}{r^2} + \frac{r'^2}{r^2}\right)^{\pm\frac{1}{2}} \approx r^{\pm 1}\left(1 \mp \frac{\boldsymbol{r} \cdot \boldsymbol{r}'}{r^2}\right), \tag{10.18a}$$

$$\begin{aligned}\rho\left(\boldsymbol{r}', t - \frac{|\boldsymbol{r} - \boldsymbol{r}'|}{c}\right) &\approx \rho\left(\boldsymbol{r}', t - \frac{r}{c} + \frac{\boldsymbol{r} \cdot \boldsymbol{r}'}{cr}\right) \\ &\approx \rho(\boldsymbol{r}', t_{\mathrm{r}}) + \dot{\rho}(\boldsymbol{r}', t_{\mathrm{r}})\frac{\boldsymbol{r} \cdot \boldsymbol{r}'}{cr} \end{aligned} \tag{10.18b}$$

と近似できる．ただし，t_{r} と $\dot{\rho}$ は，

$$t_{\mathrm{r}} \equiv t - \frac{r}{c}, \quad \dot{\rho} \equiv \frac{\partial \rho}{\partial t} \tag{10.19}$$

で定義されている．(10.18) 式の展開を (10.8a) 式の遅延解で行うと，展開の一次までの範囲で，

$$\begin{aligned}\phi_{\mathrm{L}}(\boldsymbol{r}, t) &= \frac{1}{4\pi\varepsilon_0}\int \frac{\rho\left(\boldsymbol{r}', t - \frac{|\boldsymbol{r} - \boldsymbol{r}'|}{c}\right)}{|\boldsymbol{r} - \boldsymbol{r}'|}\, d^3r' \\ &\approx \frac{1}{4\pi\varepsilon_0}\int \left\{\rho(\boldsymbol{r}', t_{\mathrm{r}}) + \dot{\rho}(\boldsymbol{r}', t_{\mathrm{r}})\frac{\boldsymbol{r} \cdot \boldsymbol{r}'}{cr}\right\}\frac{1}{r}\left(1 + \frac{\boldsymbol{r} \cdot \boldsymbol{r}'}{r^2}\right) d^3r' \\ &\approx \frac{Q}{4\pi\varepsilon_0 r} + \frac{\boldsymbol{r} \cdot \boldsymbol{p}}{4\pi\varepsilon_0 r^3} + \frac{\boldsymbol{r} \cdot \dot{\boldsymbol{p}}}{4\pi\varepsilon_0 c r^2} \end{aligned} \tag{10.20}$$

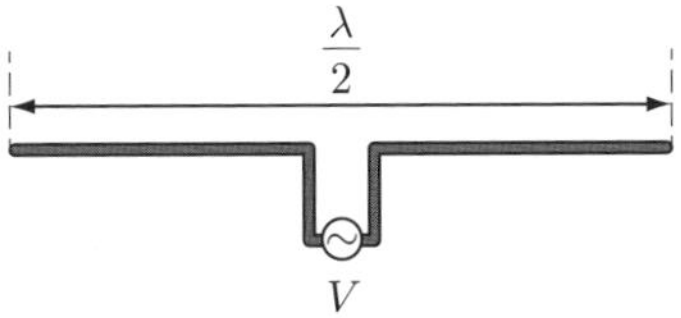

図 10.2 ダイポールアンテナ

と近似できる．ここで，Q と $\boldsymbol{p}$ は，それぞれ

$$Q \equiv \int \rho(\boldsymbol{r}', t_{\mathrm{r}})\, d^3r', \tag{10.21a}$$

$$\boldsymbol{p} \equiv \int \boldsymbol{r}' \rho(\boldsymbol{r}', t_{\mathrm{r}})\, d^3r' \tag{10.21b}$$

で定義された全電荷と電気双極子モーメントベクトルである．また $\dot{\boldsymbol{p}}$ は，

$$\begin{aligned}\dot{\boldsymbol{p}} &\equiv \int \boldsymbol{r}' \frac{\partial \rho(\boldsymbol{r}', t_{\mathrm{r}})}{\partial t}\, d^3r' \\ &= \frac{d}{dt} \int \boldsymbol{r}' \rho(\boldsymbol{r}', t_{\mathrm{r}})\, d^3r' \\ &= \frac{d\boldsymbol{p}}{dt}\end{aligned}$$

のように，(10.21b) 式の時間微分である．さらに，この $\dot{\boldsymbol{p}}$ の $\alpha = x, y, z$ 成分は，電荷の保存則 (2.50) とガウスの定理 (2.21) を用いて，

$$\begin{aligned}\dot{p}_\alpha &= \int r'_\alpha \frac{\partial \rho(\boldsymbol{r}', t_{\mathrm{r}})}{\partial t}\, d^3r' \\ &= -\int r'_\alpha \boldsymbol{\nabla}' \cdot \boldsymbol{j}(\boldsymbol{r}', t_{\mathrm{r}})\, d^3r' \\ &= -\int [\boldsymbol{\nabla}' \cdot \{r'_\alpha \boldsymbol{j}(\boldsymbol{r}', t_{\mathrm{r}})\} - j_\alpha(\boldsymbol{r}', t_{\mathrm{r}})]\, d^3r' \\ &= -\int_S r'_\alpha \boldsymbol{j}(\boldsymbol{r}', t_{\mathrm{r}}) \cdot \boldsymbol{n}'\, dS' + \int j_\alpha(\boldsymbol{r}', t_{\mathrm{r}})\, d^3r' \\ &= \int j_\alpha(\boldsymbol{r}', t_{\mathrm{r}})\, d^3r'\end{aligned}$$

と書き換えられる．ただし，最後の等式では，積分領域を電荷のある領域を越えてとると，その表面 S 上で電流密度がゼロになることを用いた．以上より，$\dot{\boldsymbol{p}}$ が，

$$\begin{aligned}\dot{\boldsymbol{p}} &= \frac{d\boldsymbol{p}}{dt} \\ &= \int \boldsymbol{r}' \frac{\partial \rho(\boldsymbol{r}', t_{\mathrm{r}})}{\partial t}\, d^3r' = \int \boldsymbol{j}(\boldsymbol{r}', t_{\mathrm{r}})\, d^3r'\end{aligned} \tag{10.21c}$$

のように表せることがわかった．

例題 10.3

電荷の保存則 (2.50) とガウスの定理 (2.21) を用いて，(10.21a) 式で定義された全電荷量 Q が時間変化しないこと，すなわち，

$$\frac{dQ}{dt} = 0 \tag{10.22}$$

が成り立つことを示せ．

【解答】 以下のように示せる．

$$\begin{aligned}\frac{dQ}{dt} &= \int \frac{\partial \rho(\boldsymbol{r}', t_{\mathrm{r}})}{\partial t}\, d^3r' = -\int \boldsymbol{\nabla}' \cdot \boldsymbol{j}(\boldsymbol{r}', t_{\mathrm{r}})\, d^3r' \\ &= -\int_S \boldsymbol{j}(\boldsymbol{r}', t_{\mathrm{r}}) \cdot \boldsymbol{n}'\, dS' = 0.\end{aligned}$$

最後の等式では，積分領域を十分大きくとると，その表面 S 上で電流密度がゼロになることを用いた．■

ベクトルポテンシャル (10.8b) の各成分 $A_{\mathrm{L}j}(\boldsymbol{r}, t)$ $(j = x, y, z)$ も，$\phi_{\mathrm{L}}(\boldsymbol{r}, t)$ と同様に変形できる．しかし，電流を源とするので，対応するスカラーポテンシャルの展開式 (10.20) の第一項のみを残す近似

$$\boldsymbol{A}_{\mathrm{L}}(\boldsymbol{r}, t) = \frac{\mu_0}{4\pi r} \int \boldsymbol{j}(\boldsymbol{r}', t_{\mathrm{r}})\, d^3r' = \frac{\mu_0}{4\pi r} \dot{\boldsymbol{p}} \tag{10.23}$$

で十分である．第二の等号では (10.21c) 式を用いた．(10.23) 式を (10.1a) 式に代入すると，磁束密度の表式が

$$\boldsymbol{B} = \frac{\mu_0}{4\pi} \left(\dot{\boldsymbol{p}} \times \frac{\boldsymbol{r}}{r^3} + \ddot{\boldsymbol{p}} \times \frac{\boldsymbol{r}}{cr^2} \right), \quad \ddot{\boldsymbol{p}} \equiv \frac{d^2\boldsymbol{p}}{dt^2} \tag{10.24}$$

と得られる（例題 10.4）．(10.24) 式の右辺第一項は，ビオ–サバールの法則 (4.13) で

$$\frac{\boldsymbol{r} - \boldsymbol{r}'}{|\boldsymbol{r} - \boldsymbol{r}'|^3} \quad \to \quad \frac{\boldsymbol{r}}{r^3}$$

と近似した式である．しかし，この近似を行った結果，この項は定常状態においてゼロとなることが，(10.21c) 式の $\dot{\boldsymbol{p}}$ の表式（$\propto \frac{\partial \rho}{\partial t}$）からわかる．一方，右辺第二項は，荷電粒子の加速度が関与し，電磁波の放射を引き起こす．

例題 10.4

(10.23) 式を (10.1a) 式に代入し，微分の連鎖律と (3.10a) 式を用いて，(10.24) 式を導出せよ．

【解答】 次のように示せる．

$$
\begin{aligned}
\boldsymbol{B} &= \boldsymbol{\nabla} \times \boldsymbol{A}_{\mathrm{L}}(\boldsymbol{r}, t) = \boldsymbol{\nabla} \times \left(\frac{\mu_0}{4\pi r} \dot{\boldsymbol{p}} \right) \\
&= \frac{\mu_0}{4\pi} \left\{ \left(\boldsymbol{\nabla} \frac{1}{r} \right) \times \dot{\boldsymbol{p}} + \frac{1}{r} (\boldsymbol{\nabla} t_{\mathrm{r}}) \times \ddot{\boldsymbol{p}} \right\} \\
&= \frac{\mu_0}{4\pi} \left(-\frac{\boldsymbol{r}}{r^3} \times \dot{\boldsymbol{p}} + \frac{-\boldsymbol{r}}{cr^2} \times \ddot{\boldsymbol{p}} \right) \\
&= \frac{\mu_0}{4\pi} \left(\dot{\boldsymbol{p}} \times \frac{\boldsymbol{r}}{r^3} + \ddot{\boldsymbol{p}} \times \frac{\boldsymbol{r}}{cr^2} \right).
\end{aligned}
$$

最後の等式ではベクトル積に関する (1.12a) 式を用いた．■

同様に，(10.20) 式と (10.23) 式を (10.1b) 式に代入して電場を計算し，$\ddot{\boldsymbol{p}}$ に比例する項を抜き出すと，次のようになる．

$$
\begin{aligned}
\boldsymbol{E} &= -\boldsymbol{\nabla} \phi_{\mathrm{L}} - \frac{\partial \boldsymbol{A}_{\mathrm{L}}}{\partial t} \\
&\longrightarrow -\boldsymbol{\nabla} \frac{\boldsymbol{r} \cdot \dot{\boldsymbol{p}}}{4\pi\varepsilon_0 cr^2} - \frac{\partial}{\partial t} \frac{\mu_0}{4\pi r} \dot{\boldsymbol{p}} \longrightarrow -\frac{\boldsymbol{r} \cdot \ddot{\boldsymbol{p}}}{4\pi\varepsilon_0 cr^2} \boldsymbol{\nabla} t_{\mathrm{r}} - \frac{\mu_0}{4\pi r} \ddot{\boldsymbol{p}} \\
&= -\frac{\boldsymbol{r} \cdot \ddot{\boldsymbol{p}}}{4\pi\varepsilon_0 cr^2} \left(-\frac{\boldsymbol{r}}{cr} \right) - \frac{1}{4\pi r c^2 \varepsilon_0} \ddot{\boldsymbol{p}} = \frac{1}{4\pi\varepsilon_0 c^2 r} \left(\frac{\ddot{\boldsymbol{p}} \cdot \boldsymbol{r}}{r^2} \boldsymbol{r} - \ddot{\boldsymbol{p}} \right).
\end{aligned}
$$

ここで矢印は，$\ddot{\boldsymbol{p}}$ に比例する項のみを取り出す作業を意味し，また，$\varepsilon_0 \mu_0 = c^{-2}$ の関係を用いた．この式と (10.24) 式より，双極子の加速・減速により作り出される電磁場が，

$$
\boldsymbol{E} = \frac{1}{4\pi\varepsilon_0 c^2 r} \left(\frac{\ddot{\boldsymbol{p}} \cdot \boldsymbol{r}}{r^2} \boldsymbol{r} - \ddot{\boldsymbol{p}} \right) = \frac{(\ddot{\boldsymbol{p}} \times \boldsymbol{r}) \times \boldsymbol{r}}{4\pi\varepsilon_0 c^2 r^3}, \tag{10.25a}
$$

$$
\boldsymbol{B} = \frac{\ddot{\boldsymbol{p}} \times \boldsymbol{r}}{4\pi\varepsilon_0 c^3 r^2} = \frac{\boldsymbol{r} \times \boldsymbol{E}}{cr} \tag{10.25b}
$$

と求まる．ただし，それぞれの第二の表式は，ベクトル積の恒等式 (1.12c) を用いて得られた．対応する**ポインティングベクトル** (6.15) は，$\ddot{\boldsymbol{p}}$ ベクトルと観測点 $\boldsymbol{r}$ とのなす角 θ を用いて，

$$
\boldsymbol{S}(\boldsymbol{r}, t) = \frac{\mu_0 \ddot{p}^2 \sin^2 \theta}{(4\pi)^2 cr^3} \boldsymbol{r} \tag{10.26}
$$

と表せる（演習問題 10.1）．ただし，$\ddot{\boldsymbol{p}} = \ddot{\boldsymbol{p}}\left(t - \frac{r}{c}\right)$ である．このように，電磁波は，電気双極子モーメントベクトルの振動方向と垂直な方向に強く放射されることがわかる．

演習問題

10.1 (10.25) 式を (6.15) 式に代入し，(10.26) 式を導出せよ．

10.2 電流密度が $\boldsymbol{j}(\boldsymbol{r},t)=I_0\boldsymbol{e}_z\delta(x)\delta(y)\cos\left(\frac{2\pi z}{\lambda}\right)\cos(2\pi ft)$ で与えられる電流が，z 軸上の $-\frac{\lambda}{4}$ から $\frac{\lambda}{4}$ の領域を流れている．ここで $\boldsymbol{e}_z$ は z 方向の単位ベクトル，また，I_0, λ, f は正の定数である．(10.21c) 式と (10.26) 式を用いて，この電流によるポインティングベクトルを求めよ．

10.3 ローレンツゲージの遅延・先進ポテンシャル (10.8) が，ローレンツ条件 (10.4) を満たすことを示せ．

第11章 ローレンツ不変性

ローレンツ不変性を持つ方程式が物理学史上に現れたのは，マクスウェル方程式が初めてである．ローレンツによって発見（1904 年）されたこの不変性は，その後アインシュタインによって，物理学全般における基本原理として採用され（1905 年），時空・エネルギー概念の大変革をもたらした．本章では，電磁ポテンシャルによるマクスウェル方程式が，ローレンツ不変性を持つことを示す．その後，ローレンツブーストと呼ばれるローレンツ変換の一つを詳しく考察し，この等速運動する座標系への変換により，電場と磁場の混成や，時間のずれ・ローレンツ収縮・光のドップラー効果が起こることを明らかにする．特に，変換前の座標系に磁場がある場合には，変換後に，運動・磁場方向に垂直方向の電場が現れることになる．なお，ここでの記述は，線形代数の基礎を既知として進めていく．

11.1 ローレンツ不変性

10.2 節では，電磁ポテンシャルを用いて表されたマクスウェル方程式 (10.2) が，ゲージ不変性を持つことを示した．ここでは，その同じ方程式が，**ローレンツ不変性**と呼ばれるもう一つの不変性を持つことを明らかにする．

❶ (10.2) 式の行列形式への書き換え

以下の説明を簡明に行うために，まず，ラプラシアン (3.17) の拡張である**ダランベール演算子**

$$\Box \equiv \nabla^2 - \frac{1}{c^2}\frac{\partial^2}{\partial t^2} \tag{11.1}$$

を導入する．(10.2) 式は，このダランベール演算子を用いて，行列形式[5] で簡潔に

$$\left\{\begin{pmatrix} \Box & 0 & 0 & 0 \\ 0 & -\Box & 0 & 0 \\ 0 & 0 & -\Box & 0 \\ 0 & 0 & 0 & -\Box \end{pmatrix} + \begin{pmatrix} -\frac{1}{c}\frac{\partial}{\partial t} \\ \frac{\partial}{\partial x} \\ \frac{\partial}{\partial y} \\ \frac{\partial}{\partial z} \end{pmatrix} \begin{pmatrix} -\frac{1}{c}\frac{\partial}{\partial t} & \frac{\partial}{\partial x} & \frac{\partial}{\partial y} & \frac{\partial}{\partial z} \end{pmatrix}\right\} \begin{pmatrix} -\frac{\phi}{c} \\ A_x \\ A_y \\ A_z \end{pmatrix}$$

$$
= \mu_0 \begin{pmatrix} c\rho \\ j_x \\ j_y \\ j_z \end{pmatrix} \tag{11.2}
$$

と表せる（例題 11.1）.

例題 11.1

(10.2) 式が (11.2) 式のように書けることを示せ.

【解答】 (10.2) 式は，ダランベール演算子 (11.1) を用いて，行列形式で

$$
\begin{pmatrix}
-\Box - \frac{1}{c^2}\frac{\partial^2}{\partial t^2} & -\frac{\partial^2}{\partial t \partial x} & -\frac{\partial^2}{\partial t \partial y} & -\frac{\partial^2}{\partial t \partial z} \\
\frac{1}{c^2}\frac{\partial^2}{\partial x \partial t} & -\Box + \frac{\partial^2}{\partial x^2} & \frac{\partial^2}{\partial x \partial y} & \frac{\partial^2}{\partial x \partial z} \\
\frac{1}{c^2}\frac{\partial^2}{\partial y \partial t} & \frac{\partial^2}{\partial y \partial x} & -\Box + \frac{\partial^2}{\partial y^2} & \frac{\partial^2}{\partial y \partial z} \\
\frac{1}{c^2}\frac{\partial^2}{\partial z \partial t} & \frac{\partial^2}{\partial z \partial x} & \frac{\partial^2}{\partial z \partial y} & -\Box + \frac{\partial^2}{\partial z^2}
\end{pmatrix}
\begin{pmatrix} \phi \\ A_x \\ A_y \\ A_z \end{pmatrix}
=
\begin{pmatrix} \frac{\rho}{\varepsilon_0} \\ \mu_0 j_x \\ \mu_0 j_y \\ \mu_0 j_z \end{pmatrix}
$$

と表せる．この第一行を c で割り，$\Box\frac{\phi}{c} = -\Box\left(-\frac{\phi}{c}\right)$ などと書き換え，$\frac{1}{\varepsilon_0 c} = \mu_0 c$ の関係を用いると，対称行列を用いた表現

$$
\begin{pmatrix}
\Box + \frac{1}{c^2}\frac{\partial^2}{\partial t^2} & -\frac{1}{c}\frac{\partial^2}{\partial t \partial x} & -\frac{1}{c}\frac{\partial^2}{\partial t \partial y} & -\frac{1}{c}\frac{\partial^2}{\partial t \partial z} \\
-\frac{1}{c}\frac{\partial^2}{\partial x \partial t} & -\Box + \frac{\partial^2}{\partial x^2} & \frac{\partial^2}{\partial x \partial y} & \frac{\partial^2}{\partial x \partial z} \\
-\frac{1}{c}\frac{\partial^2}{\partial y \partial t} & \frac{\partial^2}{\partial y \partial x} & -\Box + \frac{\partial^2}{\partial y^2} & \frac{\partial^2}{\partial y \partial z} \\
-\frac{1}{c}\frac{\partial^2}{\partial z \partial t} & \frac{\partial^2}{\partial z \partial x} & \frac{\partial^2}{\partial z \partial y} & -\Box + \frac{\partial^2}{\partial z^2}
\end{pmatrix}
\begin{pmatrix} -\frac{\phi}{c} \\ A_x \\ A_y \\ A_z \end{pmatrix}
= \mu_0
\begin{pmatrix} c\rho \\ j_x \\ j_y \\ j_z \end{pmatrix}
$$

が得られる．さらに，左辺の行列を，$\Box$ 演算子のみからなる対角行列と，それ以外の要素からなる対称行列の和として表し，後者の寄与を縦ベクトルと横ベクトルの積で表すと，(11.2) 式となる．■

❷4 元ベクトル

(11.2) 式をより簡潔に表現するために，三つの 4 元ベクトル

$$\vec{x} \equiv \begin{pmatrix} x_0 \\ x_1 \\ x_2 \\ x_3 \end{pmatrix} \equiv \begin{pmatrix} ct \\ x \\ y \\ z \end{pmatrix}, \quad \vec{A} \equiv \begin{pmatrix} A_0 \\ A_1 \\ A_2 \\ A_3 \end{pmatrix} \equiv \begin{pmatrix} -\frac{\phi}{c} \\ A_x \\ A_y \\ A_z \end{pmatrix}, \quad \vec{j} \equiv \begin{pmatrix} j_0 \\ j_1 \\ j_2 \\ j_3 \end{pmatrix} \equiv \begin{pmatrix} c\rho \\ j_x \\ j_y \\ j_z \end{pmatrix} \tag{11.3a}$$

と行列

$$\underline{\eta} \equiv \begin{pmatrix} -1 & 0 & 0 & 0 \\ 0 & 1 & 0 & 0 \\ 0 & 0 & 1 & 0 \\ 0 & 0 & 0 & 1 \end{pmatrix} \tag{11.3b}$$

を導入する．さらに，x_ν（$\nu = 0, 1, 2, 3$）についての偏微分演算子からなるベクトル $\vec{\partial}$ を，

$$\vec{\partial} \equiv \begin{pmatrix} \partial_0 \\ \partial_1 \\ \partial_2 \\ \partial_3 \end{pmatrix}, \quad \partial_\nu \equiv \frac{\partial}{\partial x_\nu} \tag{11.3c}$$

で定義する．ここでは，4 元ベクトルと 4×4 行列を，それぞれ，$\vec{x}$ と $\underline{\eta}$ のように矢印と下線を入れて表し，それらが明確に区別できるようにした．しかし，慣れてくると，それらを除いても識別できるようになるであろう．$\underline{\eta}$ は（真空の）**計量テンソル**と呼ばれている．(11.3) 式の表記を用いると，(11.1) 式と (11.2) 式が，簡潔に

$$\Box = \vec{\partial}^{\mathrm{T}} \underline{\eta}\, \vec{\partial}, \tag{11.4}$$

$$\left(-\underline{\eta}\,\Box + \underline{\eta}\,\vec{\partial}\,\vec{\partial}^{\mathrm{T}} \underline{\eta}\right) \vec{A} = \mu_0\, \vec{j} \tag{11.5}$$

と表せる．ここで ^{T} はベクトル・行列の転置を表す[5]．

❸ローレンツ変換

方程式 (11.2) を不変に保つ変換を見出すため，まず，ダランベール演算子 (11.4) に注目する．以下で見るように，このダランベール演算子は，

$$x^2 + y^2 + z^2 - c^2 t^2 = \vec{x}^{\mathrm{T}} \underline{\eta}\, \vec{x} \tag{11.6}$$

の大きさを変えないような線形変換に対して形を変えない．

具体的に，まず，座標 $\vec{x}$ に，4×4 実行列 $\underline{\Lambda}$ を用いた線形変換

$$\vec{x}\,' = \underline{\Lambda}\,\vec{x} \tag{11.7a}$$

をほどこす．ここで $'$ は微分記号ではなく，$\vec{x}\,'$ が $\vec{x}$ とは異なるベクトルであることを表している．すると，変換 (11.7a) が $\vec{x}^{\,\mathrm{T}}\underline{\eta}\,\vec{x}$ を不変に保つための必要十分条件が，

$$\underline{\Lambda}^{\mathrm{T}}\underline{\eta}\,\underline{\Lambda} = \underline{\eta} \tag{11.7b}$$

と得られる（例題 11.2(1)）．また，この条件下では，ダランベール演算子 (11.4) も

$$\Box \equiv \vec{\partial}^{\,\mathrm{T}}\underline{\eta}\,\vec{\partial} = \vec{\partial}\,'^{\mathrm{T}}\underline{\eta}\,\vec{\partial}\,' \equiv \Box' \tag{11.8}$$

と変換され，形を変えない（例題 11.2(2)）．(11.7b) 式を満たす行列 $\underline{\Lambda}$ による線形変換 (11.7a) を**ローレンツ変換**，また，その変換の集合を**ローレンツ群**という．ちなみに，線形変換 (11.7) は，長さの 2 乗が (11.6) 式で定義された 4 次元空間における回転として，ミンコフスキーにより導入された（1908 年）．そこで，時間 t を特別な一座標として含むこの幾何学的空間は，**ミンコフスキー空間**と呼ばれている．

例題 11.2

線形変換 (11.7a) について以下の問いに答えよ．

(1)　$\vec{x}^{\,\mathrm{T}}\underline{\eta}\,\vec{x}$ を不変に保つための必要十分条件が，(11.7b) 式であることを示せ．

(2)　(11.7b) 式の条件下で (11.8) 式が成立することを示せ．

【解答】 (1)　不変性の条件式 $\vec{x}^{\,\mathrm{T}}\underline{\eta}\,\vec{x} = \vec{x}\,'^{\mathrm{T}}\underline{\eta}\,\vec{x}\,'$ は，右辺に (11.7a) 式を代入し，

$$\vec{x}^{\,\mathrm{T}}\underline{\eta}\,\vec{x} = \vec{x}\,'^{\mathrm{T}}\underline{\eta}\,\vec{x}\,' = \left(\underline{\Lambda}\,\vec{x}\right)^{\mathrm{T}}\underline{\eta}\,\underline{\Lambda}\,\vec{x} = \vec{x}^{\,\mathrm{T}}\underline{\Lambda}^{\mathrm{T}}\underline{\eta}\,\underline{\Lambda}\,\vec{x}$$

と書き換えられる．ここで，行列の積の転置に関する恒等式 $\left(\underline{A}\,\underline{B}\right)^{\mathrm{T}} = \underline{B}^{\mathrm{T}}\underline{A}^{\mathrm{T}}$ を用いた[5]．これより，不変性の条件が，

$$\vec{x}^{\,\mathrm{T}}\left(\underline{\eta} - \underline{\Lambda}^{\mathrm{T}}\underline{\eta}\,\underline{\Lambda}\right)\vec{x} = 0$$

と表せることがわかる．その左辺は，

$$\left(\underline{\eta} - \underline{\Lambda}^{\mathrm{T}}\underline{\eta}\,\underline{\Lambda}\right)^{\mathrm{T}} = \underline{\eta} - \underline{\Lambda}^{\mathrm{T}}\underline{\eta}\,\underline{\Lambda}$$

を満たす実対称行列による二次形式である．線形代数によると[5]，この等式が任意の $\vec{x}$ について成立するための必要十分条件は，$\underline{\eta} - \underline{\Lambda}^{\mathrm{T}}\underline{\eta}\,\underline{\Lambda}$ の全ての固有値がゼロであること，すなわち，(11.7b) 式が成立することである．

(2) 線形変換 (11.7a) の下での微分演算子 $\frac{\partial}{\partial x_\nu}$ の変換性は，微分の連鎖律を用いて

$$\frac{\partial}{\partial x_\nu} = \sum_\mu \frac{\partial x'_\mu}{\partial x_\nu}\frac{\partial}{\partial x'_\mu} = \sum_\mu \Lambda_{\mu\nu}\frac{\partial}{\partial x'_\mu} \qquad \longleftrightarrow \qquad \vec{\partial} = \underline{\Lambda}^{\mathrm{T}}\,\vec{\partial}\,' \tag{11.9}$$

と得られる．一方，(11.7b) 式は，右から $\underline{\eta}$ を作用させ，$\underline{\eta}^2$ が単位行列 $\underline{1}$ に等しいことを用いると，$\underline{\Lambda}^{\mathrm{T}}\underline{\eta}\,\underline{\Lambda}\,\underline{\eta} = \underline{1}$ へと書き換えられる．すなわち，

$$\underline{\Lambda}^{\mathrm{T}} = (\underline{\eta}\,\underline{\Lambda}\,\underline{\eta})^{-1} = \underline{\eta}^{-1}\underline{\Lambda}^{-1}\underline{\eta}^{-1} = \underline{\eta}\,\underline{\Lambda}^{-1}\,\underline{\eta} \tag{11.10}$$

が成立する．ここで，行列の積の逆行列に関する恒等式 $\left(\underline{A}\,\underline{B}\right)^{-1} = \underline{B}^{-1}\underline{A}^{-1}$ を用いた[5]．(11.9) 式と (11.10) 式を用いると，(11.4) 式が

$$\Box = \vec{\partial}^{\,\mathrm{T}}\underline{\eta}\,\vec{\partial} = \left(\underline{\Lambda}^{\mathrm{T}}\,\vec{\partial}\,'\right)^{\mathrm{T}}\underline{\eta}\,\underline{\Lambda}^{\mathrm{T}}\,\vec{\partial}\,' = \vec{\partial}\,'^{\,\mathrm{T}}\,\underline{\Lambda}\,\underline{\eta}\,\underline{\Lambda}^{\mathrm{T}}\,\vec{\partial}\,' = \vec{\partial}\,'^{\,\mathrm{T}}\underline{\eta}\,\vec{\partial}\,' = \Box'$$

と変形でき，不変であることがわかる．■

(11.9) 式を $\vec{\partial}\,' = (\underline{\Lambda}^{\mathrm{T}})^{-1}\vec{\partial}$ と書き換え，(11.10) 式を用いると，$\vec{\partial}\,'$ の変換則が

$$\vec{\partial}\,' = \underline{\eta}\,\underline{\Lambda}\,\underline{\eta}\,\vec{\partial} \tag{11.11}$$

と表せる．

❹ローレンツ不変性

以上の準備のもとに，ローレンツ変換 (11.7) の前後で，マクスウェル方程式 (11.5) の形を変えないような $(\vec{A}, \vec{j})$ の変換則が存在することを示そう．結論として，それらを

$$\vec{A}\,' = \underline{\eta}\,\underline{\Lambda}\,\underline{\eta}\,\vec{A}, \tag{11.12a}$$

$$\vec{j}\,' = \underline{\Lambda}\,\vec{j} \tag{11.12b}$$

と変換すると，方程式 (11.5) は不変に保たれる．すなわち，変換後の方程式が

$$\left(-\underline{\eta}\,\Box' + \underline{\eta}\,\vec{\partial}\,'\,\vec{\partial}\,'^{\,\mathrm{T}}\underline{\eta}\right)\vec{A}\,' = \mu_0\,\vec{j}\,' \tag{11.13}$$

と表され，(11.5) 式と同じ形をとる（例題 11.3）．このことを，方程式 (11.5) は**ローレンツ不変性**を持つという．

例題 11.3

ローレンツ変換 (11.7) の下で (11.5) 式を不変に保つ $(\vec{A}, \vec{j})$ の変換則が，(11.12) 式で与えられることを示せ．ただし，(11.8), (11.9), (11.10) 式を既知とする．

【解答】 (11.5) 式に (11.8) 式と (11.9) 式を代入すると，

$$-\underline{\eta}\,\Box'\vec{A} + \underline{\eta}\,\underline{\Lambda}^{\mathrm{T}}\vec{\partial}'\,\vec{\partial}'^{\mathrm{T}}\underline{\Lambda}\,\underline{\eta}\,\vec{A} = \mu_0\,\vec{j}$$

となる．ただし，後の便宜上，左辺の括弧をはずした．さらに，左から $\underline{\Lambda}$ を作用すると，

$$-\underline{\Lambda}\,\underline{\eta}\,\Box'\vec{A} + \underline{\Lambda}\,\underline{\eta}\,\underline{\Lambda}^{\mathrm{T}}\vec{\partial}'\,\vec{\partial}'^{\mathrm{T}}\underline{\Lambda}\,\underline{\eta}\,\vec{A} = \mu_0\,\underline{\Lambda}\,\vec{j}$$

が得られる．左辺第一項で $\underline{\Lambda}\,\underline{\eta}$ と $\Box'$ を入れ替え，第二項の $\underline{\Lambda}^{\mathrm{T}}$ に (11.10) 式を代入すると，

$$-\Box'\,\underline{\Lambda}\,\underline{\eta}\,\vec{A} + \underline{\eta}\,\vec{\partial}'\,\vec{\partial}'^{\mathrm{T}}\underline{\Lambda}\,\underline{\eta}\,\vec{A} = \mu_0\,\underline{\Lambda}\,\vec{j}$$

となる．この式は，$\Box'$ と $\vec{\partial}'^{\mathrm{T}}$ の後に単位行列 $\underline{\eta}\,\underline{\eta}$ を挿入することで，

$$\left(-\underline{\eta}\,\Box' + \underline{\eta}\,\vec{\partial}'\,\vec{\partial}'^{\mathrm{T}}\underline{\eta}\right)\underline{\eta}\,\underline{\Lambda}\,\underline{\eta}\,\vec{A} = \mu_0\,\underline{\Lambda}\,\vec{j}$$

へと書き換えられる．従って，$(\vec{A}', \vec{j}')$ を (11.12) 式で定義すると，変換後の方程式が (11.13) 式のように表され，(11.5) 式と同じ形を持つことになる．■

$\vec{A}$ と $\vec{j}$ の変換則は，(11.12) 式のように異なっており，$\vec{A}$ のように変換するベクトルを**共変ベクトル**，$\vec{j}$ のように変換するベクトルを**反変ベクトル**と呼んでいる．この定義からは，$\vec{x}$ が (11.7a) 式より反変ベクトルに，$\vec{\partial}$ が (11.11) 式より共変ベクトルに分類される．ローレンツ変換に際して，ベクトルにこれら 2 種類の変換性があることは，覚えておくと有益であろう．一方で，(11.12) 式の導出は，反変ベクトル・共変ベクトルの概念を導入することなしに，基本的な線形代数の知識のみで行えたことも指摘しておく．ここでは，新たな概念の導入を必要最小限に留めるという方針の下に，標準的導出で用いられる上付き添字と下付き添字の区別も行わなかった．その利点の一つとしては，上下添字の区別とその昇降演算の煩わしさから解放されていることが挙げられる．

最後に，変換則 (11.12) が，「座標変換 (11.7) の下でマクスウェル方程式が形を変えない」という要請により導出されたことを改めて指摘しておく．アインシュタインにより**相対性原理**と名づけて導入されたこの原理（1905 年）[2] は，「物理法則はどの座標系で見ても同じはずである」という信念あるいは信仰に基づいている．そしてその根拠は，あくまで，そのようにして得られた方程式が，実験的に観測された自然現象を正しく記述していることにある．

❺ 光速度不変の原理

(11.3a) 式で導入された 4 元ベクトルの第 0 成分は,

$$ct, \quad -\frac{\phi}{c}, \quad c\rho$$

のように，光速 c との積・商で定義されている．そして，それ以降のローレンツ不変性の議論においては，それらの積・商のみが関わっていた．すなわち，光速 c がどのように変換されるのかは，未だ定義されていないのである．この点に関して，マイケルソンとモーリーは，1887 年，地上で光を垂直方向に二分割して等距離だけ往復させ，その干渉を測定して，絶対静止して実在すると考えられていた媒質「**エーテル**」に対する地球の相対的速度を明らかにする実験，すなわち，**マイケルソン–モーリーの実験**を行った．その結果，干渉縞は観測されず，地球の運動が観測する光速の値に全く影響を与えないという不可思議な結論が導かれた．この“失敗に終わった”実験結果は，その後，アインシュタインによって，**光速度不変の原理**の現れであると解釈された (1905 年)．すなわち，「一つの静止座標系を基準にとった場合，いかなる光線も，それが静止している物体，あるいは運動している物体のいずれから放射されたかには関係なく，常に一定の速さ c をもって伝搬する」というのである[2]．つまり，ローレンツ変換 (11.7) に際し，

$$c' = c \tag{11.14}$$

が成立する．この主張は，エーテルあるいは絶対静止系の存在自体を否定することでもある．

❻ 電磁場の統一的表現とその変換則

電磁ポテンシャルの変換性が明らかになったので，電磁場の考察に移ろう．電磁場の電磁ポテンシャルによる表現 (10.1) の右辺は，(11.3a) 式で定義された 4 元ベクトル $\vec{x}$ と $\vec{A}$ の要素を用いて，

$$\begin{aligned}\begin{pmatrix} B_1 \\ B_2 \\ B_3 \end{pmatrix} &= \begin{pmatrix} \partial_2 A_3 - \partial_3 A_2 \\ \partial_3 A_1 - \partial_1 A_3 \\ \partial_1 A_2 - \partial_2 A_1 \end{pmatrix}, \\ \begin{pmatrix} E_1 \\ E_2 \\ E_3 \end{pmatrix} &= \begin{pmatrix} c\,\partial_1 A_0 - c\,\partial_0 A_1 \\ c\,\partial_2 A_0 - c\,\partial_0 A_2 \\ c\,\partial_3 A_0 - c\,\partial_0 A_3 \end{pmatrix}\end{aligned} \tag{11.15}$$

と表せる．ここで，$\boldsymbol{E}$ と $\boldsymbol{B}$ の成分を区別する添字 (x, y, z) を $(1, 2, 3)$ で置き換えた．(11.15) 式より，新たな 4×4 行列

$$\underline{F} = (F_{\mu\nu})$$

を

$$F_{\mu\nu} \equiv c(\partial_\mu A_\nu - \partial_\nu A_\mu) \tag{11.16}$$

により定義すると，電磁場を統一的に記述できることがわかる．実際，この行列は，

$$\underline{F} = \begin{pmatrix} 0 & -E_1 & -E_2 & -E_3 \\ E_1 & 0 & cB_3 & -cB_2 \\ E_2 & -cB_3 & 0 & cB_1 \\ E_3 & cB_2 & -cB_1 & 0 \end{pmatrix} \tag{11.17}$$

と表され，全ての電磁場を過不足なく含む反対称行列となっている．さらに，(11.11) 式と (11.12a) 式を用いると，(11.16) 式が，ローレンツ変換 (11.7) の下で，

$$\begin{aligned} F'_{\mu'\nu'} &= \sum_{\mu=0}^{4} \sum_{\nu=0}^{4} (\underline{\eta}\,\underline{\Lambda}\,\underline{\eta})_{\mu'\mu} (\underline{\eta}\,\underline{\Lambda}\,\underline{\eta})_{\nu'\nu} F_{\mu\nu} \\ &= \left\{ (\underline{\eta}\,\underline{\Lambda}\,\underline{\eta})\, \underline{F}\, (\underline{\eta}\,\underline{\Lambda}\,\underline{\eta})^{\mathrm{T}} \right\}_{\mu'\nu'} \end{aligned} \tag{11.18}$$

と変換されることがわかる．

11.2 ローレンツブースト —等速運動する座標系への変換

(11.7) 式で定義されるローレンツ変換の最も簡単かつ非自明な場合として，時間座標 t と空間座標の x 成分が混合する変換を考察する．

❶ 変換行列の導出

この場合の $\underline{\Lambda}$ 行列は，一つのパラメータ θ を用いて，

$$\underline{\Lambda} = \begin{pmatrix} \cosh\theta & \sinh\theta & 0 & 0 \\ \sinh\theta & \cosh\theta & 0 & 0 \\ 0 & 0 & 1 & 0 \\ 0 & 0 & 0 & 1 \end{pmatrix} \tag{11.19a}$$

と表すことができる（例題 11.4）．ただし $\cosh\theta \equiv \frac{e^{\theta}+e^{-\theta}}{2}$ および $\sinh\theta \equiv \frac{e^{\theta}-e^{-\theta}}{2}$ は**双曲線関数**と呼ばれ，

$$\cosh^2\theta - \sinh^2\theta = 1$$

を満たす．

例題 11.4

ローレンツ変換の変換行列 $\underline{\Lambda}$ に関する条件式 (11.7b) を用いて，時間座標 t と空間座標の x 成分が混合する場合の変換行列が，(11.19a) 式のように表せることを示せ．

【解答】 以下では $\underline{\Lambda}$ 行列の (0,1) 小行列を抜き出して議論する．(11.7b) 式は，左辺と右辺を入れ替えて

$$\begin{aligned}\begin{pmatrix} -1 & 0 \\ 0 & 1 \end{pmatrix} &= \begin{pmatrix} \Lambda_{11} & \Lambda_{21} \\ \Lambda_{12} & \Lambda_{22} \end{pmatrix}\begin{pmatrix} -1 & 0 \\ 0 & 1 \end{pmatrix}\begin{pmatrix} \Lambda_{11} & \Lambda_{12} \\ \Lambda_{21} & \Lambda_{22} \end{pmatrix} \\ &= \begin{pmatrix} -\Lambda_{11}^2 + \Lambda_{21}^2 & -\Lambda_{11}\Lambda_{12} + \Lambda_{21}\Lambda_{22} \\ -\Lambda_{12}\Lambda_{11} + \Lambda_{22}\Lambda_{21} & -\Lambda_{12}^2 + \Lambda_{22}^2 \end{pmatrix}\end{aligned}$$

と変形できる．対角成分の方程式は，二つのパラメータ (θ, χ) を用いて，

$$(\Lambda_{11}, \Lambda_{21}) = (\cosh\theta, \sinh\theta), \quad (\Lambda_{22}, \Lambda_{12}) = (\cosh\chi, \sinh\chi)$$

と双曲線関数で表すことで自動的に満たされる．ただし，Λ_{11} と Λ_{22} の符号は，$(\theta,\chi) \to (0,0)$ の極限で恒等変換になるという要請から決められた．これらの表

式を非対角成分に代入すると，右辺が次のように変形できる．

$$0 = -\Lambda_{11}\Lambda_{12} + \Lambda_{21}\Lambda_{22} = -\cosh\theta\sinh\chi + \sinh\theta\cosh\chi = \sinh(\theta-\chi).$$

関数 $\sinh x$ は x の奇関数かつ単調増加関数なので，この式は $\theta = \chi$ と等価である．すなわち (11.19a) 式が得られた．■

(11.19a) 式の $(\cosh\theta, \sinh\theta)$ を，$|\beta| < 1$ を満たす新たなパラメータ β を用いた表現

$$(\cosh\theta, \sinh\theta) = \left(\frac{1}{\sqrt{1-\beta^2}}, \frac{-\beta}{\sqrt{1-\beta^2}}\right) \tag{11.19b}$$

に置き換える．さらに β を，光速 c を用いて，

$$\beta \equiv \frac{v}{c} \tag{11.19c}$$

と表す．(11.19b) 式の置き換えを行った行列 (11.19a) 式によるローレンツ変換 (11.7) は，**ローレンツブースト**あるいは単に**ブースト**（boost）と呼ばれる．その (0,1) 成分を書き下すと，

$$\begin{pmatrix} ct' \\ x' \end{pmatrix} = \frac{1}{\sqrt{1-\beta^2}} \begin{pmatrix} 1 & -\beta \\ -\beta & 1 \end{pmatrix} \begin{pmatrix} ct \\ x \end{pmatrix}$$

となり，(t, x) が

$$t' = \frac{t - \frac{\beta x}{c}}{\sqrt{1-\beta^2}}, \quad x' = \frac{x - vt}{\sqrt{1-\beta^2}} \tag{11.20}$$

と変換されることがわかる．これより，(11.19c) 式において導入された v は，静止座標系に対して $+x$ 方向に等速運動する座標系の速さという意味を持つことがわかる．実際に，(11.20) 式は，光速を無限大とする極限（$\beta \to 0$）で，**ガリレイ変換**に帰着する．このことは，また，マクスウェル方程式が，ガリレイ変換のもとで不変ではないこと，すなわち，形を変えてしまうことを意味している．

変換則 (11.20) を認めると，ある座標系とそれに対して等速運動する座標系との間で，一般に**時間の同時性**が成り立たず，また，観測物体の長さの測定値が違ってくる現象，すなわち，**ローレンツ収縮**が起こることになる（演習問題 11.1）．また，観測する光の角振動数が，運動する座標系において変化する現象，すなわち，**光のドップラー効果**

$$\omega' = \frac{c - v\cos\theta}{\sqrt{c^2 - v^2}}\omega \tag{11.21}$$

が起こることも理論的に予言される（演習問題 11.2）．ここで θ は，光の進行方向と $\boldsymbol{v}$ とのなす角である．特に，光の方向と座標系の運動方向が同じ場合に起こる角振動数の低下

$$\omega' = \sqrt{\frac{c-v}{c+v}}\,\omega < \omega \tag{11.22}$$

すなわち波長の増大は，可視光線領域では赤方向への変化に対応することから，**赤方偏移**と名づけられ，宇宙の膨張に関する観測データを解析する際の基本的公式となっている．

❷ ローレンツブーストにおける電磁場の変換則

ローレンツブースト (11.19) による電磁場の変換則は，$\underline{\Lambda}$ と $\underline{\eta}\,\underline{\Lambda}\,\underline{\eta}$ では $(0, j)$ と $(j, 0)$ 成分（$j = 1, 2, 3$）の符号が異なることに注意し，(11.17) 式と (11.18) 式を用いて計算できる．その結果は次のようにまとめられる（例題 11.5）．まず，速度 $\boldsymbol{v}$ に平行な x 軸方向の電場 $\boldsymbol{E}_{/\!/} \equiv (E_1, 0, 0)$ と磁束密度 $\boldsymbol{B}_{/\!/} \equiv (B_1, 0, 0)$ は，

$$\boldsymbol{E}'_{/\!/} = \boldsymbol{E}_{/\!/}, \quad \boldsymbol{B}'_{/\!/} = \boldsymbol{B}_{/\!/} \tag{11.23a}$$

と不変である．一方，$\boldsymbol{v}$ と垂直な $j = 2, 3$ 方向の電場 $\boldsymbol{E}_\perp \equiv (0, E_2, E_3)$ と磁束密度 $\boldsymbol{B}_\perp \equiv (0, B_2, B_3)$ は，

$$\boldsymbol{E}'_\perp = \frac{\boldsymbol{E}_\perp + \boldsymbol{v} \times \boldsymbol{B}}{\sqrt{1-\beta^2}}, \quad \boldsymbol{B}'_\perp = \frac{\boldsymbol{B}_\perp - \frac{\boldsymbol{v}}{c^2} \times \boldsymbol{E}}{\sqrt{1-\beta^2}} \tag{11.23b}$$

のように変換され，電場と磁場の混合が生じる．特に，変換後の電場 $\boldsymbol{E}'_\perp$ における右辺の混合は，非相対論的極限 $\beta \to 0$ でも有限に残る．

例題 11.5

(11.17) 式と (11.19) 式を用いて (11.18) 式を計算し，ローレンツブーストによる電磁場の変換則 (11.23) を導出せよ．

【解答】 (11.17) 式と (11.19) 式を (11.18) 式の右辺に代入し，右辺の行列の積を計算する．その変形は，新たな変数

$$\gamma \equiv \frac{1}{\sqrt{1-\beta^2}}$$

を用いて，次のように簡潔に実行できる．

$$\underline{F}' = \begin{pmatrix} \gamma & \gamma\beta & 0 & 0 \\ \gamma\beta & \gamma & 0 & 0 \\ 0 & 0 & 1 & 0 \\ 0 & 0 & 0 & 1 \end{pmatrix} \begin{pmatrix} 0 & -E_1 & -E_2 & -E_3 \\ E_1 & 0 & cB_3 & -cB_2 \\ E_2 & -cB_3 & 0 & cB_1 \\ E_3 & cB_2 & -cB_1 & 0 \end{pmatrix} \begin{pmatrix} \gamma & \gamma\beta & 0 & 0 \\ \gamma\beta & \gamma & 0 & 0 \\ 0 & 0 & 1 & 0 \\ 0 & 0 & 0 & 1 \end{pmatrix}$$

$$= \begin{pmatrix} \gamma\beta E_1 & -\gamma E_1 & -\gamma(E_2 - vB_3) & -\gamma(E_3 + vB_2) \\ \gamma E_1 & -\gamma\beta E_1 & \gamma(cB_3 - \beta E_2) & -\gamma(cB_2 + \beta E_3) \\ E_2 & -cB_3 & 0 & cB_1 \\ E_3 & cB_2 & -cB_1 & 0 \end{pmatrix} \begin{pmatrix} \gamma & \gamma\beta & 0 & 0 \\ \gamma\beta & \gamma & 0 & 0 \\ 0 & 0 & 1 & 0 \\ 0 & 0 & 0 & 1 \end{pmatrix}$$

$$= \begin{pmatrix} 0 & -E_1 & -\gamma(E_2 - vB_3) & -\gamma(E_3 + vB_2) \\ E_1 & 0 & \gamma(cB_3 - \beta E_2) & -\gamma(cB_2 + \beta E_3) \\ \gamma(E_2 - vB_3) & -\gamma(cB_3 - \beta E_2) & 0 & cB_1 \\ \gamma(E_3 + vB_2) & \gamma(cB_2 + \beta E_3) & -cB_1 & 0 \end{pmatrix}.$$

この結果と $\boldsymbol{v} = (v, 0, 0)$ を考慮すると，電場と磁束密度の変換則が，次のようにまとめられる．

$$\begin{pmatrix} E_1' \\ E_2' \\ E_3' \end{pmatrix} = \begin{pmatrix} E_1 \\ \gamma(E_2 - vB_3) \\ \gamma(E_3 + vB_2) \end{pmatrix} = \begin{pmatrix} E_1 \\ \gamma(\boldsymbol{E} + \boldsymbol{v} \times \boldsymbol{B})_2 \\ \gamma(\boldsymbol{E} + \boldsymbol{v} \times \boldsymbol{B})_3 \end{pmatrix},$$

$$\begin{pmatrix} B_1' \\ B_2' \\ B_3' \end{pmatrix} = \begin{pmatrix} B_1 \\ \gamma\left(B_2 + \frac{\beta E_3}{c}\right) \\ \gamma\left(B_3 - \frac{\beta E_2}{c}\right) \end{pmatrix} = \begin{pmatrix} B_1 \\ \gamma\left(\boldsymbol{B} - \frac{\boldsymbol{v} \times \boldsymbol{E}}{c^2}\right)_2 \\ \gamma\left(\boldsymbol{B} - \frac{\boldsymbol{v} \times \boldsymbol{E}}{c^2}\right)_3 \end{pmatrix}.$$

この結果を $\boldsymbol{v}$ に平行な成分と垂直な成分に分けて表すと (11.23) 式となる．■

ローレンツブーストによる電荷・電流密度の変換則も明らかにしておこう．(11.12b) 式に (11.19) 式を代入すると，その 0, 1 成分が

$$\begin{pmatrix} c\rho' \\ j_1' \end{pmatrix} = \frac{1}{\sqrt{1-\beta^2}} \begin{pmatrix} 1 & -\beta \\ -\beta & 1 \end{pmatrix} \begin{pmatrix} c\rho \\ j_1 \end{pmatrix}$$

と変換されることがわかる．2, 3 成分は不変である．すなわち，ブーストによる電荷・電流密度の変換則が，

$$\rho' = \frac{\rho - \frac{\boldsymbol{v} \cdot \boldsymbol{j}}{c^2}}{\sqrt{1-\beta^2}}, \quad \boldsymbol{j}' = \frac{\boldsymbol{j} - \boldsymbol{v}\rho}{\sqrt{1-\beta^2}} \tag{11.24}$$

と得られる．

演習問題

11.1　ローレンツブースト (11.20) に関する以下の問いに答えよ．

(1)　ある座標系 K で位置 $\boldsymbol{r}_1$ と $\boldsymbol{r}_2$ ($\neq \boldsymbol{r}_1$) で同時刻 t に観測した現象を，K から見て $+x$ 軸方向に速さ v で運動する座標系 K$'$ で観測したとき，同時性が成り立たないことを示せ．

(2)　座標系 K で x 軸上に静止している長さ l の棒がある．この棒を座標系 K$'$ で測定したときの長さ l' の表式を書き下し，棒の長さが短くなることを示せ．

11.2　6.2 節で考察した光の単色平面波 $e^{i\boldsymbol{k}\cdot\boldsymbol{r}-i\omega t}$ は，(11.3) 式で定義した $\vec{x}$ と $\underline{\eta}$，および，ある 4 元ベクトル $\vec{k}$ を用いて，$e^{i\vec{k}^{\mathrm{T}}\underline{\eta}\,\vec{x}}$ と表せる．

(1)　$\vec{k}$ の表式を求めよ．

(2)　ローレンツ変換 (11.7) に際して $\vec{k}^{\mathrm{T}}\underline{\eta}\,\vec{x}$ が不変に保たれるものと仮定して，ベクトル $\vec{k}$ の変換則を求めよ．

(3)　ローレンツブースト (11.19) に際しての $\vec{k}$ の変換則を書き下せ．

(4)　(3) の結果と光の分散関係 $\omega = ck$ を用いて，**光のドップラー効果**の表式が，

$$\omega' = f(v, c, \theta)\,\omega$$

のように，座標系の速さ v，光速 c，および，x 軸方向（= 座標系の運動方向）と $\boldsymbol{k}$ 方向のなす角 θ の関数として表せることを示し，$f(v, c, \theta)$ の表式を求めよ．

(5)　特に，**赤方偏移**と呼ばれる $\theta = 0$ の場合，および，**青方偏移**と呼ばれる $\theta = \pi$ の場合の二つについて，光のドップラー効果の表式を書き下せ．また，それぞれの場合について，角振動数 ω' が ω より大きくなるか小さくなるかについても答えよ．

第12章 電磁場の変分原理

本章では，電磁場のマクスウェル方程式とローレンツ力による荷電粒子の運動方程式が，作用積分が停留値をとるという「停留作用の原理」から導けることを示す．作用積分は，粒子部分についてはニュートン力学の枠内で，ラグランジュ形式とハミルトン形式の両方で提示し，各々から同じ方程式が得られることを示す．ハミルトン形式からは，電磁場と荷電粒子系の全エネルギーの表式が得られる．その表式は量子力学への移行に際して便利で，力学の枠内では失われていたゲージ不変性が，量子力学への移行で回復することも明らかになる．

12.1 ラグランジュ形式

❶電磁場部分

10.1 節で考察したように，マクスウェル方程式の中で非斉次項のない (1.5b) 式と (1.5c) 式は，電磁場の電磁ポテンシャル $(\phi, \boldsymbol{A})$ を用いた表現

$$\boldsymbol{E} = -\boldsymbol{\nabla}\phi - \frac{\partial \boldsymbol{A}}{\partial t}, \tag{12.1a}$$

$$\boldsymbol{B} = \boldsymbol{\nabla} \times \boldsymbol{A} \tag{12.1b}$$

と等価である．本項の目的は，残る 2 本のマクスウェル方程式 (1.5a) と (1.5d) が，「**作用**（action）と呼ばれる積分に停留値を与える」という**停留作用の原理**（principle of stationary action）から導けることを示すことにある．

具体的に，電磁場が関与する**作用**（action）は，

$$\mathcal{S}_{\mathrm{em+i}} = \int_{t_0}^{t_1} (L_{\mathrm{em}} + L_{\mathrm{i}})\, dt \tag{12.2}$$

と表せる．その被積分関数は，一般に**ラグランジアン**（Lagrangian）と呼ばれ，(12.2) 式の場合には，電磁場（electromagnetic field）のみの部分

$$L_{\mathrm{em}} = \int d^3r \left(\frac{\varepsilon_0}{2} \boldsymbol{E}^2 - \frac{1}{2\mu_0} \boldsymbol{B}^2 \right) \tag{12.3a}$$

と，電磁場と荷電粒子の相互作用（interaction）部分

$$L_{\mathrm{i}} = \int d^3r\,(-\rho\,\phi + \boldsymbol{j}\cdot\boldsymbol{A}) \tag{12.3b}$$

から構成される．ここで $(\rho, \boldsymbol{j})$ は，電荷・電流密度である．関数 $(\phi, \boldsymbol{A})$ に対して一つの値 $\mathcal{S}_{\mathrm{em+i}}$ が決まる (12.2) 式は，値 x に対して一つの値 $f(x)$ が決まる**関数**と区別して，**汎関数**と呼ばれている．

作用 (12.2) に停留値を与えるという条件から，マクスウェル方程式 (1.5a) と (1.5d) が導けることを示そう．今，(12.2) 式が $(\phi, \boldsymbol{A})$ の所で停留値となっているものとし，そこから電磁ポテンシャルを

$$(\phi, \boldsymbol{A}) \quad \to \quad (\phi + \delta\phi, \boldsymbol{A} + \delta\boldsymbol{A})$$

と無限小変化させる．関数の無限小変化 $(\delta\phi, \delta\boldsymbol{A})$ は，値 x の無限小変化 dx である**微分**と区別して，**変分**と呼ばれる．このとき，$\mathcal{S}_{\mathrm{em+i}}$ に生じる一次の変化は，

$$\begin{aligned}
\delta\mathcal{S}_{\mathrm{em+i}} = \varepsilon_0 \int_{t_0}^{t_1} dt \int d^3r \left(\boldsymbol{\nabla}\cdot\boldsymbol{E} - \frac{1}{\varepsilon_0}\rho\right)\delta\phi \\
&+ \mu_0^{-1} \int_{t_0}^{t_1} dt \int d^3r \left(-\boldsymbol{\nabla}\times\boldsymbol{B} + \mu_0\boldsymbol{j} + \frac{1}{c^2}\frac{\partial\boldsymbol{E}}{\partial t}\right)\cdot\delta\boldsymbol{A} \\
&- \int_{t_0}^{t_1} dt \int_S dS\,\boldsymbol{n}\cdot(\varepsilon_0\boldsymbol{E}\,\delta\phi + \mu_0^{-1}\delta\boldsymbol{A}\times\boldsymbol{B}) \\
&- \left[\int d^3r\,(\varepsilon_0\boldsymbol{E}\cdot\delta\boldsymbol{A})\right]_{t=t_0}^{t_1}
\end{aligned} \tag{12.4}$$

と表せる（例題 12.1）．ここで S は，空間積分領域の境界表面である．(12.2) 式が停留値をとっているための必要条件は，この $\delta\mathcal{S}_{\mathrm{em+i}}$ がゼロとなることである．これを念頭に右辺の各項を見直すと，第三項と第四項は，$(\delta\phi, \delta\boldsymbol{A})$ が境界でゼロとなるように選ぶと寄与が消えることがわかる．残りの第一項と第二項からなる $\delta\mathcal{S}_{\mathrm{em+i}}$ が，任意の $(\delta\phi, \delta\boldsymbol{A})$ についてゼロとなるための必要十分条件は，被積分関数の中でのそれらの係数がゼロとなること，すなわち，マクスウェル方程式 (1.5a) と (1.5d) が成り立つことである．

例題 12.1

(12.4) 式を導出せよ．

【解答】 関数の無限小変化 $(\phi, \boldsymbol{A}) \to (\phi + \delta\phi, \boldsymbol{A} + \delta\boldsymbol{A})$ の下での作用 (12.2) の一次の変化は，(12.1) 式を考慮して微分の連鎖律を用いることで，

$$\delta\mathcal{S}_{\mathrm{em+i}} = \int_{t_0}^{t_1} dt \int d^3r \left\{ \varepsilon_0 \boldsymbol{E} \cdot \left(-\boldsymbol{\nabla}\delta\phi - \frac{\partial \delta\boldsymbol{A}}{\partial t} \right) - \mu_0^{-1} \boldsymbol{B} \cdot (\boldsymbol{\nabla} \times \delta\boldsymbol{A}) - \rho\delta\phi + \boldsymbol{j} \cdot \delta\boldsymbol{A} \right\}$$

と書き下せる．さらに，被積分関数の第一項と第二項を

$$\begin{aligned}
\varepsilon_0 \boldsymbol{E} \cdot \left(-\boldsymbol{\nabla}\delta\phi - \frac{\partial \delta\boldsymbol{A}}{\partial t} \right) &= -\boldsymbol{\nabla} \cdot (\varepsilon_0 \boldsymbol{E}\,\delta\phi) + \varepsilon_0 \delta\phi \boldsymbol{\nabla} \cdot \boldsymbol{E} \\
&\quad - \frac{\partial}{\partial t}(\varepsilon_0 \boldsymbol{E} \cdot \delta\boldsymbol{A}) + \delta\boldsymbol{A} \cdot \varepsilon_0 \frac{\partial \boldsymbol{E}}{\partial t}, \\
-\mu_0^{-1} \boldsymbol{B} \cdot (\boldsymbol{\nabla} \times \delta\boldsymbol{A}) &= -\boldsymbol{\nabla} \cdot (\mu_0^{-1} \delta\boldsymbol{A} \times \boldsymbol{B}) - \delta\boldsymbol{A} \cdot (\mu_0^{-1} \boldsymbol{\nabla} \times \boldsymbol{B}) \quad \textbf{(6.16)}\ \text{式}
\end{aligned}$$

と変形すると，$\delta\mathcal{S}_{\mathrm{em+i}}$ が

$$\begin{aligned}
\delta\mathcal{S}_{\mathrm{em+i}} = \int_{t_0}^{t_1} dt \int d^3r \, \Bigg\{ &-\boldsymbol{\nabla} \cdot (\varepsilon_0 \boldsymbol{E}\,\delta\phi + \mu_0^{-1} \delta\boldsymbol{A} \times \boldsymbol{B}) - \frac{\partial}{\partial t}(\varepsilon_0 \boldsymbol{E} \cdot \delta\boldsymbol{A}) \\
&+ \delta\phi(\varepsilon_0 \boldsymbol{\nabla} \cdot \boldsymbol{E} - \rho) + \delta\boldsymbol{A} \cdot \left(\varepsilon_0 \frac{\partial \boldsymbol{E}}{\partial t} - \mu_0^{-1} \boldsymbol{\nabla} \times \boldsymbol{B} + \boldsymbol{j} \right) \Bigg\}
\end{aligned}$$

と表せる．被積分関数の第一項は，ガウスの定理 (2.21) を用いて，(12.4) 式の第三項へと書き換えられる．被積分関数の第二項も t についての積分を実行でき，(12.4) 式の第四項のように表せる．残りの二項は，それぞれ，(12.4) 式の第一項と第二項に等しい．■

このようにして，マクスウェル方程式 (1.5a) と (1.5d) が，作用 (12.2) に停留値を与えるという条件により得られた．これを**停留作用の原理**という．停留作用の原理は，また，**最小作用の原理**とも呼ばれる．しかし，マクスウェル方程式 (1.5a) と (1.5d) の解を代入した作用 (12.2) は，一般に最小値とはなっていない．これは以下の荷電粒子部分についても当てはまる．本書では，この点を明確にして誤解を避けるため，「停留作用の原理」の語句を用いることにする．

❷荷電粒子部分

質量 m と電荷 q を持つ荷電粒子（charged particle）の電磁場中での運動を考察する．その運動エネルギーのラグランジアンは，粒子の速度

$$\dot{\boldsymbol{r}}_q \equiv \frac{d\boldsymbol{r}_q}{dt}$$

を用いて，

$$L_{\mathrm{p}} = \frac{1}{2}m\dot{\boldsymbol{r}}_q^2 \tag{12.5}$$

と表せる．また，電磁場との相互作用は (12.3b) 式で与えられ，その電荷密度 ρ と電流密度 $\boldsymbol{j}$ は，粒子部分のみのラグランジアンが (12.5) 式の場合，

$$\rho(\boldsymbol{r}) = q\,\delta^3(\boldsymbol{r}-\boldsymbol{r}_q), \quad \boldsymbol{j}(\boldsymbol{r}) = q\,\dot{\boldsymbol{r}}_q\,\delta^3(\boldsymbol{r}-\boldsymbol{r}_q) \tag{12.6}$$

と表せる．(12.6) 式を (12.3b) 式に代入して (12.5) 式と足し合わせると，荷電粒子部分のラグランジアンが

$$L_{\mathrm{p+i}}(\boldsymbol{r}_q, \dot{\boldsymbol{r}}_q, t) \equiv \frac{1}{2}m\dot{\boldsymbol{r}}_q^2 - q\phi(\boldsymbol{r}_q, t) + q\dot{\boldsymbol{r}}_q \cdot \boldsymbol{A}(\boldsymbol{r}_q, t) \tag{12.7}$$

と得られる．今，対応する作用

$$\mathcal{S}_{\mathrm{p+i}} \equiv \int_{t_0}^{t_1} dt\, L_{\mathrm{p+i}}(\boldsymbol{r}_q, \dot{\boldsymbol{r}}_q, t) \tag{12.8}$$

が，ある軌跡 $\boldsymbol{r}_q = \boldsymbol{r}_q(t)$ の所で停留値をとっているものとする．その軌跡を

$$\boldsymbol{r}_q \quad \to \quad \boldsymbol{r}_q + \delta\boldsymbol{r}_q$$

と変化させたとき，$\mathcal{S}_{\mathrm{p+i}}$ に生じる一次の変化は，一般に，

$$\delta\mathcal{S}_{\mathrm{p+i}} = \int_{t_0}^{t_1} dt\,\delta\boldsymbol{r}_q \cdot \left\{\frac{\delta L_{\mathrm{p+i}}(\boldsymbol{r}_q, \dot{\boldsymbol{r}}_q, t)}{\delta\boldsymbol{r}_q} - \frac{d}{dt}\frac{\delta L_{\mathrm{p+i}}(\boldsymbol{r}_q, \dot{\boldsymbol{r}}_q, t)}{\delta\dot{\boldsymbol{r}}_q}\right\} + \left[\delta\boldsymbol{r}_q \cdot \frac{\delta L_{\mathrm{p+i}}(\boldsymbol{r}_q, \dot{\boldsymbol{r}}_q, t)}{\delta\dot{\boldsymbol{r}}_q}\right]_{t=t_0}^{t_1} \tag{12.9}$$

と表せる（例題 12.2(1)）．ここで $\frac{\delta}{\delta\boldsymbol{r}_q}$ は，関数 $\boldsymbol{r}_q = \boldsymbol{r}_q(t)$ に関する微分を表す．(12.8) 式が停留値をとっているための必要条件は，この $\delta\mathcal{S}_{\mathrm{p+i}}$ がゼロとなることである．これを念頭に右辺の各項を見直すと，第二項は端点 $t = t_0$, t_1 で $\delta\boldsymbol{r}_q = \boldsymbol{0}$ と選ぶと寄与が消えることがわかる．残る第一項が任意の $\delta\boldsymbol{r}_q$ について成り立つための必要十分条件は，$\delta\boldsymbol{r}_q$ の係数がゼロ，すなわち，**オイラー–ラグランジュ方程式**

$$\frac{d}{dt}\frac{\delta L_{\mathrm{p+i}}(\boldsymbol{r}_q,\dot{\boldsymbol{r}}_q,t)}{\delta\dot{\boldsymbol{r}}_q}=\frac{\delta L_{\mathrm{p+i}}(\boldsymbol{r}_q,\dot{\boldsymbol{r}}_q,t)}{\delta\boldsymbol{r}_q} \tag{12.10}$$

が成り立つことである．ラグランジアン (12.7) について (12.10) 式を計算すると，

$$m\ddot{\boldsymbol{r}}_q=q\boldsymbol{E}(\boldsymbol{r}_q,t)+q\dot{\boldsymbol{r}}_q\times\boldsymbol{B}(\boldsymbol{r}_q,t) \tag{12.11}$$

が得られる（例題 12.2(2)）．このようにして，(12.8) 式に関する停留作用の原理から，ローレンツ力 (1.9) が導出できた．

例題 12.2

以下の問いに答えよ．

(1)　作用積分 (12.8) において，粒子の軌跡 $\boldsymbol{r}_q=\boldsymbol{r}_q(t)$ を $\boldsymbol{r}_q\to\boldsymbol{r}_q+\delta\boldsymbol{r}_q$ と変化させたとき，その一次の変化が (12.9) 式のように表せることを示せ．

(2)　ラグランジアン (12.7) に対するオイラー–ラグランジュ方程式 (12.10) が，(12.11) 式となることを示せ．

【解答】 (1)　粒子の軌跡の変化 $\boldsymbol{r}_q\to\boldsymbol{r}_q+\delta\boldsymbol{r}_q$ により生じる作用 (12.8) の一次の変化は，

$$\int_{t_0}^{t_1}dt\left\{\delta\boldsymbol{r}_q\cdot\frac{\delta L_{\mathrm{p+i}}(\boldsymbol{r}_q,\dot{\boldsymbol{r}}_q,t)}{\delta\boldsymbol{r}_q}+\delta\dot{\boldsymbol{r}}_q\cdot\frac{\delta L_{\mathrm{p+i}}(\boldsymbol{r}_q,\dot{\boldsymbol{r}}_q,t)}{\delta\dot{\boldsymbol{r}}_q}\right\}$$

と書き下せる．第二項に恒等式

$$\dot{\boldsymbol{A}}\cdot\boldsymbol{B}=\frac{d}{dt}(\boldsymbol{A}\cdot\boldsymbol{B})-\boldsymbol{A}\cdot\dot{\boldsymbol{B}}$$

を用いると，

$$\int_{t_0}^{t_1}dt\left[\delta\boldsymbol{r}_q\cdot\frac{\delta L_{\mathrm{p+i}}(\boldsymbol{r}_q,\dot{\boldsymbol{r}}_q,t)}{\delta\boldsymbol{r}_q}+\frac{d}{dt}\left\{\delta\boldsymbol{r}_q\cdot\frac{\delta L_{\mathrm{p+i}}(\boldsymbol{r}_q,\dot{\boldsymbol{r}}_q,t)}{\delta\dot{\boldsymbol{r}}_q}\right\}\right.$$
$$\left.-\,\delta\boldsymbol{r}_q\cdot\frac{d}{dt}\frac{\delta L_{\mathrm{p+i}}(\boldsymbol{r}_q,\dot{\boldsymbol{r}}_q,t)}{\delta\dot{\boldsymbol{r}}_q}\right]$$

へと変形できる．被積分関数の第二項を積分すると，(12.9) 式を得る．

(2)　(12.10) 式の右辺に (12.7) 式を代入すると，

$$\frac{\delta L_{\mathrm{p+i}}(\boldsymbol{r}_q,\dot{\boldsymbol{r}}_q,t)}{\delta\boldsymbol{r}_q}=-q\,\boldsymbol{\nabla}_q\phi(\boldsymbol{r}_q,t)+q\sum_{i=x,y,z}\dot{r}_{qi}\boldsymbol{\nabla}_qA_i(\boldsymbol{r}_q,t) \tag{12.12a}$$

が得られる．ここで $\boldsymbol{\nabla}_q$ は $\boldsymbol{r}_q$ に作用するナブラ演算子 (2.9a) を表す．一方，(12.10) 式の左辺に (12.7) 式を代入すると，$\boldsymbol{r}_q=\boldsymbol{r}_q(t)$ を念頭に，微分の連鎖律を用いて

$$\begin{aligned}\frac{d}{dt}\frac{\delta L_{\mathrm{p+i}}(\boldsymbol{r}_q,\dot{\boldsymbol{r}}_q,t)}{\delta\dot{\boldsymbol{r}}_q} &= \frac{d}{dt}\{m\dot{\boldsymbol{r}}_q+q\boldsymbol{A}(\boldsymbol{r}_q,t)\}\\ &= m\ddot{\boldsymbol{r}}_q+q\left\{\sum_{i=x,y,z}\dot{r}_{qi}\frac{\partial\boldsymbol{A}(\boldsymbol{r}_q,t)}{\partial r_{qi}}+\frac{\partial\boldsymbol{A}(\boldsymbol{r}_q,t)}{\partial t}\right\}\end{aligned}\tag{12.12b}$$

と変形できる．(12.10) 式に基づき，(12.12a) 式と (12.12b) 式を等号で結ぶと，

$$\begin{aligned}m\ddot{\boldsymbol{r}}_q &= q\left\{-\boldsymbol{\nabla}_q\phi(\boldsymbol{r}_q,t)-\frac{\partial\boldsymbol{A}(\boldsymbol{r}_q,t)}{\partial t}\right\}\\ &\quad +q\sum_{i=x,y,z}\dot{r}_{qi}\left\{\boldsymbol{\nabla}_q A_i(\boldsymbol{r}_q,t)-\frac{\partial\boldsymbol{A}(\boldsymbol{r}_q,t)}{\partial r_{qi}}\right\}\end{aligned}\tag{12.13}$$

を得る．ここで，最後の $\boldsymbol{A}$ に関する微分項の x 成分は，(12.1b) 式も用いて

$$\begin{aligned}&\left[\sum_{i=x,y,z}\dot{r}_{qi}\left\{\boldsymbol{\nabla}_q A_i(\boldsymbol{r}_q,t)-\frac{\partial\boldsymbol{A}(\boldsymbol{r}_q,t)}{\partial r_{qi}}\right\}\right]_x \qquad (r_{qx},r_{qy},r_{qz})=(x_q,y_q,z_q)\\ &=\dot{y}_q\left\{\frac{\partial A_y(\boldsymbol{r}_q,t)}{\partial x_q}-\frac{\partial A_x(\boldsymbol{r}_q,t)}{\partial y_q}\right\}+\dot{z}_q\left\{\frac{\partial A_z(\boldsymbol{r}_q,t)}{\partial x_q}-\frac{\partial A_x(\boldsymbol{r}_q,t)}{\partial z_q}\right\}\\ &=\dot{y}_q B_z(\boldsymbol{r}_q,t)-\dot{z}_q B_y(\boldsymbol{r}_q,t)\\ &=\{\dot{\boldsymbol{r}}_q\times\boldsymbol{B}(\boldsymbol{r}_q,t)\}_x\end{aligned}$$

と変形できる．y,z 成分についても同様である．この式と (12.1a) 式を (12.13) 式に代入すると，(12.11) 式が得られる．■

以上の考察では 1 個の荷電粒子のみを扱ったが，粒子間の相互作用がない場合には，複数の荷電粒子系への拡張は容易に行える．すなわち，各荷電粒子の寄与を単純に足し合わせたラグランジアンを考察すれば良く，各々の荷電粒子について上記の考察が当てはまる．また，粒子間に相互作用がある場合には，その寄与を荷電粒子系のラグランジアンに追加する必要がある．それに応じて，運動方程式の力の部分に，相互作用項が付け加わることになる．

12.2　ハミルトン形式

次に，ラグランジアン (12.3) および (12.5) の時間微分が関与する項から，ルジャンドル変換により，ハミルトニアン（Hamiltonian）を構成し，変分原理を**ハミルトン形式**に書き換えよう．

❶ 荷電粒子部分

まず，力学でも扱われる荷電粒子部分を考察する．粒子の運動量 $\boldsymbol{p}_q$ を，速度 $\dot{\boldsymbol{r}}_q$ が存在するラグランジアン (12.7) を用いて，

$$\boldsymbol{p}_q \equiv \frac{\delta L_{\mathrm{p+i}}(\boldsymbol{r}_q, \dot{\boldsymbol{r}}_q, t)}{\delta \dot{\boldsymbol{r}}_q} = m\dot{\boldsymbol{r}}_q + q\boldsymbol{A}(\boldsymbol{r}_q, t) \tag{12.14}$$

により定義する．そして，独立変数を $\dot{\boldsymbol{r}}_q$ から $\boldsymbol{p}_q$ へと取り換える**ルジャンドル変換**

$$H_{\mathrm{p+i}}(\boldsymbol{r}_q, \boldsymbol{p}_q, t) \equiv \boldsymbol{p}_q \cdot \dot{\boldsymbol{r}}_q - L_{\mathrm{p+i}}(\boldsymbol{r}_q, \dot{\boldsymbol{r}}_q, t) \tag{12.15}$$

を行う．この変換式に (12.7) 式を代入すると，電磁場中の荷電粒子の**ハミルトニアン** $H_{\mathrm{p+i}}(\boldsymbol{r}_q, \boldsymbol{p}_q, t)$ が，

$$H_{\mathrm{p+i}}(\boldsymbol{r}_q, \boldsymbol{p}_q, t) = \frac{\{\boldsymbol{p}_q - q\boldsymbol{A}(\boldsymbol{r}_q, t)\}^2}{2m} + q\phi(\boldsymbol{r}_q, t) \tag{12.16}$$

と得られる（演習問題 12.1）．

ハミルトン形式での作用は，(12.8) 式を，(12.15) 式を用いて

$$\mathcal{S}_{\mathrm{p+i}} = \int_{t_0}^{t_1} dt \left\{\boldsymbol{p}_q \cdot \dot{\boldsymbol{r}}_q - H_{\mathrm{p+i}}(\boldsymbol{r}_q, \boldsymbol{p}_q, t)\right\} \tag{12.17}$$

と書き換えたものに他ならない．今，この作用がある軌跡 $\boldsymbol{r}_q = \boldsymbol{r}_q(t)$ の所で停留値をとっているものとし，その軌跡を

$$(\boldsymbol{r}_q, \boldsymbol{p}_q) \quad \to \quad (\boldsymbol{r}_q + \delta\boldsymbol{r}_q, \boldsymbol{p}_q + \delta\boldsymbol{p}_q)$$

と変化させる．このとき，作用に生じる一次の変化は，(12.9) 式の導出と同様に，$\boldsymbol{p}_q \cdot \delta\dot{\boldsymbol{r}}_q$ 項を部分積分することで，

$$\begin{aligned}\delta\mathcal{S}_{\mathrm{p+i}} = \int_{t_0}^{t_1} dt \Bigg[\delta\boldsymbol{p}_q \cdot \left\{\dot{\boldsymbol{r}}_q - \frac{\delta H_{\mathrm{p+i}}(\boldsymbol{r}_q, \boldsymbol{p}_q, t)}{\delta\boldsymbol{p}_q}\right\} \\ + \delta\boldsymbol{r}_q \cdot \left\{-\dot{\boldsymbol{p}}_q - \frac{\delta H_{\mathrm{p+i}}(\boldsymbol{r}_q, \boldsymbol{p}_q, t)}{\delta\boldsymbol{r}_q}\right\}\Bigg] + \Big[\boldsymbol{p}_q \cdot \delta\boldsymbol{r}_q\Big]_{t=t_0}^{t_1}\end{aligned} \tag{12.18}$$

と表せる．(12.17) 式が停留値をとっているための必要条件は，この $\delta\mathcal{S}_{\mathrm{p+i}}$ がゼロとなることである．これを念頭に右辺の各項を見直すと，第二項は端点 $t=t_0$, t_1 で $\delta\boldsymbol{r}_q=\boldsymbol{0}$ と選ぶと寄与が消える．残る第一項が任意の $(\delta\boldsymbol{r}_q,\delta\boldsymbol{p}_q)$ について成り立つための必要十分条件は，**ハミルトンの運動方程式**

$$\dot{\boldsymbol{r}}_q=\frac{\delta H_{\mathrm{p+i}}(\boldsymbol{r}_q,\boldsymbol{p}_q,t)}{\delta\boldsymbol{p}_q}, \tag{12.19a}$$

$$\dot{\boldsymbol{p}}_q=-\frac{\delta H_{\mathrm{p+i}}(\boldsymbol{r}_q,\boldsymbol{p}_q,t)}{\delta\boldsymbol{r}_q} \tag{12.19b}$$

が成り立つことである．この方程式は，オイラー–ラグランジュ方程式 (12.10) と等価である．実際に，関係式

$$-\frac{\delta H_{\mathrm{p+i}}(\boldsymbol{r}_q,\boldsymbol{p}_q,t)}{\delta\boldsymbol{r}_q}=\frac{\delta L_{\mathrm{p+i}}(\boldsymbol{r}_q,\dot{\boldsymbol{r}}_q,t)}{\delta\boldsymbol{r}_q},$$

$$\boldsymbol{p}_q=\frac{\delta L_{\mathrm{p+i}}(\boldsymbol{r}_q,\dot{\boldsymbol{r}}_q,t)}{\delta\dot{\boldsymbol{r}}_q}$$

を (12.19b) 式に代入すると，(12.10) 式が再現される．一方，(12.19a) 式は，運動量の定義式 (12.14) 式と等価である．

❷ 電磁場部分

次に，電磁場部分を考察する．電磁場 $(\boldsymbol{E},\boldsymbol{B})$ を電磁ポテンシャルで表した (12.1) 式によると，電磁ポテンシャルの時間微分項は，電場に寄与する

$$\dot{\boldsymbol{A}}(\boldsymbol{r},t)\equiv\frac{\partial\boldsymbol{A}(\boldsymbol{r},t)}{\partial t}$$

のみである．従って，電磁場が関与するラグランジアン (12.3) の中で，電磁ポテンシャルの時間微分項があるのは，L_{em} の電場項だけである．その電場項から，$\dot{\boldsymbol{A}}(\boldsymbol{r},t)$ の共役運動量を，

$$\boldsymbol{\pi}(\boldsymbol{r},t)\equiv\frac{\delta L_{\mathrm{em}}}{\delta\dot{\boldsymbol{A}}(\boldsymbol{r},t)}=-\varepsilon_0\boldsymbol{E}(\boldsymbol{r},t)=\varepsilon_0(\boldsymbol{\nabla}\phi+\dot{\boldsymbol{A}}) \tag{12.20}$$

で定義する．そして，独立変数を $\dot{\boldsymbol{A}}$ から $\boldsymbol{\pi}$ に変更する**ルジャンドル変換**を，

$$H_{\mathrm{em}}\equiv\int d^3r\,\boldsymbol{\pi}\cdot\dot{\boldsymbol{A}}-L_{\mathrm{em}} \tag{12.21}$$

と行う．(12.21) 式の具体形は，(12.20) 式を $\boldsymbol{E}=-\varepsilon_0^{-1}\boldsymbol{\pi}$ および $\dot{\boldsymbol{A}}=\varepsilon_0^{-1}\boldsymbol{\pi}-\boldsymbol{\nabla}\phi$

と表して，(12.3a) 式を代入した (12.21) 式から $\boldsymbol{E}$ と $\dot{\boldsymbol{A}}$ を消去することで，

$$H_{\mathrm{em}} = \int d^3r \left(\frac{\boldsymbol{\pi} \cdot \boldsymbol{\pi}}{2\varepsilon_0} + \frac{\boldsymbol{B} \cdot \boldsymbol{B}}{2\mu_0} - \boldsymbol{\pi} \cdot \boldsymbol{\nabla}\phi \right) \tag{12.22}$$

と得られる．対応する電磁場のみの作用は，(12.21) 式を用いてラグランジアンを

$$L_{\mathrm{em}} = \int d^3r\, \boldsymbol{\pi} \cdot \dot{\boldsymbol{A}} - H_{\mathrm{em}}$$

と表し，時間に関して t_0 から t_1 まで積分することで，

$$\mathcal{S}_{\mathrm{em}} = \int_{t_0}^{t_1} dt \int d^3r \left(\boldsymbol{\pi} \cdot \dot{\boldsymbol{A}} - \frac{\boldsymbol{\pi} \cdot \boldsymbol{\pi}}{2\varepsilon_0} - \frac{\boldsymbol{B} \cdot \boldsymbol{B}}{2\mu_0} + \boldsymbol{\pi} \cdot \boldsymbol{\nabla}\phi \right) \tag{12.23}$$

と書き下せる．

今，(12.23) 式と (12.17) 式からなる全作用 $\mathcal{S}_{\mathrm{em+p+i}}$ が，ある $(\phi, \boldsymbol{A}, \boldsymbol{\pi})$ の所で停留値をとっているものとする．そこから電磁ポテンシャルを

$$(\phi, \boldsymbol{A}, \boldsymbol{\pi}) \quad \to \quad (\phi + \delta\phi, \boldsymbol{A} + \delta\boldsymbol{A}, \boldsymbol{\pi} + \delta\boldsymbol{\pi})$$

と変化させたとき，$\mathcal{S}_{\mathrm{em+p+i}}$ に生じる一次の変化は，(12.1b) 式と (12.16) 式も考慮して，

$$\begin{aligned} &\delta\mathcal{S}_{\mathrm{em+p+i}} \\ &= \int_{t_0}^{t_1} dt \int d^3r \left\{ \delta\boldsymbol{\pi} \cdot \left(\dot{\boldsymbol{A}} - \frac{\boldsymbol{\pi}}{\varepsilon_0} + \boldsymbol{\nabla}\phi \right) - \delta\boldsymbol{A} \cdot \left(\dot{\boldsymbol{\pi}} + \frac{\boldsymbol{\nabla} \times \boldsymbol{B}}{\mu_0} - \boldsymbol{j} \right) \right. \\ &\quad \left. - \delta\phi \left(\boldsymbol{\nabla} \cdot \boldsymbol{\pi} + \rho \right) \right\} + \int_{t_0}^{t_1} dt \int_S dS\, \boldsymbol{n} \cdot \left(\boldsymbol{\pi}\, \delta\phi - \mu_0^{-1} \delta\boldsymbol{A} \times \boldsymbol{B} \right) \\ &\quad + \left[\int d^3r\, \boldsymbol{\pi} \cdot \delta\boldsymbol{A} \right]_{t=t_0}^{t_1} \end{aligned} \tag{12.24}$$

と表せる (例題 12.3)．ただし，電荷・電流密度は (12.6) 式で定義されている．$\mathcal{S}_{\mathrm{em+p+i}}$ が停留値をとっているための必要条件は，この $\delta\mathcal{S}_{\mathrm{em+p+i}}$ がゼロとなることである．これを念頭に右辺の各項を見直すと，右辺の第二項と第三項は，$(\delta\phi, \delta\boldsymbol{A})$ を境界でゼロとなるように選ぶと寄与がなくなる．残りの第一項が任意の $(\delta\phi, \delta\boldsymbol{A}, \delta\boldsymbol{\pi})$ について成立するための必要十分条件は，それらの係数がゼロとなることである．すなわち，(12.20) 式，および，マクスウェル方程式 (1.5a) と (1.5d) が，ハミルトン形式からも再現された．

例題 12.3

(12.23) 式と (12.17) 式を用い，(12.1b) 式と (12.16) 式も考慮して，(12.24) 式を導出せよ．

【解答】 全作用 $\mathcal{S}_{\mathrm{em+p+i}}$ に生じる一次の変化は，

$$
\begin{aligned}
\delta\mathcal{S}_{\mathrm{em+p+i}} = \int_{t_0}^{t_1} dt \int d^3r \Biggl\{ & \delta\boldsymbol{\pi}\cdot\dot{\boldsymbol{A}} + \boldsymbol{\pi}\cdot\delta\dot{\boldsymbol{A}} - \frac{\delta\boldsymbol{\pi}\cdot\boldsymbol{\pi}}{\varepsilon_0} - \underbrace{\frac{\boldsymbol{B}\cdot(\boldsymbol{\nabla}\times\delta\boldsymbol{A})}{\mu_0}}_{(\mathbf{12.1b})\,\text{式を考慮}} \\
& + \boldsymbol{\pi}\cdot\boldsymbol{\nabla}\delta\phi + \delta\boldsymbol{\pi}\cdot\boldsymbol{\nabla}\phi - \delta^3(\boldsymbol{r}-\boldsymbol{r}_q)\underbrace{\frac{(\boldsymbol{p}_q - q\boldsymbol{A})\cdot(-q\delta\boldsymbol{A})}{m}}_{(\mathbf{12.16})\,\text{式を考慮}} \\
& - q\delta(\boldsymbol{r}-\boldsymbol{r}_q)\delta\phi \Biggr\}
\end{aligned}
\tag{12.25}
$$

と書き下せる．これらの式で，

$$
\begin{aligned}
&\boldsymbol{\pi}\cdot\delta\dot{\boldsymbol{A}} = \frac{d}{dt}(\boldsymbol{\pi}\cdot\delta\boldsymbol{A}) - \dot{\boldsymbol{\pi}}\cdot\delta\boldsymbol{A}, \\
&\boldsymbol{B}\cdot(\boldsymbol{\nabla}\times\delta\boldsymbol{A}) = \boldsymbol{\nabla}\cdot(\delta\boldsymbol{A}\times\boldsymbol{B}) + \delta\boldsymbol{A}\cdot(\boldsymbol{\nabla}\times\boldsymbol{B}), \quad (\mathbf{6.16})\ \text{式} \\
&\boldsymbol{\pi}\cdot\boldsymbol{\nabla}\delta\phi = \boldsymbol{\nabla}\cdot(\boldsymbol{\pi}\,\delta\phi) - \delta\phi\boldsymbol{\nabla}\cdot\boldsymbol{\pi}
\end{aligned}
$$

と書き換える．さらに，最後の二項を電荷・電流密度

$$
\rho(\boldsymbol{r}) = q\,\delta^3(\boldsymbol{r}-\boldsymbol{r}_q), \quad \boldsymbol{j}(\boldsymbol{r}) = q\,\frac{\boldsymbol{p}_q - q\boldsymbol{A}}{m}\delta^3(\boldsymbol{r}-\boldsymbol{r}_q)
$$

を用いて表す．ここで，電流密度に関しては，(12.14) 式に基づく関係 $\dot{\boldsymbol{r}}_q = \frac{\boldsymbol{p}_q - q\boldsymbol{A}}{m}$ を用いた．すると，(12.25) 式が

$$
\begin{aligned}
\delta\mathcal{S}_{\mathrm{em+p+i}} = \int_{t_0}^{t_1} dt \int d^3r \Biggl\{ & \delta\boldsymbol{\pi}\cdot\dot{\boldsymbol{A}} - \dot{\boldsymbol{\pi}}\cdot\delta\boldsymbol{A} - \frac{\delta\boldsymbol{\pi}\cdot\boldsymbol{\pi}}{\varepsilon_0} - \frac{\delta\boldsymbol{A}\cdot(\boldsymbol{\nabla}\times\boldsymbol{B})}{\mu_0} \\
& - \delta\phi\boldsymbol{\nabla}\cdot\boldsymbol{\pi} + \delta\boldsymbol{\pi}\cdot\boldsymbol{\nabla}\phi + \boldsymbol{j}\cdot\delta\boldsymbol{A} - \rho\,\delta\phi \Biggr\} \\
& + \int_{t_0}^{t_1} dt \int d^3r \left\{ \boldsymbol{\nabla}\cdot(\boldsymbol{\pi}\,\delta\phi - \mu_0^{-1}\delta\boldsymbol{A}\times\boldsymbol{B}) + \frac{d}{dt}(\boldsymbol{\pi}\cdot\delta\boldsymbol{A}) \right\}
\end{aligned}
$$

へと変形できる．この式を整理し，ガウスの定理 (2.21) を用いて書き換えると，(12.24) 式が得られる．■

12.3　電磁場と荷電粒子系の全エネルギー

古典力学と古典電磁気学におけるハミルトニアンは，系のエネルギーに他ならない．電磁場と荷電粒子からなる系の全エネルギーの表式を書き下しておこう．

❶一粒子系

電磁場と荷電粒子 1 個からなる系の全エネルギー H は，(12.16) 式と (12.22) 式を加えて変形することで，

$$H = \int d^3r \left(\frac{\varepsilon_0}{2} \boldsymbol{E} \cdot \boldsymbol{E} + \frac{\boldsymbol{B} \cdot \boldsymbol{B}}{2\mu_0} \right) + \frac{\{\boldsymbol{p}_q - q\boldsymbol{A}(\boldsymbol{r}_q, t)\}^2}{2m} \tag{12.26}$$

と表せることがわかる（例題 12.4）．

例題 12.4

荷電粒子のエネルギー (12.16) と電磁場のエネルギー (12.22) 式を足し合わせた全エネルギーが，(12.26) 式のように表せることを示せ．ただし，電荷密度 ρ の表式は (12.6) 式に与えられ，また，$\boldsymbol{\pi}$ は (12.20) 式で定義されている．

【解答】 まず，電磁場のみのハミルトニアン (12.22) で，$-\boldsymbol{\pi} \cdot \boldsymbol{\nabla}\phi = -\boldsymbol{\nabla} \cdot (\boldsymbol{\pi}\phi) + \phi\boldsymbol{\nabla} \cdot \boldsymbol{\pi}$ と表し，右辺第一項の寄与をガウスの定理 (2.21) を用いて書き換えると，

$$H_{\mathrm{em}} = \int d^3r \left(\frac{\boldsymbol{\pi} \cdot \boldsymbol{\pi}}{2\varepsilon_0} + \frac{\boldsymbol{B} \cdot \boldsymbol{B}}{2\mu_0} + \phi\boldsymbol{\nabla} \cdot \boldsymbol{\pi} \right) - \int_S dS\, \boldsymbol{n} \cdot \boldsymbol{\pi}\phi$$

となる．最後の面積分項は，十分大きくとった境界の表面で電場 $\boldsymbol{E} = -\frac{\boldsymbol{\pi}}{\varepsilon_0}$ が消える，という条件から落とせる．さらに，(12.20) 式を用いて $\boldsymbol{\pi}$ を $\boldsymbol{E}$ で表すと，H_{em} が

$$H_{\mathrm{em}} = \int d^3r \left(\frac{\varepsilon_0 \boldsymbol{E} \cdot \boldsymbol{E}}{2} + \frac{\boldsymbol{B} \cdot \boldsymbol{B}}{2\mu_0} - \varepsilon_0 \phi \boldsymbol{\nabla} \cdot \boldsymbol{E} \right)$$

と得られる．一方，荷電粒子が関わる部分のハミルトニアン (12.16) については，そのポテンシャル項 $q\phi(\boldsymbol{r}_q, t)$ を，(12.6) 式の電荷密度 ρ を用いて表すことで，

$$H_{\mathrm{p+i}}(\boldsymbol{r}_q, \boldsymbol{p}_q, t) = \frac{\{\boldsymbol{p}_q - q\boldsymbol{A}(\boldsymbol{r}_q, t)\}^2}{2m} + \int d^3r\, \rho(\boldsymbol{r}, t)\phi(\boldsymbol{r}, t)$$

へと書き換えられる．上の二式を加えると，$\phi(\boldsymbol{r}, t)$ が関与する項が，ガウスの法則

$$-\varepsilon_0 \boldsymbol{\nabla} \cdot \boldsymbol{E} + \rho = 0$$

により相殺されることがわかり，(12.26) 式を得る．■

ちなみに，(12.26) 式は，10.2 節❶で議論されたゲージ不変性を満たさない．実際，(10.3) 式のゲージ変換を行うと，右辺第二項の運動量部分が

$$\boldsymbol{p}_q - q\boldsymbol{A}(\boldsymbol{r}_q, t) \quad \longrightarrow \quad \boldsymbol{p}_q - q\widetilde{\boldsymbol{A}}(\boldsymbol{r}_q, t) + q\boldsymbol{\nabla}\chi(\boldsymbol{r}_q, t)$$

と変化して，ハミルトニアンの形が変わってしまう．これは，荷電粒子との相互作用を含んだ古典的な作用一般に言えることである．しかし，量子力学に移行すると，そのゲージ不変性が回復する．すなわち，ハミルトニアン (12.26) の運動量部分が，演算子 $\widehat{\boldsymbol{p}} \equiv -i\hbar\boldsymbol{\nabla}$ と波動関数 $\psi(\boldsymbol{r}, t)$ を用いた表式

$$\int \psi^*(\boldsymbol{r}, t)\frac{\{\widehat{\boldsymbol{p}} - q\boldsymbol{A}(\boldsymbol{r}, t)\}^2}{2m}\psi(\boldsymbol{r}, t)\, d^3r \tag{12.27}$$

に置き換わることで，ゲージ変換でのベクトルポテンシャルの変化 $\boldsymbol{A} = \widetilde{\boldsymbol{A}} - \boldsymbol{\nabla}\chi$ が，波動関数の位相変換 $\psi = \widetilde{\psi}\, e^{-\frac{iq\chi}{\hbar}}$ により相殺でき，$(\boldsymbol{A}, \psi) \to (\widetilde{\boldsymbol{A}}, \widetilde{\psi})$ の変換でハミルトニアンの形が変化しない．ここで $\hbar$ は，(7.30) 式のプランク定数を用いて $\hbar = \frac{h}{2\pi}$ で定義されている．

❷ 多粒子系におけるクーロン相互作用の分離

(12.26) 式を多粒子系に拡張すると，粒子数を n として，

$$H = \int d^3r \left(\frac{\varepsilon_0}{2}\boldsymbol{E}\cdot\boldsymbol{E} + \frac{\boldsymbol{B}\cdot\boldsymbol{B}}{2\mu_0}\right) + \sum_{j=1}^{n} \frac{\{\boldsymbol{p}_j - q_j\boldsymbol{A}(\boldsymbol{r}_j, t)\}^2}{2m} \tag{12.28}$$

と表せる．その電場のエネルギーには，荷電粒子の作るクーロン電場のエネルギーも含まれている．しかし，クーロンエネルギーを，粒子間の相互作用としてあらわに表現する方が便利なことも多い．そこで，(12.28) 式の電場エネルギーから，クーロン相互作用を取り出すことにしよう．

このために，10.2 節❸で考察したクーロンゲージを採用し，電場を二つの項の和

$$\boldsymbol{E} = \boldsymbol{E}_\phi + \boldsymbol{E}_A, \quad \boldsymbol{E}_\phi \equiv -\boldsymbol{\nabla}\phi_{\mathrm{C}}, \quad \boldsymbol{E}_A \equiv -\frac{\partial \boldsymbol{A}_{\mathrm{C}}}{\partial t} \tag{12.29}$$

として表す．クーロンゲージにおける電磁ポテンシャル $(\phi_{\mathrm{C}}, \boldsymbol{A}_{\mathrm{C}})$ は，ポアソン方程式 (10.7a) と湧き出しなしの条件である (10.6) 式を満たす．

具体的に，電荷密度が

$$\rho(\boldsymbol{r}) = \sum_{j=1}^{n} q_j \delta^3(\boldsymbol{r} - \boldsymbol{r}_j) \tag{12.30}$$

で与えられる場合を考察する．(3.16) 式の段落と 3.6 節によると，(12.30) 式の電荷密度に対するポアソン方程式 (10.7a) の解は，

$$\phi_{\mathrm{C}}(\boldsymbol{r}) = \frac{1}{4\pi\varepsilon_0}\sum_{j=1}^{n}\frac{q_j}{|\boldsymbol{r}-\boldsymbol{r}_j|} \tag{12.31a}$$

と表せる．また，(12.29) 式の電場 $\boldsymbol{E}_A$ は，(10.6) 式より，

$$\boldsymbol{\nabla}\cdot\boldsymbol{E}_A = 0 \tag{12.31b}$$

を満たす．

以上を念頭に，(12.29) 式の分割を (12.28) 式に代入して変形すると，電磁場と n 個の荷電粒子からなる系の全エネルギーが，クーロン力をあらわに書き出した表式

$$\begin{aligned} H = &\int d^3r\left(\frac{\varepsilon_0}{2}\boldsymbol{E}_A\cdot\boldsymbol{E}_A + \frac{\boldsymbol{B}\cdot\boldsymbol{B}}{2\mu_0}\right) + \sum_{j=1}^{n}\frac{\{\boldsymbol{p}_j - q_j\boldsymbol{A}(\boldsymbol{r}_j,t)\}^2}{2m} \\ &+ \frac{1}{4\pi\varepsilon_0}\sum_{j<j'}\frac{q_jq_{j'}}{|\boldsymbol{r}_j-\boldsymbol{r}_{j'}|} \end{aligned} \tag{12.32}$$

へと書き換えられる（演習問題 12.2）．

静的な場合の電磁場は，(12.32) 式のエネルギーを最小化するように作られる．つまり，電荷・電流分布が時間変化しない静的な場合に限っては，エネルギー最小の原理が成立する．

演習問題

12.1 (12.7), (12.14), (12.15) 式を用いて，電磁場中の荷電粒子のハミルトニアン (12.16) を導出せよ．

12.2 電場に関する (12.29) 式の分割を (12.28) 式に代入し，(12.30) 式と (12.31) 式を用いて，クーロン相互作用を明示したハミルトニアン (12.32) を導出せよ．ただし，クーロン相互作用の自己エネルギー項は除くものとする．

演習問題解答

第 1 章

1.1 面心立方格子の単位胞の原子数は，六つの面心からの $6 \times \frac{1}{2}$ 個と八つの頂点からの $8 \times \frac{1}{8}$ 個，すなわち，計 4 個である．それらのそれぞれが，電荷 $-3e = -3 \times (1.60 \times 10^{-19})\,\mathrm{C}$ の自由電子を供給するので，自由電子密度 n_f とその電荷密度 ρ_f が，次のように評価できる．

$$n_\mathrm{f} = \frac{4 \times 3}{(4.05 \times 10^{-10})^3} = 1.81 \times 10^{29}\,\mathrm{m}^{-3},$$

$$\rho_\mathrm{f} = -en_\mathrm{f} = \frac{-(1.60 \times 10^{-19}) \times 4 \times 3}{(4.05 \times 10^{-10})^3} = -2.89 \times 10^{10}\,\mathrm{C/m^3}.$$

1.2 以下のようになる．

$$\operatorname{div} \boldsymbol{E} = \frac{1}{\varepsilon_0}\rho, \quad \operatorname{div} \boldsymbol{B} = 0, \quad \operatorname{rot} \boldsymbol{E} = -\frac{\partial \boldsymbol{B}}{\partial t}, \quad \operatorname{rot} \boldsymbol{B} = \mu_0 \boldsymbol{j} + \frac{1}{c^2}\frac{\partial \boldsymbol{E}}{\partial t}.$$

ここで，$\boldsymbol{E}$ は電場，$\boldsymbol{B}$ は磁束密度，ρ は電荷密度，$\boldsymbol{j}$ は電流密度，ε_0 は真空の誘電率（電気定数），μ_0 は真空の透磁率（磁気定数），$c = (\varepsilon_0\mu_0)^{-\frac{1}{2}}$ は光速．

1.3 (1) $\boldsymbol{a} \times \boldsymbol{b} = (1 \cdot 0 - 0 \cdot 2, 0 \cdot 1 - 2 \cdot 0, 2 \cdot 2 - 1 \cdot 1) = (0, 0, 3)$.

(2) $\boldsymbol{a} \times \boldsymbol{b} = (1 \cdot 4 - 2 \cdot (-5), 2 \cdot 6 - 3 \cdot 4, 3 \cdot (-5) - 1 \cdot 6) = (14, 0, -21)$.

第 2 章

2.1 (2.12) 式に $t_0 = 0$, $t_1 = 2\pi$, $x(t) = a(t - \sin t)$, $y(t) = a(1 - \cos t)$, $z(t) = 0$ を代入すると，求める長さが次のように計算できる．

$$\int_0^{2\pi} \sqrt{a^2(1 - \cos t)^2 + a^2 \sin^2 t}\, dt = a \int_0^{2\pi} \sqrt{2 - 2\cos t}\, dt$$

$$= 2a \int_0^{2\pi} \sin \frac{t}{2}\, dt = 4a \left[-\cos \frac{t}{2} \right]_0^{2\pi} = 8a.$$

2.2 (1) $\boldsymbol{r} = (R(z)\cos\theta, R(z)\sin\theta, z)$, $0 \leq \theta \leq 2\pi$.

(2) $\frac{\partial \boldsymbol{r}}{\partial \theta} = (-R(z)\sin\theta, R(z)\cos\theta, 0)$ と $\frac{\partial \boldsymbol{r}}{\partial z} = (R'(z)\cos\theta, R'(z)\sin\theta, 1)$ とのベクトル積は，

$$\frac{\partial \boldsymbol{r}}{\partial \theta} \times \frac{\partial \boldsymbol{r}}{\partial z} = \big(R(z)\cos\theta, R(z)\sin\theta, -R(z)R'(z)\big)$$

と計算できる．従って，側面の面積素が次のように得られる．

$$dS = \left| \frac{\partial \boldsymbol{r}}{\partial \theta} \times \frac{\partial \boldsymbol{r}}{\partial z} \right| d\theta dz = R(z)\sqrt{1+\{R'(z)\}^2}\, d\theta dz.$$

$$= a\left(1-\frac{z}{z_0}\right)\sqrt{1+\frac{a^2}{z_0^2}}\, d\theta dz.$$

(3)　求める側面の面積は，(2) で求めた dS を $0 \leq \theta \leq 2\pi$ および $0 \leq z \leq z_0$ について積分することにより，次のように得られる．

$$S = \int_0^{2\pi} d\theta \int_0^{z_0} dz\, a\left(1-\frac{z}{z_0}\right)\sqrt{1+\frac{a^2}{z_0^2}} \quad z = z_0 t$$

$$= 2\pi a z_0 \sqrt{1+\frac{a^2}{z_0^2}} \int_0^1 dt\,(1-t) = \pi a\sqrt{a^2+z_0^2}.$$

2.3　(1)

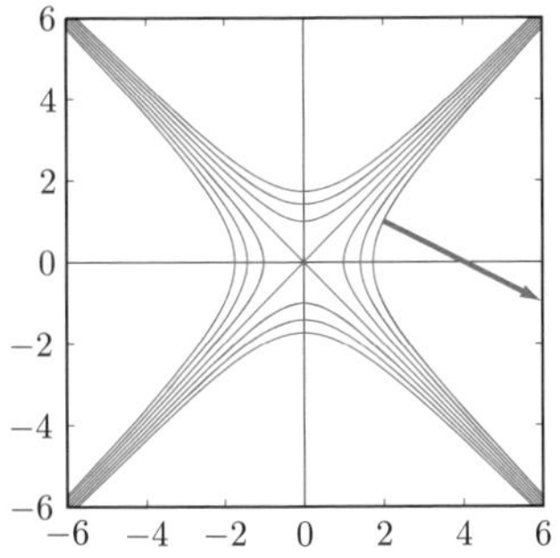

(2)　$\boldsymbol{\nabla} f(x,y) = \left(\dfrac{\partial(x^2-y^2)}{\partial x}, \dfrac{\partial(x^2-y^2)}{\partial y}\right) = (2x, -2y).$

(3)　$\boldsymbol{\nabla} f(2,1) = (4,-2)$．図の矢印で示したベクトル．点 $(2,1)$ を通る等高線 $f(x,y)=3$ に垂直である．

2.4　(1)

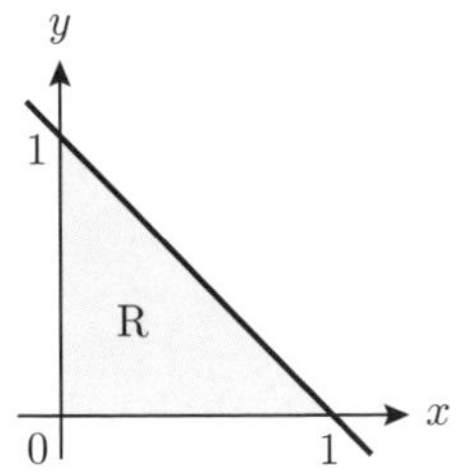

(2) $S = \frac{1}{2} \times 1 \times 1 = \frac{1}{2}.$

(3) $$S = \int_0^1 dy \int_0^{1-y} dx = \int_0^1 dy \Big[x \Big]_{x=0}^{1-y} = \int_0^1 dy \, (1-y)$$
$$= \left[y - \frac{1}{2} y^2 \right]_0^1 = \frac{1}{2}.$$

(4) 以下のように計算できる．

$$I \equiv \iint_{\mathrm{R}} dxdy \, f(x,y) = \int_0^1 dy \int_0^{1-y} dx \, (x+y)$$

まず y を決めて（定数とみなして）x について定積分

$$= \int_0^1 dy \left[\frac{(x+y)^2}{2} \right]_{x=0}^{1-y} = \int_0^1 dy \, \frac{1-y^2}{2} = \frac{1}{2} \left[y - \frac{y^3}{3} \right]_0^1 = \frac{1}{2} \frac{2}{3}$$
$$= \frac{1}{3}.$$

2.5 (1)

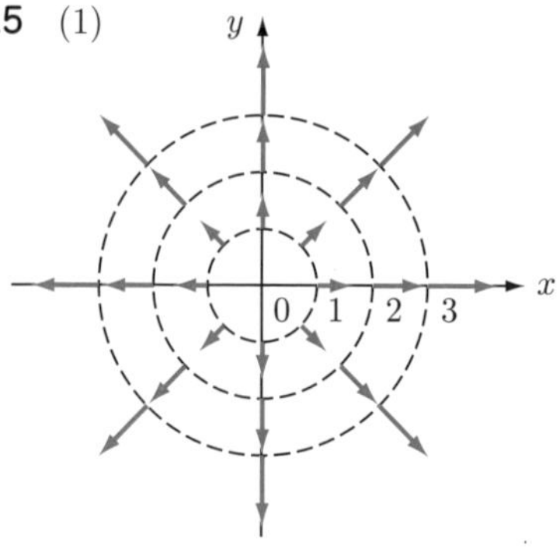

(i) $\boldsymbol{v}(\boldsymbol{r}) = (x, \, y, \, 0)$

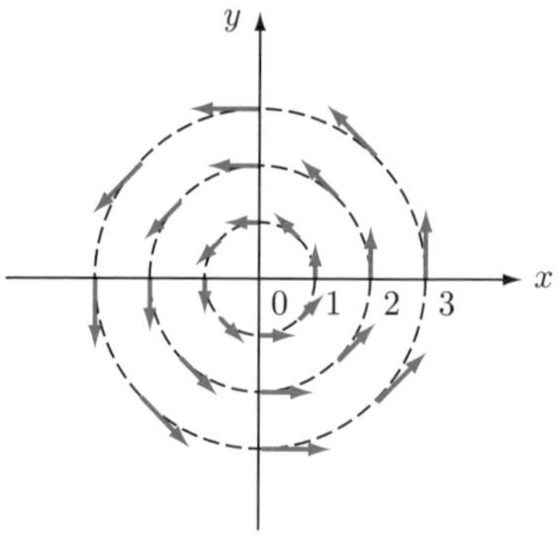

(ii) $\boldsymbol{v}(\boldsymbol{r}) = (-y, \, x, \, 0)$

(2) (x,y,z) が独立変数であることを念頭に，次のように微分を実行できる．

(i) $$\nabla \cdot \boldsymbol{v}(\boldsymbol{r}) = \frac{\partial x}{\partial x} + \frac{\partial y}{\partial y} + \frac{\partial 0}{\partial z} = 2,$$ 空間の各点に強さ 2 の湧き出し

$$\nabla \times \boldsymbol{v}(\boldsymbol{r}) = \left(\frac{\partial 0}{\partial y} - \frac{\partial y}{\partial z}, \frac{\partial x}{\partial z} - \frac{\partial 0}{\partial x}, \frac{\partial y}{\partial x} - \frac{\partial x}{\partial y} \right) = (0,0,0).$$ 渦なし

(ii) $$\nabla \cdot \boldsymbol{v}(\boldsymbol{r}) = \frac{\partial(-y)}{\partial x} + \frac{\partial x}{\partial y} + \frac{\partial 0}{\partial z} = 0,$$ 湧き出しなし

$$\nabla \times \boldsymbol{v}(\boldsymbol{r}) = \left(\frac{\partial 0}{\partial y} - \frac{\partial x}{\partial z}, \frac{\partial(-y)}{\partial z} - \frac{\partial 0}{\partial x}, \frac{\partial x}{\partial x} - \frac{\partial(-y)}{\partial y} \right) = (0,0,2).$$

空間の各点に強さが 2 で z 方向の渦密度

(3) $\boldsymbol{v}(\boldsymbol{r}) = (xyz, y^2 - x^2, zx)$.

$$\boldsymbol{\nabla} \cdot \boldsymbol{v}(\boldsymbol{r}) = \frac{\partial(xyz)}{\partial x} + \frac{\partial(y^2 - x^2)}{\partial y} + \frac{\partial(zx)}{\partial z} = yz + 2y + x,$$

$$\boldsymbol{\nabla} \times \boldsymbol{v}(\boldsymbol{r}) = \left(\frac{\partial(zx)}{\partial y} - \frac{\partial(y^2 - x^2)}{\partial z}, \frac{\partial(xyz)}{\partial z} - \frac{\partial(zx)}{\partial x}, \frac{\partial(y^2 - x^2)}{\partial x} - \frac{\partial(xyz)}{\partial y}\right)$$

$$= (0, xy - z, -2x - xz).$$

2.6 (1) (i) $\boldsymbol{r} = (t, t)$, $d\boldsymbol{r} = (dt, dt)$, $\boldsymbol{v}(\boldsymbol{r}) = (2t^2 + 1, t^2)$ より，$\boldsymbol{v} \cdot d\boldsymbol{r} = (3t^2 + 1)\, dt$. ゆえに，

$$\int_C \boldsymbol{v} \cdot d\boldsymbol{r} = \int_0^1 (3t^2 + 1)\, dt = 2.$$

(ii) $\boldsymbol{r} = (t, t^2)$, $d\boldsymbol{r} = (dt, 2t\, dt)$, $\boldsymbol{v}(\boldsymbol{r}) = (2t^3 + 1, t^2)$ より，$\boldsymbol{v} \cdot d\boldsymbol{r} = (2t^3 + 1)\, dt + 2t^3\, dt = (4t^3 + 1)\, dt$. ゆえに，

$$\int_C \boldsymbol{v} \cdot d\boldsymbol{r} = \int_0^1 (4t^3 + 1)\, dt = 2.$$

(2) $\dfrac{\partial v_y}{\partial x} = \dfrac{\partial(x^2)}{\partial x} = 2x$, $\dfrac{\partial v_x}{\partial y} = \dfrac{\partial(2xy + 1)}{\partial y} = 2x$ より $\dfrac{\partial v_y}{\partial x} = \dfrac{\partial v_x}{\partial y}$.

(3) 原点 $(0, 0)$ から (x, y) まで適当な経路に沿って $\boldsymbol{v} \cdot d\boldsymbol{r}$ を線積分すれば良い．積分経路として直線を選ぶと，経路上の点は，パラメータ t ($0 \le t \le 1$) を用いて $\boldsymbol{r} = (xt, yt)$ と表せる．その微小変化は，$d\boldsymbol{r} = (x\, dt, y\, dt)$ である．また，$\boldsymbol{v}(\boldsymbol{r}) = (2xyt^2 + 1, x^2 t^2)$ より，

$$\boldsymbol{v}(\boldsymbol{r}) \cdot d\boldsymbol{r} = (2xyt^2 + 1)x\, dt + x^2 t^2 y\, dt = (3x^2 y t^2 + x)\, dt.$$

ゆえに，

$$\phi(x, y) = -\int_C \boldsymbol{v} \cdot d\boldsymbol{r} = -\int_0^1 (3x^2 y t^2 + x)\, dt = -x^2 y - x.$$

(4) $-\{\phi(1, 1) - \phi(0, 0)\} = -(-2 - 0) = 2$.

2.7 $\displaystyle\int_0^{2\pi} \delta\left(\theta - \frac{\pi}{3}\right) \sin\theta\, d\theta = \sin\frac{\pi}{3} = \frac{\sqrt{3}}{2}$. ポイントは，$\theta = \dfrac{\pi}{3}$ が積分区間 $[0, 2\pi]$ 内に入っていることである．

第 3 章

3.1 電荷分布の対称性から，この場合の電場は z 軸に関して回転対称性を持ち，z 軸周りに放射状に広がっているものと考えて良い．そこで，(3.1) 式の領域 V として，下図のように，z 軸を中心軸とし，底面の半径が $\overline{r}$ で z 軸方向に長さ 1 を持つ円柱を考える．

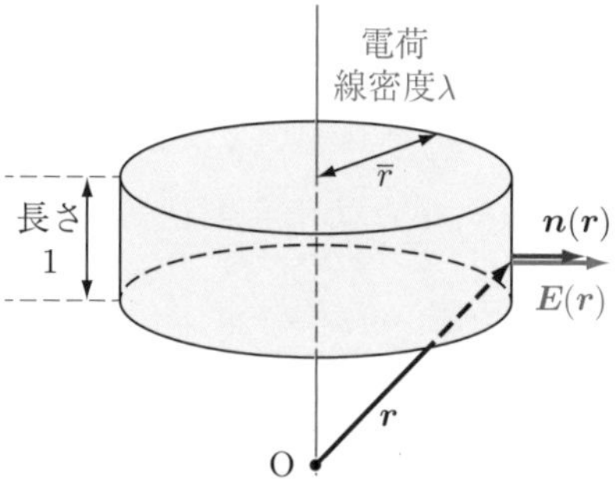

(3.1) 式の右辺は，

$$\frac{1}{\varepsilon_0}\int_V \rho(\boldsymbol{r})\,d^3r = \frac{\lambda}{\varepsilon_0}$$

と計算できる．一方，(3.1) 式の左辺では，円柱の側面で $\boldsymbol{E}(\boldsymbol{r}) \,/\!/\, \boldsymbol{n}(\boldsymbol{r})$ が成立し，それらのスカラー積は，$\boldsymbol{E}(\boldsymbol{r})\cdot\boldsymbol{n}(\boldsymbol{r}) = E(\overline{r})$ のように，側面の点によらず一定である．一方，円柱の底面では $\boldsymbol{E}(\boldsymbol{r}) \perp \boldsymbol{n}(\boldsymbol{r})$ となっており，積分への寄与はゼロとなる．従って，(3.1) 式の左辺が

$$\int_S \boldsymbol{E}(\boldsymbol{r})\cdot\boldsymbol{n}(\boldsymbol{r})\,dS = E(\overline{r})\int_{\text{円柱側面}} dS = 2\pi\overline{r}E(\overline{r})$$

と計算できる．ただし，$2\pi\overline{r}$ は半径 $\overline{r}$ の底面を持ち高さが 1 の円柱側面の表面積である．上の二式を等号で結ぶと，電場の大きさが

$$E(\overline{r}) = \frac{\lambda}{2\pi\varepsilon_0\overline{r}}$$

と求まる．

3.2 (1) 正方形の中心での電場はゼロ（四つのベクトルが相殺）．

(2) 各点電荷の存在する頂点において，方向は対角線に沿って外向きで，大きさは

$$\frac{Q^2}{4\pi\varepsilon_0}\left\{\frac{2\times\cos 45^\circ}{\ell^2}+\frac{1}{(\sqrt{2}\,\ell)^2}\right\}=\frac{Q^2}{4\pi\varepsilon_0\ell^2}\left(\sqrt{2}+\frac{1}{2}\right).$$

(3) $\displaystyle \phi(\boldsymbol{r})=\frac{Q}{4\pi\varepsilon_0}\sum_{\sigma_x=\pm}\sum_{\sigma_y=\pm}\frac{1}{|\boldsymbol{r}-\frac{\ell}{2}(\sigma_x\boldsymbol{e}_x+\sigma_y\boldsymbol{e}_y)|}.$

(4) (3.10a) 式を用いて次のように得られる．

$$\boldsymbol{E}(\boldsymbol{r})=\frac{Q}{4\pi\varepsilon_0}\sum_{\sigma_x=\pm}\sum_{\sigma_y=\pm}\frac{\boldsymbol{r}-\frac{\ell}{2}(\sigma_x\boldsymbol{e}_x+\sigma_y\boldsymbol{e}_y)}{|\boldsymbol{r}-\frac{\ell}{2}(\sigma_x\boldsymbol{e}_x+\sigma_y\boldsymbol{e}_y)|^3}.$$

(5) (4) の結果から自身が作る電場

$$\boldsymbol{E}_{\mathrm{self}}(\boldsymbol{r})\equiv\frac{Q}{4\pi\varepsilon_0}\frac{\boldsymbol{r}-\frac{\ell}{2}(\boldsymbol{e}_x+\boldsymbol{e}_y)}{|\boldsymbol{r}-\frac{\ell}{2}(\boldsymbol{e}_x+\boldsymbol{e}_y)|^3}$$

を除いた後，受ける力を計算する．

$$\begin{aligned}\boldsymbol{F}&=Q\{\boldsymbol{E}(\boldsymbol{r})-\boldsymbol{E}_{\mathrm{self}}(\boldsymbol{r})\}\Big|_{\boldsymbol{r}=\frac{\ell}{2}(\boldsymbol{e}_x+\boldsymbol{e}_y)}\\&=\frac{Q^2}{4\pi\varepsilon_0}\left\{\frac{\ell\boldsymbol{e}_x}{|\ell\boldsymbol{e}_x|^3}+\frac{\ell\boldsymbol{e}_y}{|\ell\boldsymbol{e}_y|^3}+\frac{\ell(\boldsymbol{e}_x+\boldsymbol{e}_y)}{|\ell(\boldsymbol{e}_x+\boldsymbol{e}_y)|^3}\right\}\\&=\frac{Q^2}{4\pi\varepsilon_0\ell^2}\left(1+\frac{1}{2\sqrt{2}}\right)(\boldsymbol{e}_x+\boldsymbol{e}_y).\end{aligned}$$

この表式は (2) の計算結果と一致する．

3.3 (1) 球の中心を原点に選ぶと，系の対称性から，電荷分布は原点に関して球対称で，原点からの距離 r のみの関数となることが結論づけられる．そこで，(3.1) 式の領域 V として，原点を中心とする半径 r の球を選ぶと，その球面上での電場は面に垂直で，外向き単位法線ベクトル $\boldsymbol{n}=\frac{\boldsymbol{r}}{r}$ と平行になり，$\boldsymbol{E}\cdot\boldsymbol{n}=E$ が成立する．さらに，その大きさ E が球面上で同じ値を持つことに注意すると，(3.1) 式左辺が，球の表面積 $4\pi r^2$ を用いて，$4\pi r^2 E(r)$ と書けることがわかる．従って，(3.1) 式から次式を得る．

$$E(r)=\frac{Q(r)}{4\pi\varepsilon_0 r^2},\quad Q(r):\text{原点から半径 } r \text{ の球内の全電荷.}$$

導体内には電場は生じず，そのため電荷は表面のみに分布する．この性質と与えられた条件を考慮すると，$Q(r)$ が次のように求まる．

$$Q(r)=\begin{cases}0 & : r<a\\ Q_1 & : a\le r<b\\ 0 & : b\le r<c\\ Q_1+Q_2 & : c\le r\end{cases}.$$

上の二式が求める電場である.

電荷分布の詳細は，次のようにまとめられる．まず，半径 a の導体球の表面に，電荷 Q_1 が均等に分布する．それを打ち消す $-Q_1$ の電荷が半径 b の球殻内側表面に均等に誘起され，球殻内の電場をゼロにする．さらに，$Q_2-(-Q_1)=Q_1+Q_2$ の電荷が半径 c の球殻外側表面に均等に分布する．このように，球殻に与えた電荷 Q_2 は，内側表面に $-Q_1$，外側表面に Q_2+Q_1 と分かれて分布し，内側表面の電荷 $-Q_1$ が球殻内の電場を打ち消す役割を果たす.

(2) 例題 3.4 と同様に線積分を実行すると，

$$\phi(r)=-\int_{\infty}^{r}E(s)\,ds$$

が得られる．この右辺に (1) の結果を代入して積分すると，$\phi(r)$ が以下のように求まる.

$$\phi(r)=\begin{cases}\dfrac{Q_1+Q_2}{4\pi\varepsilon_0 r} & : c\le r\\[2ex] \dfrac{Q_1+Q_2}{4\pi\varepsilon_0 c} & : b\le r<c\\[2ex] \dfrac{Q_1+Q_2}{4\pi\varepsilon_0 c}+\dfrac{Q_1}{4\pi\varepsilon_0}\left(\dfrac{1}{r}-\dfrac{1}{b}\right) & : a\le r<b\\[2ex] \dfrac{Q_1+Q_2}{4\pi\varepsilon_0 c}+\dfrac{Q_1}{4\pi\varepsilon_0}\left(\dfrac{1}{a}-\dfrac{1}{b}\right) & : r<a\end{cases}.$$

(3) $C=\dfrac{Q_1}{\phi(a)-\phi(b)}=\dfrac{Q_1}{\frac{Q_1}{4\pi\varepsilon_0}\left(\frac{1}{a}-\frac{1}{b}\right)}=\dfrac{4\pi\varepsilon_0 ab}{b-a}.$

3.4 円柱芯と外殻に電荷 Q と $-Q$ を与えたとき，電場は，中心軸からの距離 $\overline{r}$ が $a<\overline{r}<b$ を満たす領域にのみ存在する．その大きさは，演習問題 3.1 と同様の考察により，

$$E(\overline{r})=\frac{\frac{Q}{\ell}}{2\pi\varepsilon_0\overline{r}}$$

と求まる．これに負符号をつけて $\overline{r}=b$ から $\overline{r}=a$ まで積分すると，二つの金属間の電位差が

$$\phi(a)-\phi(b)=-\int_b^a E(\overline{r})\,d\overline{r}=-\frac{\frac{Q}{\ell}}{2\pi\varepsilon_0}\int_b^a\frac{1}{\overline{r}}\,d\overline{r}=\frac{\frac{Q}{\ell}}{2\pi\varepsilon_0}\ln\frac{b}{a}$$

と計算できる．ここで $\ln x\equiv\log_e x$ は自然対数である．従って，静電容量が

$$C = \frac{Q}{\phi(a) - \phi(b)} = \frac{2\pi\varepsilon_0 \ell}{\ln \frac{b}{a}}$$

と得られる．

第 4 章

4.1 (1) 求める磁束密度は，(4.15) 式を $\boldsymbol{r} \to \boldsymbol{r} \mp a\boldsymbol{e}_x$ と平行移動し，電流の大きさを I_1 と I_2 に置き換えて重ね合わせた式

$$\begin{aligned}\boldsymbol{B}(\boldsymbol{r}) &= \frac{\mu_0}{2\pi}\left\{\frac{I_1\boldsymbol{e}_z \times (\boldsymbol{r} - a\boldsymbol{e}_x)}{(x-a)^2+y^2} + \frac{I_2\boldsymbol{e}_z \times (\boldsymbol{r} + a\boldsymbol{e}_x)}{(x+a)^2+y^2}\right\} \\ &= \frac{\mu_0}{2\pi}\left\{I_1\frac{-y\boldsymbol{e}_x + (x-a)\boldsymbol{e}_y}{(x-a)^2+y^2} + I_2\frac{-y\boldsymbol{e}_x + (x+a)\boldsymbol{e}_y}{(x+a)^2+y^2}\right\}\end{aligned}$$

で表せる．ここで，$\boldsymbol{e}_j$ $(j = x, y, z)$ は j 方向の単位ベクトルであり，$\boldsymbol{e}_z \times \boldsymbol{e}_x = \boldsymbol{e}_y$，$\boldsymbol{e}_z \times \boldsymbol{e}_y = -\boldsymbol{e}_x$，$\boldsymbol{e}_z \times \boldsymbol{e}_z = \boldsymbol{0}$ の関係を用いた．

(2) $\boldsymbol{B}(\boldsymbol{r}) = \dfrac{\mu_0(I_2 - I_1)}{2\pi a}\boldsymbol{e}_y$.

4.2 ソレノイドの側面に平行に，下図のような長方形の閉曲線 C をとり，(4.2) 式の積分を計算する．C のソレノイド側面に沿った長さは ℓ とし，電流はソレノイドの左側部分で紙面に上向き，右側部分で紙面に下向き方向に流れているものとする．対称性より，$\boldsymbol{B}$ はソレノイド内部では中心軸に平行で，ソレノイド外部では $\boldsymbol{0}$ であると結論づけられる．また，C の上下の線分上では $d\boldsymbol{r} \perp \boldsymbol{B}$ が成り立つ．従って，(4.2) 式左辺の線積分では，ソレノイド内部の中心軸に平行な線分からの寄与のみが残り，

$$\oint_C \boldsymbol{B} \cdot d\boldsymbol{r} = B\ell$$

が得られる．一方，(4.2) 式右辺は，$\mu_0 I_S = \mu_0 n\ell I$ となる．以上より，ソレノイド

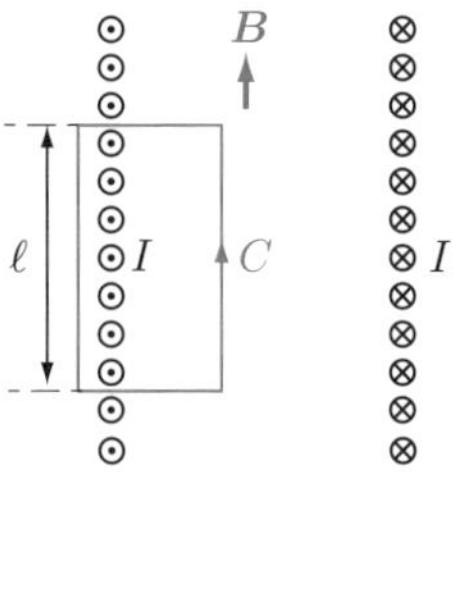

内部の磁束密度の強さが，$B=\mu_0 nI$ であると結論づけられる．この結果は，C の上下線分の右端が，ソレノイド内のどの位置にあるかによらない．従って，B がソレノイド内で一様であることもわかる．

4.3 (1) $\boldsymbol{j}(\boldsymbol{r}')=I\boldsymbol{e}_y\delta(x'-a)\delta(z')$．ただし，$|y'|\le a$ である．

(2) 次のように計算できる．

$$\frac{\mu_0}{4\pi}\int\frac{\boldsymbol{j}(\boldsymbol{r}')\times(\boldsymbol{r}-\boldsymbol{r}')}{|\boldsymbol{r}-\boldsymbol{r}'|^3}\,d^3r'=\frac{\mu_0 I}{4\pi}\int_{-a}^{a}dy'\,\frac{\boldsymbol{e}_y\times(\boldsymbol{r}-a\boldsymbol{e}_x-y'\boldsymbol{e}_y)}{|\boldsymbol{r}-a\boldsymbol{e}_x-y'\boldsymbol{e}_y|^3}$$
$$=\frac{\mu_0 I}{4\pi}\int_{-a}^{a}dy'\,\frac{z\boldsymbol{e}_x-(x-a)\boldsymbol{e}_z}{\{(x-a)^2+(y-y')^2+z^2\}^{\frac{3}{2}}}.$$

(3) $x=\pm a$ の辺を流れる電流が $\boldsymbol{r}=z\boldsymbol{e}_z$ に作る磁束密度は，$x=-a$ での電流が $-y$ 方向であることを考慮して，次のように計算できる．

$$\frac{\mu_0 I}{4\pi}\int_{-a}^{a}dy'\left\{\frac{z\boldsymbol{e}_x+a\boldsymbol{e}_z}{(y'^2+a^2+z^2)^{\frac{3}{2}}}-\frac{z\boldsymbol{e}_x-a\boldsymbol{e}_z}{(y'^2+a^2+z^2)^{\frac{3}{2}}}\right\}$$

$$y'=(a^2+z^2)^{\frac{1}{2}}\tan\theta,\quad \tan\theta_1\equiv\frac{a}{(a^2+z^2)^{\frac{1}{2}}}$$

$$=\frac{\mu_0 I}{4\pi}2a\boldsymbol{e}_z\int_{-\theta_1}^{\theta_1}\frac{(a^2+z^2)^{\frac{1}{2}}\,d\theta}{\cos^2\theta}\frac{1}{(a^2+z^2)^{\frac{3}{2}}(1+\tan^2\theta)^{\frac{3}{2}}}$$
$$=\frac{\mu_0 Ia}{2\pi(a^2+z^2)}\boldsymbol{e}_z\int_{-\theta_1}^{\theta_1}\cos\theta\,d\theta=\frac{\mu_0 Ia}{\pi(a^2+z^2)}\boldsymbol{e}_z\sin\theta_1$$
$$=\frac{\mu_0 Ia}{\pi(a^2+z^2)}\boldsymbol{e}_z\frac{a}{(2a^2+z^2)^{\frac{1}{2}}}.$$

求める磁束密度は，これに $y=\pm a$ の辺からの寄与を加えた次式となる．

$$\boldsymbol{B}(z\boldsymbol{e}_z)=\frac{2\mu_0 Ia^2}{\pi(a^2+z^2)(2a^2+z^2)^{\frac{1}{2}}}\boldsymbol{e}_z.$$

第 5 章

5.1 コイルの巻き数が N であることに注意し，(5.3′) 式を用いて次のように計算できる．

$$\phi_{\mathrm{em}}=-N\frac{d\Phi(t)}{dt}=-NB_0\omega\cos\omega t\int dS\cos\pi\frac{x}{\ell}\cos\pi\frac{y}{\ell}\qquad dS=dxdy$$
$$=-NB_0\omega\cos\omega t\int_{-\frac{\ell}{2}}^{\frac{\ell}{2}}dx\cos\pi\frac{x}{\ell}\int_{-\frac{\ell}{2}}^{\frac{\ell}{2}}dy\cos\pi\frac{y}{\ell}$$

$$= -NB_0\omega\cos\omega t\left[\frac{\ell}{\pi}\sin\pi\frac{x}{\ell}\right]_{x=-\frac{\ell}{2}}^{\frac{\ell}{2}}\left[\frac{\ell}{\pi}\sin\pi\frac{y}{\ell}\right]_{y=-\frac{\ell}{2}}^{\frac{\ell}{2}}$$

$$= -NB_0\frac{4\ell^2}{\pi^2}\omega\cos\omega t.$$

5.2 (1) ドーナツの中心軸から垂直方向に半径 $R+\overline{r}\cos\varphi$ の円を描き，その円に関して (4.2) 式の積分を実行する．磁束密度は円周方向を向いているので，左辺は

$$2\pi(R+\overline{r}\cos\varphi)B(\overline{r},\varphi)$$

となる．一方，右辺は，円を貫く電流が NI なので，$\mu_0 NI$ と計算できる．従って，磁束密度の大きさが，

$$B(\overline{r},\varphi) = \frac{\mu_0 NI}{2\pi(R+\overline{r}\cos\varphi)}$$

と得られる．

(2) (1) で求めた $B(\overline{r},\varphi)$ に，面積素 $dS = \overline{r}\,d\overline{r}d\varphi$ を掛けて，$0 \le \overline{r} \le a$ および $0 \le \varphi \le 2\pi$ について積分すれば良い．

$$\begin{aligned}
\varPhi &= \int_0^a d\overline{r}\,\overline{r}\int_0^{2\pi} d\varphi\,B(\overline{r},\varphi) = \frac{\mu_0 NI}{2\pi}\int_0^a d\overline{r}\,\overline{r}\int_0^{2\pi}\frac{d\varphi}{R+\overline{r}\cos\varphi}\\
&= \mu_0 NI\int_0^a \frac{\overline{r}}{\sqrt{R^2-\overline{r}^2}}\,d\overline{r} = \mu_0 NI\left[-\sqrt{R^2-\overline{r}^2}\right]_{\overline{r}=0}^{a}\\
&= \mu_0 NI(R-\sqrt{R^2-a^2})
\end{aligned}$$

(3) 電流が時間変化するときの誘導起電力は，巻き数が N なので (5.3′) 式より，

$$\phi_{\rm em} = -N\frac{d\varPhi}{dt} = -\mu_0 N^2(R-\sqrt{R^2-a^2})\frac{dI}{dt}$$

と得られる．これより，自己インダクタンスが

$$L = \mu_0 N^2(R-\sqrt{R^2-a^2})$$

と求まる．

(4)

$$L = \mu_0 N^2\left\{R - R\left(1-\frac{a^2}{R^2}\right)^{\frac{1}{2}}\right\} \approx \frac{\mu_0 N^2 a^2}{2R} = \frac{\mu_0 N^2 \pi a^2}{2\pi R}.$$

円環の断面積 $S \equiv \pi a^2$ と円環の中心軸の長さ $\ell \equiv 2\pi R$ を用いると，$L \approx \frac{\mu_0 N^2 S}{\ell}$．これは (5.5) 式における L の表式と一致する．

5.3 (1) この問題における $\boldsymbol{E}$ は，磁束密度の時間変化によって生成される渦電場で，半径 R の円周上で接線方向を向いている．その大きさは，起電力 ϕ_{em} を円周の長さ $2\pi R$ で割った値，すなわち，

$$E(R,t) = \frac{\phi_{\mathrm{em}}}{2\pi R} = \frac{1}{2\pi R}\frac{d\Phi(R,t)}{dt}$$

であり，半径 R の円内の磁束 $\Phi(R,t)$ を用いて表せる．ただし，ここでは電場の大きさを問題にし，かつ Φ が増大している場合を考察しているので，(5.3) 式の負符号を除いた．従って，点電荷は，接線方向に $qE(R,t)$ の力を受ける．一方，$q\boldsymbol{v}\times\boldsymbol{B}$ は，$\boldsymbol{v}$ が接線方向を向いているとき，それに垂直な動径方向を向いている．以上より，接線方向の運動方程式が，

$$m\frac{dv}{dt} = \frac{q}{2\pi R}\frac{d\Phi(R,t)}{dt}$$

と得られる．

(2) 動径方向の力は，$|q\boldsymbol{v}\times\boldsymbol{B}| = qvB$ で，円運動の場合，遠心力 $\frac{mv^2}{R}$ と釣り合っている必要がある．これより，条件

$$qvB = \frac{mv^2}{R} \quad \longleftrightarrow \quad v = \frac{qBR}{m}$$

が得られる．

(3) (1) の式を，初期条件 $v(t=0)=0, \Phi(R,t=0)=0$ で積分すると，時刻 t での動径方向の速さが，

$$v(R,t) = \frac{q}{2\pi mR}\Phi(R,t)$$

と得られる．この式と (2) で求めた v の表式を等号で結ぶと，$B(R,t)$ と $\Phi(R,t)$ の間の条件式

$$B(R,t) = \frac{\Phi(R,t)}{2\pi R^2}$$

が得られる．

5.4 運動方程式 (5.18) の x, y 成分は，

$$\frac{dv_x}{dt} = \omega_{\mathrm{c}} v_y, \tag{A.1a}$$

$$\frac{dv_y}{dt} = \frac{qE}{m} - \omega_{\mathrm{c}} v_x \tag{A.1b}$$

と表せる．ただし，ω_{c} は，(5.20) 式で定義されたサイクロトロン角振動数である．

(A.1b) 式を t について微分し，その右辺に (A.1a) 式を代入すると，v_y のみの方程式

$$\frac{d^2 v_y}{dt^2} = -\omega_{\mathrm{c}}^2 v_y$$

が得られる．これは力学における単振動の方程式で，その解は，

$$v_y = v_0 \sin(\omega_{\mathrm{c}} t + \theta_0) \tag{A.2a}$$

のように，振幅 $v_0 \geq 0$ と位相 θ_0 を積分定数とする正弦波として表せる．この式を (A.1b) 式に代入すると，v_x が

$$v_x = \frac{qE}{m\omega_{\mathrm{c}}} - v_0 \cos(\omega_{\mathrm{c}} t + \theta_0) \tag{A.2b}$$

と求まる．粒子は $t = 0$ で静止していたので，積分定数 (v_0, θ_0) が

$$\begin{pmatrix} 0 \\ 0 \end{pmatrix} = \begin{pmatrix} v_x(t=0) \\ v_y(t=0) \end{pmatrix} = \begin{pmatrix} \frac{qE}{m\omega_{\mathrm{c}}} - v_0 \cos\theta_0 \\ v_0 \sin\theta_0 \end{pmatrix} \quad \longleftrightarrow \quad \theta_0 = 0, \quad v_0 = \frac{qE}{m\omega_{\mathrm{c}}}$$

と決まる．これらを代入して (A.2) 式を積分すると，点電荷の位置座標 (x, y) が，時刻 t の関数として

$$x = \frac{qE}{m\omega_{\mathrm{c}}} t - \frac{qE}{m\omega_{\mathrm{c}}^2} \sin\omega_{\mathrm{c}} t + x_0, \tag{A.3a}$$

$$y = -\frac{qE}{m\omega_{\mathrm{c}}^2} \cos\omega_{\mathrm{c}} t + y_0 \tag{A.3b}$$

と得られる．さらに，$t = 0$ で粒子が原点にあったので，積分定数 (x_0, y_0) が

$$x_0 = 0, \quad y_0 = \frac{qE}{m\omega_{\mathrm{c}}^2}$$

と決定できる．これらを (A.3) 式に代入すると，時刻 t での粒子位置が，

$$x = \frac{qE}{m\omega_{\mathrm{c}}^2}(\omega_{\mathrm{c}} t - \sin\omega_{\mathrm{c}} t), \quad y = \frac{qE}{m\omega_{\mathrm{c}}^2}(1 - \cos\omega_{\mathrm{c}} t)$$

と得られる．これは演習問題 2.1 で扱った**サイクロイド曲線**である．

第 6 章

6.1 (6.5) 式を (6.1d) 式に代入すると，

$$\boldsymbol{k} \times \widetilde{\boldsymbol{B}} = \frac{-\omega}{c^2} \widetilde{\boldsymbol{E}}$$

が得られる．この式に $\boldsymbol{k}\times$ を作用させると，

$$\boldsymbol{k}\times(\boldsymbol{k}\times\widetilde{\boldsymbol{B}})=\frac{-\omega}{c^2}\boldsymbol{k}\times\widetilde{\boldsymbol{E}} \tag{A.4}$$

となる．その左辺は，ベクトル積の恒等式 (1.12c) と (6.8a) 式を用いて，

$$\boldsymbol{k}\times(\boldsymbol{k}\times\widetilde{\boldsymbol{B}})=(\boldsymbol{k}\cdot\widetilde{\boldsymbol{B}})\,\boldsymbol{k}-k^2\widetilde{\boldsymbol{B}}=-k^2\widetilde{\boldsymbol{B}}$$

と書き換えられる．これを (A.4) 式に代入して $-k^2$ で割ると，

$$\widetilde{\boldsymbol{B}}=\frac{\omega}{c^2k^2}\boldsymbol{k}\times\widetilde{\boldsymbol{E}}$$

が得られる．(6.7) 式より，これは (6.8b) 式に他ならない．

6.2 次のように計算できる．

$$\begin{aligned}\boldsymbol{S}&=\frac{1}{\mu_0}\boldsymbol{E}\times\boldsymbol{B}=\frac{\boldsymbol{E}_0\times(\widehat{\boldsymbol{k}}\times\boldsymbol{E}_0)}{\mu_0 c}\cos^2(\boldsymbol{k}\cdot\boldsymbol{r}-\omega t)\quad \textbf{(1.12c) 式を用いる}\\&=\frac{E_0^2\widehat{\boldsymbol{k}}-(\boldsymbol{E}_0\cdot\widehat{\boldsymbol{k}})\boldsymbol{E}_0}{\mu_0 c}\cos^2(\boldsymbol{k}\cdot\boldsymbol{r}-\omega t)\quad \textbf{(6.8a) 式を用いる}\\&=\frac{E_0^2}{\mu_0 c}\widehat{\boldsymbol{k}}\cos^2(\boldsymbol{k}\cdot\boldsymbol{r}-\omega t).\end{aligned}$$

従って，$\boldsymbol{S}$ は波数ベクトル $\boldsymbol{k}$ の方向，すなわち，波の進行方向を向いていることがわかる．時間平均は，この $\boldsymbol{S}$ を t について 1 周期 $\frac{2\pi}{\omega}$ にわたって平均することで，以下のように求まる．

$$\begin{aligned}\langle\boldsymbol{S}\rangle&=\frac{\omega}{2\pi}\int_0^{\frac{2\pi}{\omega}}\boldsymbol{S}\,dt=\frac{E_0^2}{\mu_0 c}\widehat{\boldsymbol{k}}\frac{\omega}{2\pi}\int_0^{\frac{2\pi}{\omega}}\frac{1+\cos\{2(\boldsymbol{k}\cdot\boldsymbol{r}-\omega t)\}}{2}\,dt\\&=\frac{E_0^2}{\mu_0 c}\widehat{\boldsymbol{k}}\frac{\omega}{2\pi}\frac{\pi}{\omega}=\frac{E_0^2}{2\mu_0 c}\widehat{\boldsymbol{k}}.\end{aligned}$$

6.3 (1) 問題文より，地球大気上端でのポインティングベクトルの時間平均は，$\langle S\rangle=1.37\times10^3\ \mathrm{J/(m^2\cdot s)}$ の値を持つ．一方，ポインティングベクトルの大きさは，

$$S=\frac{|\boldsymbol{E}\times\boldsymbol{B}|}{\mu_0}=\frac{|\boldsymbol{E}\times(\widehat{\boldsymbol{k}}\times\boldsymbol{E})|}{c\mu_0}=\frac{E^2}{c\mu_0}$$

と電場を用いて表せる．これより，$\sqrt{\langle E^2\rangle}$ と $\sqrt{\langle B^2\rangle}$ が次のように得られる．

$$\sqrt{\langle E^2\rangle}=\sqrt{c\mu_0\langle S\rangle}=7.2\times10^2\ \mathrm{V/m},$$

$$\sqrt{\langle B^2 \rangle} = \frac{\sqrt{\langle E^2 \rangle}}{c} = 2.4 \times 10^{-6}\,\mathrm{Wb/m^2}.$$

(2) $P_{\mathrm{em}} = \dfrac{S}{c} = 4.6 \times 10^{-6}\,\mathrm{Pa}.$

第 7 章

7.1 定常状態では y 方向に流れがないことより，電子の速度場は $\boldsymbol{v}_{\mathrm{f}} = (v_{\mathrm{f}}, 0, 0)$ と表せる．また，電子の加速度はゼロ，すなわち，(7.40) 式の左辺がゼロとなる．その式の x, y 成分を取り出すと，

$$\left\{ \begin{array}{l} -eE_x - m\dfrac{v_{\mathrm{f}}}{\tau} = 0 \\ -e(E_y - v_{\mathrm{f}}B) = 0 \end{array} \right. \quad \longleftrightarrow \quad \left\{ \begin{array}{l} v_{\mathrm{f}} = -\dfrac{e\tau}{m}E_x \\ E_y = v_{\mathrm{f}}B \end{array} \right.$$

が得られる．第一式を (1.4) 式に代入すると，電流密度が

$$\boldsymbol{j} = (j, 0, 0), \quad j = \frac{n_{\mathrm{f}}e^2\tau}{m}E_x = \sigma_0 E_x$$

と求まる．すなわち，x 方向の電場は，オームの法則

$$E_x = \rho_0\, j, \quad \rho_0 \equiv \frac{1}{\sigma_0}$$

に従う．一方，y 方向の式 $E_y = v_{\mathrm{f}}B$ に $j = -en_{\mathrm{f}}v_{\mathrm{f}}$ の関係を用いると，

$$E_y = -\frac{1}{en_{\mathrm{f}}}jB$$

が得られる．このように，磁場下では，電流と垂直方向に電場が生じる．これは，(5.13) 式のホール電場に他ならず，$R_{\mathrm{H}} \equiv -\frac{1}{en_{\mathrm{f}}}$ は**ホール係数**と呼ばれている．

7.2 抵抗器とコイルを流れる電流をそれぞれ I_R および I_L，コンデンサにたまった電荷を Q_C とすると，(V, R), (V, L), (V, C) の三つの閉曲線に関するキルヒホフの第二法則より，次式が成立する．

$$RI_R = V, \quad 0 = V - L\frac{dI_L}{dt}, \quad \frac{Q_C}{C} = V.$$

$V = V_0\, e^{i\omega t}$ を代入してこれらを解くと，

$$I_R = \frac{V_0}{R}\, e^{i\omega t}, \quad I_L = \frac{V_0}{i\omega L}\, e^{i\omega t}, \quad Q_C = CV_0\, e^{i\omega t}$$

が得られる．電源から流れ出る電流 I は，キルヒホフの第一法則とコンデンサに関

する (7.11) 式より，

$$I = I_R + I_L + \frac{dQ_C}{dt} = \left(\frac{1}{R} + \frac{1}{i\omega L} + i\omega C\right) V_0\, e^{i\omega t} = \left(\frac{1}{R} + \frac{1}{Z_L} + \frac{1}{Z_C}\right) V$$

と表せる．ここで (7.26) 式を用いた．従って，並列 RLC 回路の複素インピーダンス Z が，

$$Z = \left(\frac{1}{R} + \frac{1}{Z_L} + \frac{1}{Z_C}\right)^{-1}$$

と求まる．

7.3 (1) $Q = Q_0 e^{\lambda t}$ と置いて $V = 0$ とした微分方程式 (7.12) に代入すると，微分演算子 $\frac{d}{dt}$ が未知定数 λ に置き換わり，代数方程式

$$(L\lambda^2 + R\lambda + C)Q = 0$$

を得る．これを解くと，λ の二つの解が

$$\lambda_\pm \equiv \frac{-R \pm \sqrt{R^2 - 4LC}}{2L} \tag{A.5}$$

と求まる．これより，$V = 0$ の場合の解 $Q_{\mathrm{g}}(t)$ が，二つの積分定数 $A_\pm$ を用いて，

$$Q_{\mathrm{g}}(t) = A_+ e^{\lambda_+ t} + A_- e^{\lambda_- t}$$

と表せる．

(2) 方程式 (7.12) の解は，(1) の Q_{g} に特解 (7.14) を加えた形

$$Q(t) = A_+ e^{\lambda_+ t} + A_- e^{\lambda_- t} - Q_0 \cos(\omega t - \alpha_0)$$

となる．ただし，Q_0 と α_0 は (7.18) 式と (7.16b) 式に与えられている．電流は，この $Q(t)$ を時間 t で微分して，

$$I(t) = \lambda_+ A_+ e^{\lambda_+ t} + \lambda_- A_- e^{\lambda_- t} + I_0 \sin(\omega t - \alpha_0) \tag{A.6}$$

と得られる．ただし，I_0 は (7.16a) 式で定義されている．

(3) $Q(0) = 0$ と $I(0) = 0$ の条件を書き下すと，

$$A_+ + A_- = Q_0 \cos\alpha_0,$$
$$\lambda_+ A_+ + \lambda_- A_- = Q_0 \omega \sin\alpha_0$$

となる．これより，$A_\pm$ が，

$$A_+ = \frac{\omega \sin \alpha_0 - \lambda_- \cos \alpha_0}{\lambda_+ - \lambda_-} Q_0,$$

$$A_- = \frac{-\omega \sin \alpha_0 + \lambda_+ \cos \alpha_0}{\lambda_+ - \lambda_-} Q_0$$

と得られる．求める解は，これらを用いた (A.6) 式となる．

(4)　(A.5) 式の $\lambda_\pm$ は，$R^2 - 4LC \geq 0$ のとき共に負の実数解で，$R^2 - 4LC < 0$ のときもそれらの実部 $-\frac{R}{2L}$ は負である．従って，(A.6) 式右辺の第一項と第二項は $t \to \infty$ で減衰し，第三項のみが残ることになる．すなわち，(A.6) 式は，$t \to \infty$ で (7.15) 式となる．

第 8 章

8.1　(a)　C_j（$j = 1, 2$）の上板に蓄えられた電荷を Q_j とすると，二つのコンデンサにかかる全電圧 V は，

$$V = \frac{Q_1}{C_1} + \frac{Q_2}{C_2}$$

と表せる．この設定では，C_1 の下板に $-Q_1$ の電荷が蓄えられていることになる．一方，C_1 の下板と C_2 の上板間の電荷の保存則より，

$$-Q_1 + Q_2 = 0$$

が成立する．これを上の式に代入すると，二つのコンデンサの合成静電容量 C が，

$$C \equiv \frac{Q_1}{V} = \frac{Q_1}{\frac{Q_1}{C_1} + \frac{Q_1}{C_2}} = \left(\frac{1}{C_1} + \frac{1}{C_2} \right)^{-1}$$

と求まる．

(b)　C_j（$j = 1, 2$）の上板に蓄えられた電荷を Q_j とすると，二つのコンデンサにかかる電圧 V は，

$$V = \frac{Q_1}{C_1} = \frac{Q_2}{C_2}$$

を満たす．この結果を用いると，C_1 と C_2 の上板に蓄えられた総電荷 Q が，

$$Q = Q_1 + Q_2 = C_1 V + C_2 V = (C_1 + C_2) V$$

と得られる．これより，二つのコンデンサの合成静電容量 C が，

$$C \equiv \frac{Q}{V} = C_1 + C_2$$

と求まる．

8.2 コンデンサの静電容量 $C(x)$ は，例題 8.2(b) の考察を繰り返すことにより，

$$C(x) = \frac{x\varepsilon_0 + (\ell - x)\varepsilon}{\ell}\frac{S}{d}$$

と得られる．これを用いると，静電エネルギー $U(x)$ が，(3.28) 式の最後の表式を用いて，

$$U(x) = \frac{Q^2}{2C(x)}$$

と書き下せる．誘電体に働く力 F は，$U(x)$ を x で微分して負符号をつけることで，

$$F = -\frac{Q^2}{2}\frac{d}{dx}\frac{1}{C(x)} = \frac{Q^2}{2\{C(x)\}^2}\frac{dC(x)}{dx} = -\frac{Q^2}{2\{C(x)\}^2}\frac{\varepsilon - \varepsilon_0}{\ell}\frac{S}{d}$$

と得られ，x が小さくなる方向，すなわち誘電体をコンデンサに引き込む方向に力が働くことがわかる．これは，誘電体を引き込んだ方が静電エネルギーが下がるためである．

第 9 章

9.1 (9.16a) 式がゼロとなるのは，$\tan(\theta_1 + \theta_2) = \infty$ が満たされるとき，すなわち $\theta_2 = \frac{\pi}{2} - \theta_1$ のときである．このとき，スネルの法則 (9.10) より，

$$n_1 \sin\theta_1 = n_2 \sin\left(\frac{\pi}{2} - \theta_1\right) = n_2 \cos\theta_1 \quad \longleftrightarrow \quad \tan\theta_1 = \frac{n_2}{n_1} = n_{12}$$

が成立する．すなわち θ_{B} が

$$\theta_{\mathrm{B}} = \arctan n_{12}$$

と得られる．

9.2 (9.37c) 式に $\mathrm{rot} \equiv \boldsymbol{\nabla}\times$ を作用させると，

$$\boldsymbol{\nabla} \times (\boldsymbol{\nabla} \times \boldsymbol{E}) = -\boldsymbol{\nabla} \times \frac{\partial \boldsymbol{B}}{\partial t} \tag{A.7}$$

が得られる．左辺は，恒等式 (1.12c)，および，電磁波が $\mathrm{div}\,\boldsymbol{E} = 0$ を満たす横波であることを用いて，

$$\boldsymbol{\nabla}\times(\boldsymbol{\nabla}\times\boldsymbol{E}) = \boldsymbol{\nabla}(\boldsymbol{\nabla}\cdot\boldsymbol{E}) - \nabla^2\boldsymbol{E} = -\nabla^2\boldsymbol{E} \tag{A.8a}$$

と書き換えられる．右辺も，空間・時間微分の順序を入れ替え，その後に (9.37d) 式を用いることで，

$$-\boldsymbol{\nabla}\times\frac{\partial\boldsymbol{B}}{\partial t} = -\frac{\partial}{\partial t}(\boldsymbol{\nabla}\times\boldsymbol{B}) = -\mu_0\sigma\frac{\partial\boldsymbol{E}}{\partial t} - \frac{1}{c^2}\frac{\partial^2\boldsymbol{E}}{\partial t^2} \tag{A.8b}$$

と変形できる．(A.7) 式の左右に (A.8a) 式と (A.8b) 式を代入すると，(9.38) 式が得られる．

第 10 章

10.1 (10.25) 式を代入した (6.15) 式は，(1.12c) 式を用いて次のように変形できる．

$$\begin{aligned}\boldsymbol{S} &= \frac{1}{\mu_0}\boldsymbol{E}\times\boldsymbol{B} = \frac{\{(\ddot{\boldsymbol{p}}\times\boldsymbol{r})\times\boldsymbol{r}\}\times(\ddot{\boldsymbol{p}}\times\boldsymbol{r})}{(4\pi\varepsilon_0)^2\mu_0 c^5 r^5}\\ &= \frac{|\ddot{\boldsymbol{p}}\times\boldsymbol{r}|^2\,\boldsymbol{r} - \{\boldsymbol{r}\cdot(\ddot{\boldsymbol{p}}\times\boldsymbol{r})\}(\ddot{\boldsymbol{p}}\times\boldsymbol{r})}{(4\pi)^2\mu_0^{-1}cr^5} \quad \text{分子第二項の内積はゼロ}\\ &= \frac{\mu_0\,\ddot{p}^{\,2}\sin^2\theta}{(4\pi)^2cr^3}\boldsymbol{r}.\end{aligned}$$

10.2 (10.21c) 式の電気双極子モーメントベクトルの時間微分は，

$$\begin{aligned}\dot{\boldsymbol{p}} &= \int_{-\infty}^{\infty}dx'\int_{-\infty}^{\infty}dy'\int_{-\frac{\lambda}{4}}^{\frac{\lambda}{4}}dz' I_0\boldsymbol{e}_z\delta(x')\delta(y')\cos\frac{2\pi z'}{\lambda}\cos(2\pi f t_{\mathrm{r}})\\ &= I_0\boldsymbol{e}_z\cos(2\pi f t_{\mathrm{r}})\frac{\lambda}{2\pi}\sin\frac{2\pi z'}{\lambda}\bigg|_{z'=-\frac{\lambda}{4}}^{\frac{\lambda}{4}} = \boldsymbol{e}_z\frac{I_0\lambda}{\pi}\cos(2\pi f t_{\mathrm{r}})\end{aligned}$$

と計算できる．さらに時間 t で微分すると，

$$\ddot{\boldsymbol{p}} = -\boldsymbol{e}_z 2I_0\lambda f\sin(2\pi f t_{\mathrm{r}})$$

となる．これを (10.26) 式に代入すると，ポインティングベクトルが，

$$\boldsymbol{S}(\boldsymbol{r},t) = \frac{\mu_0(2I_0\lambda f)^2\,\sin^2(2\pi f t_{\mathrm{r}})\sin^2\theta}{(4\pi)^2cr^3}\boldsymbol{r}$$

と得られる．

10.3 ここでは $\boldsymbol{\nabla}\equiv\frac{\partial}{\partial\boldsymbol{r}}$ と書き表し，微分に関係する独立変数を明記する．また，変数 $\sigma=\pm1$ を導入すると，$\boldsymbol{\nabla}\cdot\boldsymbol{A}_{\mathrm{L}}(\boldsymbol{r},t)$ が次のように変形できる．

$$
\begin{aligned}
&\boldsymbol{\nabla}\cdot\boldsymbol{A}_{\mathrm{L}}(\boldsymbol{r},t)\\
&=\frac{\mu_0}{4\pi}\int\frac{\partial}{\partial\boldsymbol{r}}\cdot\frac{\boldsymbol{j}(\boldsymbol{r}',t+\frac{\sigma|\boldsymbol{r}-\boldsymbol{r}'|}{c})}{|\boldsymbol{r}-\boldsymbol{r}'|}d^3r' \qquad \frac{\partial}{\partial r}\ \text{を}\ \frac{\partial}{\partial \boldsymbol{r}'}\ \text{で書き換え}\\
&=\frac{\mu_0}{4\pi}\int\left\{\left(-\frac{\partial}{\partial\boldsymbol{r}'}\right)\cdot\frac{\boldsymbol{j}(\boldsymbol{r}',t+\frac{\sigma|\boldsymbol{r}-\boldsymbol{r}'|}{c})}{|\boldsymbol{r}-\boldsymbol{r}'|}\right. \qquad \text{ガウスの定理 (2.21)}\\
&\qquad\left.+\frac{1}{|\boldsymbol{r}-\boldsymbol{r}'|}\frac{\partial}{\partial\boldsymbol{s}}\cdot\boldsymbol{j}\left(\boldsymbol{s},t+\frac{\sigma|\boldsymbol{r}-\boldsymbol{r}'|}{c}\right)\right|_{\boldsymbol{s}=\boldsymbol{r}'}\Bigg\}d^3r' \qquad \text{電荷の保存則 (2.50)}\\
&=-\frac{\mu_0}{4\pi}\int_S\frac{\boldsymbol{j}(\boldsymbol{r}',t+\frac{\sigma|\boldsymbol{r}-\boldsymbol{r}'|}{c})}{|\boldsymbol{r}-\boldsymbol{r}'|}\cdot\boldsymbol{n}'\,dS' \qquad \text{表面で}\ j=0\ \text{より消える}\\
&\qquad-\frac{\mu_0}{4\pi}\int\frac{1}{|\boldsymbol{r}-\boldsymbol{r}'|}\left.\frac{\partial\rho(\boldsymbol{s},t+\frac{\sigma|\boldsymbol{r}-\boldsymbol{r}'|}{c})}{\partial t}\right|_{\boldsymbol{s}=\boldsymbol{r}'}d^3r' \qquad \mu_0=c^{-2}\varepsilon_0^{-1}\\
&=-\frac{1}{c^2}\frac{\partial}{\partial t}\frac{1}{4\pi\varepsilon_0}\int\frac{\rho(\boldsymbol{r}',t+\frac{\sigma|\boldsymbol{r}-\boldsymbol{r}'|}{c})}{|\boldsymbol{r}-\boldsymbol{r}'|}d^3r'\\
&=-\frac{1}{c^2}\frac{\partial\phi_{\mathrm{L}}(\boldsymbol{r},t)}{\partial t}.
\end{aligned}
$$

よって示された．

第 11 章

11.1 K 系における二つの場所 $j=1,2$ での時刻と x 座標を (t_j,x_j)，対応する K′ 系での時刻と x 座標を (t'_j,x'_j) で表す．その間の変換則は，(11.20) 式より，

$$t'_j=\frac{t_j-\frac{v}{c^2}x_j}{\sqrt{1-\beta^2}}, \tag{A.9a}$$

$$x'_j=\frac{x_j-vt_j}{\sqrt{1-\beta^2}} \tag{A.9b}$$

と表せる．

(1) K 系で二つの場所が同時刻 $t_1=t_2=t$ のとき，K′ 系で見たそれら二つの場所の時間差は，

$$t'_2-t'_1=\frac{-\frac{v}{c^2}(x_2-x_1)}{\sqrt{1-\beta^2}}\neq 0$$

と計算でき，時間のずれが生じること，すなわち，同時性が成り立たないことがわかる．

(2) K 系での棒の長さは，その両端の x 座標を x_1 および x_2（$>x_1$）として，

$l = x_2 - x_1$ と表せる．一方，K$'$ 系でこの棒の長さを測るときは，K$'$ 系での同時刻に測られる．つまり，(A.9a) 式で

$$t_1' = t_2' \quad \longleftrightarrow \quad t_2 - t_1 = \frac{v}{c^2}(x_2 - x_1)$$

が成立する．従って，K$'$ 系で見た棒の長さ l' は，(A.9b) 式より，

$$l' = x_2' - x_1' = \frac{x_2 - x_1 - v(t_2 - t_1)}{\sqrt{1-\beta^2}} = (x_2 - x_1)\frac{1-\beta^2}{\sqrt{1-\beta^2}} = l\sqrt{1-\beta^2}$$

と計算でき，棒の長さが $\sqrt{1-\beta^2}$ 倍に収縮することがわかる．

11.2 (1) $\boldsymbol{k}\cdot\boldsymbol{r} - \omega t = \vec{k}^{\,\mathrm{T}}\underline{\eta}\,\vec{x}$ の両辺の (t, x, y, z) の係数がそれぞれ等しいことから，

$$\vec{k} = \left(\frac{\omega}{c}, k_x, k_y, k_z\right).$$

(2) (11.7a) 式と (11.7b) 式は，それぞれ，$\vec{x} = \underline{\mathit{\Lambda}}^{-1}\vec{x}\,'$ および $\underline{\mathit{\Lambda}}^{-1} = \underline{\eta}\,\underline{\mathit{\Lambda}}^{\mathrm{T}}\underline{\eta}$ と表せる．これらを用いると，$\vec{k}^{\,\mathrm{T}}\underline{\eta}\,\vec{x}$ が

$$\vec{k}^{\,\mathrm{T}}\underline{\eta}\,\vec{x} = \vec{k}^{\,\mathrm{T}}\underline{\eta}\,\underline{\mathit{\Lambda}}^{-1}\vec{x}\,' = \vec{k}^{\,\mathrm{T}}\underline{\eta}\,(\underline{\eta}\,\underline{\mathit{\Lambda}}^{\mathrm{T}}\underline{\eta})\,\vec{x}\,' = (\underline{\mathit{\Lambda}}\,\vec{k})^{\mathrm{T}}\underline{\eta}\,\vec{x}\,'$$

と変形できる．最後の式より，$\vec{k}\,' = \underline{\mathit{\Lambda}}\,\vec{k}$ と変換することがわかる．

(3) $\vec{k}\,' = \underline{\mathit{\Lambda}}\,\vec{k}$ に (11.19) 式を代入し，その $(0, 1)$ 成分を書き出すと，

$$\begin{pmatrix} k_0' \\ k_1' \end{pmatrix} = \frac{1}{\sqrt{1-\beta^2}}\begin{pmatrix} 1 & -\beta \\ -\beta & 1 \end{pmatrix}\begin{pmatrix} k_0 \\ k_1 \end{pmatrix} \quad \longleftrightarrow \quad \left\{\begin{aligned} \omega' &= \frac{\omega - v k_x}{\sqrt{1-\beta^2}} \\ k_x' &= \frac{k_x - \frac{v\omega}{c^2}}{\sqrt{1-\beta^2}} \end{aligned}\right.$$

となる．このほか，$k_y' = k_y$, $k_z' = k_z$ が成立する．

(4) (3) の ω' の表式に $k_x = k\cos\theta = \frac{\omega}{c}\cos\theta$ を代入すると，

$$\omega' = \frac{\omega - vk\cos\theta}{\sqrt{1-\beta^2}} = \frac{1 - \frac{v}{c}\cos\theta}{\sqrt{1-\beta^2}}\omega$$

が得られる．これより，$f(v, c, \theta)$ として，$f(v, c, \theta) = \dfrac{c - v\cos\theta}{\sqrt{c^2 - v^2}}$ を得る．

(5) 赤方偏移（$\theta = 0$）の場合：$\omega' = \sqrt{\frac{c-v}{c+v}}\,\omega < \omega$．角振動数は小さくなる．

青方偏移（$\theta = \pi$）の場合：$\omega' = \sqrt{\frac{c+v}{c-v}}\,\omega > \omega$．角振動数は大きくなる．

第 12 章

12.1 (12.14) 式より，$\dot{\boldsymbol{r}}_q$ が

$$\dot{\boldsymbol{r}}_q=\frac{\boldsymbol{p}_q-q\boldsymbol{A}(\boldsymbol{r}_q,t)}{m}$$

と表せる．これを用いて，(12.7) 式を代入した (12.15) 式から，$\dot{\boldsymbol{r}}_q$ を消去すると，

$$\begin{aligned}
&H_{\mathrm{p+i}}(\boldsymbol{r}_q,\boldsymbol{p}_q,t)\\
&=\boldsymbol{p}_q\cdot\dot{\boldsymbol{r}}_q-L_{\mathrm{p+i}}(\boldsymbol{r}_q,\dot{\boldsymbol{r}}_q,t)\\
&=\boldsymbol{p}_q\cdot\frac{\boldsymbol{p}_q-q\boldsymbol{A}(\boldsymbol{r}_q,t)}{m}\\
&\quad-\left[\frac{1}{2}m\left\{\frac{\boldsymbol{p}_q-q\boldsymbol{A}(\boldsymbol{r}_q,t)}{m}\right\}^2-q\phi(\boldsymbol{r}_q,t)+q\frac{\boldsymbol{p}_q-q\boldsymbol{A}(\boldsymbol{r}_q,t)}{m}\cdot\boldsymbol{A}(\boldsymbol{r}_q,t)\right]\\
&=\frac{\{\boldsymbol{p}_q-q\boldsymbol{A}(\boldsymbol{r}_q,t)\}^2}{2m}+q\phi(\boldsymbol{r}_q,t)
\end{aligned}$$

となる．すなわち (12.16) 式が得られた．

12.2 (12.29) 式の分割を用いると，(12.28) 式の電場エネルギー項が，(12.31b) 式を用いて，次のように変形できる．

$$\begin{aligned}
\frac{\varepsilon_0}{2}\int d^3r\,\boldsymbol{E}^2&=\frac{\varepsilon_0}{2}\int d^3r\,(\boldsymbol{E}_A+\boldsymbol{E}_\phi)^2\\
&=\frac{\varepsilon_0}{2}\int d^3r\,\{\boldsymbol{E}_A^2-(2\boldsymbol{E}_A+\boldsymbol{E}_\phi)\cdot\boldsymbol{\nabla}\phi_{\mathrm{C}}\}\\
&=\frac{\varepsilon_0}{2}\int d^3r\,\left[\boldsymbol{E}_A^2-\boldsymbol{\nabla}\cdot\{(2\boldsymbol{E}_A+\boldsymbol{E}_\phi)\phi_{\mathrm{C}}\}+\phi_{\mathrm{C}}\boldsymbol{\nabla}\cdot(2\boldsymbol{E}_A+\boldsymbol{E}_\phi)\right]
\end{aligned}$$

$$\boldsymbol{\nabla}\cdot\boldsymbol{E}_A=0,\quad \boldsymbol{\nabla}\cdot\boldsymbol{E}_\phi=-\nabla^2\phi_{\mathrm{C}}=\frac{1}{\varepsilon_0}\rho$$

$$=\frac{\varepsilon_0}{2}\int d^3r\,\boldsymbol{E}_A^2-\frac{\varepsilon_0}{2}\int_S dS\,\boldsymbol{n}\cdot(2\boldsymbol{E}_A+\boldsymbol{E}_\phi)\phi_{\mathrm{C}}+\frac{1}{2}\int d^3r\,\phi_{\mathrm{C}}\,\rho.$$

その面積分項は境界条件によりゼロとできる．残る第一項と第三項は，(12.30) 式と (12.31a) 式を代入して自己相互作用項を落とし，積分を実行することで，

$$\begin{aligned}
\frac{\varepsilon_0}{2}\int d^3r\,\boldsymbol{E}^2&=\frac{\varepsilon_0}{2}\int d^3r\,\boldsymbol{E}_A^2+\frac{1}{8\pi\varepsilon_0}\sum_{j\neq j'}\frac{q_jq_{j'}}{|\boldsymbol{r}_j-\boldsymbol{r}_{j'}|}\\
&=\frac{\varepsilon_0}{2}\int d^3r\,\boldsymbol{E}_A^2+\frac{1}{4\pi\varepsilon_0}\sum_{j<j'}\frac{q_jq_{j'}}{|\boldsymbol{r}_j-\boldsymbol{r}_{j'}|}
\end{aligned}$$

へと変形できる．この式を (12.28) 式に代入すると，(12.32) 式が得られる．

参考文献

[1] A. Hirshfeld, *The Electric Life of Michael Faraday* (Walker & Company, New York, 2006).

[2] アインシュタイン,『相対性理論』(内山龍雄 訳・解説), 岩波書店, 1988 年.

[3] WIKIPEDIA, Relative permittivity.

[4] WIKIPEDIA, Permeability.

[5] 齋藤 正彦,『線型代数入門』, 東京大学出版会, 1966 年.

索　　引

● あ行 ●

アハラノフ–ボーム効果　164
アンペア　8
アンペールの法則　68
アンペール–マクスウェルの法則　11
一般解　66, 121
ウェーバー　17
渦　2
渦巻き　32
渦密度ベクトル　32
運動量密度　107
エーテル　184
遠隔作用　52
円偏光　104
オイラーの公式　96
オイラー–ラグランジュ方程式　194
オーム　112
オームの法則　112

● か行 ●

回転　32
回路　111
ガウス関数　41
ガウスの定理　27
ガウスの法則　11
角振動数　101
重ね合わせの原理　13, 49
可視光線　103, 152
ガリレイ変換　187
関数　192
緩和時間　114
キャパシタ　113
球座標　24
鏡像法　62
共変ベクトル　183
キルヒホフの法則　117
金属　7
クーパー対　126
クーロン　6
クーロンゲージ　167
クーロンの法則　52
屈折率　146
グリーン関数　66
グリーンの定理　31
クロネッカーのデルタ　108
計量テンソル　180
ゲージ不変性　165
ゲージ変換　165
現象論的マクスウェル方程式　134
コイル　113
光学伝導度　155
光速　12
光速度不変の原理　184
勾配　20
交流電源　112
国際単位系　6, 12, 123
固有振動数　150
コンデンサ　59, 113

● さ行 ●

サイクロイド曲線　44, 215
サイクロトロン運動　95
サイクロトロン角振動数　94
最小作用の原理　193
作用　191
磁化　131
紫外線　103
磁化率　132
時間の同時性　187
磁気双極子モーメント　76, 131
磁気定数　12
磁気分極　131
自己インダクタンス　86, 113, 141
自己誘導　141
磁性体　140
磁束の量子化　126
磁束密度　10
磁束量子　126
磁場　10, 131
自由電子　7, 8, 128
自由電流　8, 131
ジュール熱　116

磁力線　4
真空の透磁率　12
真空の誘電率　12
振動数　103
スカラー　2
スカラー場　2
スカラーポテンシャル　39
ストークスの定理　35
スネルの法則　146
静電ポテンシャル　39, 54
静電容量　59, 113
青方偏移　190
赤外線　103
赤方偏移　188, 190
絶縁体　7
接ベクトル　25
先進ポテンシャル　168
線積分　22, 23
線素　22
全反射　146
全微分　20
双曲線関数　186
相互インダクタンス　141
相互誘導　141
相対屈折率　146
相対性原理　183
速度場　2
束縛電子　128
束縛電流　131
ソレノイド　79

● た行 ●

体積素　28
帯電　7
ダイナモ理論　74
ダイポールアンテナ　173
太陽定数　110
第二種超伝導体　126
楕円偏光　104
多変数関数　1, 18
ダランベール演算子　178
単色平面波　101
遅延ポテンシャル　168
地磁気　10
中性子　6
超伝導　123
超伝導体　112
直線偏光　103
直流電流　111
抵抗　112
抵抗率　114
定数係数常微分方程式　95
ディラックのデルタ関数　42
停留作用の原理　191, 193
テスラ　17
電荷　6
電荷の保存則　43
電荷密度　8
電気感受率　130
電気双極子モーメント　57, 128
電気素量　6
電気抵抗　112
電気定数　12
電気伝導率　114, 155
電気分極　129
電気力線　49
電子　6
電磁波　99
電磁ポテンシャル　162
電束密度　129
電池　111
電場　10
電流　7
電流密度　8
透過波　144
透磁率　132, 134
導線　112
導体　112
等電位面　54
トーマス–フェルミの遮蔽長　136
特異点　20
特解　66, 121
ドルーデモデル　114

● な行 ●

ナブラ　20
入射波　144

● は行 ●

場　1, 2, 4
波数　101

波数ベクトル　101
波長　103
発散　28
波動方程式　99
ハミルトニアン　197
ハミルトン形式　197
ハミルトンの運動方程式　198
汎関数　192
反射・屈折の法則　145
反射波　144
半導体　7
反変ベクトル　183
ビオ–サバールの法則　72
光のドップラー効果　187, 190
光の分散　150
非斉次項　66, 121
左回り円偏光　104
比透磁率　132
微分　192
比誘電率　130
ファラデーの電磁誘導の法則　11, 82
ブースト　187
複素インピーダンス　122
物質定数　150
プラズマ角振動数　151, 155
プラズマ端　157
プラズマ反射　157
プランク定数　123
ブリュースター角　149, 161
フレネルの公式　147
フレミングの左手の法則　15
分極ベクトル　129
分散関係　101, 102
分配則　28, 32
ベクトル積　15
ベクトル場　2
ベクトルポテンシャル　40
ベクトル面積素　25
ヘルムホルツコイル　79
変圧器　141
変位電流　87
偏微分　18
変分　192
ポアソン方程式　56, 65
ホイートストンブリッジ　118
ポインティングベクトル　105, 176
放電　7
ホール係数　217
ホール電場　91
ポテンシャル　39
ボルタ電池　111
ボルト　17

ま行

マイケルソン–モーリーの実験　184
マイスナー効果　124
マクスウェルの応力テンソル　108
マクスウェル方程式　10
　現象論的——　134
　自由空間の——　99
右回り円偏光　104
ミンコフスキー空間　181
面積素　25
面積分　24, 25

や行

誘電関数　151, 155
誘電体　137
誘電分極　129
誘電率　130, 134
誘導起電力　82, 92
陽子　6
横波　102

ら行

ラグランジアン　191
ラプラシアン　56
ラプラス方程式　65
リアクタンス　122
力線　4
量子力学　41
臨界角　146
ルジャンドル変換　197, 198
連続の方程式　43, 105, 108
ローレンツ群　181
ローレンツゲージ　166
ローレンツ収縮　187
ローレンツ条件　166
ローレンツブースト　187
ローレンツ不変性　178, 182
ローレンツ変換　181

ローレンツモデル　150
ローレンツ力　15, 91
ロンドン型超伝導体　123
ロンドンの磁場侵入長　124, 136
ロンドン方程式　123

● わ行 ●

湧き出し　2
湧き出し密度　28

● 欧字 ●

K 殻　6
L 殻　6
M 殻　6
RLC 回路　119

著者略歴

北《きた》　孝《たか》文《ふみ》

1985年　東京大学大学院工学系研究科物理工学専攻
　　　　博士課程中退　工学博士
現　在　北海道大学大学院理学研究院教授

専門分野　物性理論・統計力学

主要著書

「ここがポイント！　理解しよう　熱・統計力学」
（数理工学社，2023 年）
「演習しよう　熱・統計力学」（数理工学社，2018 年）
「統計力学から理解する　超伝導理論」（サイエンス社，2013 年）
（英訳：*Statistical Mechanics of Superconductivity*,
Springer, Tokyo, 2015）
「統計力学から理解する　超伝導理論［第 2 版］」
（サイエンス社，2021 年）

ライブラリ　寺子屋式物理学講義＝2

寺子屋式　電磁気学講義
――基本数式の読み方を伝授――

2024 年 7 月 10 日 ©　　　　初　版　発　行

著　者　北　孝文　　　　発行者　矢沢和俊
　　　　　　　　　　　　印刷者　小宮山恒敏

【発行】　　株式会社　**数理工学社**
〒 151–0051　東京都渋谷区千駄ヶ谷 1 丁目 3 番 25 号
編集☎（03）5474–8661（代）　　サイエンスビル

【発売】　　株式会社　**サイエンス社**
〒 151–0051　東京都渋谷区千駄ヶ谷 1 丁目 3 番 25 号
営業☎（03）5474–8500（代）　振替 00170–7–2387
FAX☎（03）5474–8900

印刷・製本　小宮山印刷工業（株）

ISBN978–4–86481–113–2

PRINTED IN JAPAN

サイエンス社・数理工学社の
ホームページのご案内
https://www.saiensu.co.jp
ご意見・ご要望は
suuri@saiensu.co.jp まで．

ライブラリ　物理の演習しよう

演習しよう　力学
これでマスター！　学期末・大学院入試問題
鈴木監修　松永・須田共著　２色刷・Ａ５・本体2200円

演習しよう　電磁気学
これでマスター！　学期末・大学院入試問題
鈴木監修　羽部・榎本共著　２色刷・Ａ５・本体2200円

演習しよう　量子力学
これでマスター！　学期末・大学院入試問題
鈴木・大谷共著　２色刷・Ａ５・本体2450円

演習しよう　熱・統計力学
これでマスター！　学期末・大学院入試問題
鈴木監修　北著　２色刷・Ａ５・本体2000円

演習しよう　物理数学
これでマスター！　学期末・大学院入試問題
鈴木監修　引原著　２色刷・Ａ５・本体2400円

演習しよう　振動・波動
これでマスター！　学期末・大学院入試問題
鈴木監修　引原著　２色刷・Ａ５・本体1800円

＊表示価格は全て税抜きです．

発行・数理工学社／発売・サイエンス社